现代信息检索

XIANDAI XINXI JIANSUO

张文德 主编

编 写

张文德 林雪英 詹庆东 王玲艳

杨 瑜 姚 丹 陈旭华 苏 悦

海峡出版发行集团 | 福建科学技术出版社
THE STRAITS PUBLISHING & DISTRIBUTING GROUP | FUJIAN SCIENCE & TECHNOLOGY PUBLISHING HOUSE

图书在版编目（CIP）数据

现代信息检索/张文德主编 . —福州：福建科学
技术出版社，2012.5
ISBN 978-7-5335-4015-9

Ⅰ.①现…　Ⅱ.①张…　Ⅲ.①情报检索　Ⅳ.
①G252.7

中国版本图书馆 CIP 数据核字（2012）第 027839 号

书　　名	现代信息检索	
主　　编	张文德	
出版发行	海峡出版发行集团	
	福建科学技术出版社	
社　　址	福州市东水路 76 号（邮编 350001）	
网　　址	www.fjstp.com	
经　　销	福建新华发行（集团）有限责任公司	
排　　版	福建科学技术出版社排版室	
印　　刷	中闻集团福州印务有限公司	
开　　本	787 毫米×1092 毫米　1/16	
印　　张	14.75	
字　　数	368 千字	
版　　次	2012 年 5 月第 1 版	
印　　次	2012 年 5 月第 1 次印刷	
书　　号	ISBN 978-7-5335-4015-9	
定　　价	33.00 元	

前　　言

　　人类已进入信息时代，学会利用信息，掌握获取信息的方法，是信息时代的人所必备的本领。有了这一本领，人们的工作效率、服务速度、生活质量和文化享受水平将得到大大提高，工作、学习方式以至整个社会的面貌将发生根本性变化，从而人们的生产活动和生活方式也将发生根本改变，社会物质财富得以创造。在当今市场经济条件下，市场竞争的成败胜负，关键在于占有信息的数量和速度，而信息集人类智慧的精华，能及时向人们传播各方面发展的动态。

　　著者在总结了自己长期从事信息工作的基础上，参考了大量的国内外研究成果，先后出版了《科技文献检索与利用》（云南科学技术出版社 1991 年出版）、《网络资源与信息检索》（福建科学技术出版社 1999 年出版，该书获福州大学优秀教材一等奖）、《网络信息检索》（福建科学技术出版社 2002 年出版，该书获第五届福建省社会科学优秀成果二等奖）、《信息检索》（福建科学技术出版社 2007 年出版）。在此基础上著者又广泛吸收张文德教授主持承担的福建省教育厅课题"网络资源与信息检索课程新体系创建与应用"（该研究成果获福州大学教学成果一等奖）和福建省教育厅课题"网络资源与信息检索教学网站建设"的研究成果，完成了《现代信息检索》。本书力求做到理论与实践相结合，内容简明扼要，图文并茂，通俗易懂。希望读者通过本书的阅读，能较好地了解信息检索的基本内容，掌握打开知识宝库的金钥匙。

　　本书由博士生导师张文德教授担任主编，主编编写写作大纲，并负责对全书进行审改、统稿及组织整理。全书第 1 章的 1.1、1.2、1.3、1.4、1.6，第 7 章的 7.1、7.2、7.3、7.4、7.5、7.6 由张文德执笔；第 1 章的 1.5 由林雪英执笔；第 2 章由詹庆东执笔；第 3 章由王玲艳执笔；第 4 章的 4.1、4.2、4.3、4.4、4.5 节，第 6 章由杨瑜执笔，第 4 章的 4.6 由姚丹执笔；第 5 章由陈旭华执笔；第 7 章的 7.7 由苏悦执笔。本书在编写过程中得到了福州大学有关部门领导的大力支持，在此向他们表示衷心感谢！

　　限于著者的学识水平，加上撰写时间仓促及信息检索的内容变化较快，书中谬误和缺点在所难免，敬请学界同仁匡谬补正，也欢迎读者批评指正。

著者

2012 年 1 月

目　录

1

1　网络信息检索基础

1.1　信息检索的基本概念

一、基本术语

1. 信息

维纳在他的《信息控制论》中指出："信息是人们在适应外部世界并使这种适应反作用于外部世界过程中，同外部世界进行交换内容的总称。"其物理意义是："信息必须有一定的意义，必须是有意义的载体。"如声、光、热、电流、电磁波以及文字等物质，都可作为有意义的载体，即信息是一种具有实际意义的事物。信息与我们日常生活密切相关，因而也可从各个角度来认识。信息的定义甚多，从知识的角度来说，"在发生源和吸收源之间，当发生源发出的信号被吸收源所理解，信号就成为信息。"

信息的现代科学含义指事物发出的消息、指令、数据、符号等被包含的内容。

随着科学技术的日益发展，人类的一切活动都离不开信息交换与传输，无论各行各业乃至日常生活的各个方面，信息活动都在发挥着十分重要的作用。因此，人们把当今社会称为"信息社会"。

信息交换不仅存在于人类社会，而且存在于自然界的一切生物之间，尽管有的是本能、原始、低级的。自然界中生物的生存和延续，都有赖于同类体之间的信息交换。如动物在求偶或遇险时，都会本能地发出感应信息或信号信息，以传递给同类，其传递方式有同类可以判别的"气味"和"声音"等形式。

作为信息，除了必须是"有意义的载体"外，还具有一定的特征，即预先性（如天气预报，必须是提前的，落后则失效）、实用性、时效性、可传递性。

因此，信息是具有一定特征意义的载体，或者说信息是通过某种形式的载体反映出特定的意义。这是同一体的两个方面，相辅相成，缺一不可。

2. 文献

大凡人类的知识用文字、图形、符号、声频、视频的手段记录下来的东西，统统可称为文献。文献也可称为固化在一定载体上的知识，或者更简单地说，文献是记录下来的知识。作为文献，必须含有知识和载体这两个部分。但载体非仅指纸介质而已，也可说文献并不一定就是以书本形式展示在人们面前，它还可以磁带、胶卷等形式展示在人们面前。凡是把知识用文字、图形、符号、声频等手段记录在纸上，晒在蓝图上，摄在感光片上，录在唱片上，存贮在磁带上等，都算为文献。

3. 资料

资料是固化在一定的实物或载体上的知识。资料是为工作、生产、学习和科学研究等参考需要收集或编写的一切公开或内部的材料。

二、信息的传递渠道（也称"信息交流"）

信息的传递渠道有非正式传递渠道和正式传递渠道两种，也可称为非正式过程和正式过程。

1. 非正式过程

（1）科学技术工作者之间就他们从事的研究和研制进行直接对话，如交谈、参加学术会议等。

（2）科技工作者参观同行的实验室、科学展览等。

（3）科技工作者对某些听众作口头演讲。

（4）交换书信、出版预印本和单行本。

（5）研究或研制成果在发表前的准备工作，包括发表形式（致期刊编辑的信、工作报告、学术报告等）以及发表的地点和时间的选择。

2. 正式过程

（1）为手稿的发表所作的编辑出版和印刷过程，包括写书评。

（2）科学出版物的发行过程，包括与发行过程有关的书刊商业活动。

（3）图书馆的书目工作和检索工作。

（4）信息工作本身，从收集到检索，包括宣传工作。

之所以分为非正式过程和正式过程两种，是因为前者带有明显的个体性质，既不能与研究工作分开，也不能由专职信息工作者用正式的方法去完成。非正式过程更多表现为信息制造者和信息利用者个人的行为特征。正式过程则表现为文献流通。

三、信息检索

目前，情报界对信息检索尚无固定的定义，各种定义名目繁多，但均脱离不了文献检索这个范围，即信息检索的最终目的是检索出文献。前苏联学者契尔纳说："信息检索，就是从大量的文献中查寻与信息提问所指定的课题（对象）有关的文献，或者是包含用户所需事实与消息的文献的过程。"

它包括数据检索、事实检索、文献检索三个方面，而以文献检索为主。文献检索即提出包含所需信息的文献，而数据和事实检索则是提出包含在文献中的信息本身。

这种将文献检索与信息检索加以区分的看法，固然有一定道理，但不管是检索包含在文献中的信息，还是检索含有信息的文献，均离不开文献这个范畴。因此，二者没有非常严格区分，如有的国家称信息检索，而有的国家称文献检索一样，信息检索可以理解为工作的目的而命名的名词，文献检索是以工作的对象而命名的名词。

四、文献检索

（一）文献检索的定义

文献检索包括两个方面：

（1）检索系统的建立及检索工具的组织和积累。

（2）文献的查寻，即根据具体课题的需要查询。主要通过书目、索引、文摘等检索工具，从众多的文献中，检出与课题有关的或对课题有用的文献，并且要求检索工作做到迅速、准确和没有重大遗漏。

（二）文献检索的类型

人们从文献中获取所需的信息，通常通过直接检索与间接检索两种方法。

1. 直接检索

直接检索是指通过阅读原始文献直接获取所需信息。间接检索是通过检索工具的指导，查找原始文献而获取所需信息。

直接检索是人们习惯使用的方法，检索者掌握本专业的核心期刊，长期养成经常翻阅这些具有信息密度大、质量高的核心期刊的习惯，这种方法有一定的优点。

（1）直接检索原文易于掌握文献的实质内容，可直接判断其信息内容是否符合要求，并可能得到意外的收获。

（2）直接检索简便易行，并且时效高。检索工具存贮原始文献信息需要一定的过程，必然存在时差问题，所以直接检索是及时获取最新信息的有效方法。

但是随着文献的发展，直接检索已难以达到理想的效果。目前文献量与日俱增，在浩如烟海的文献中用直接阅读原始文献的方法来满足信息需求是难以实现的。此外，现代文献在文献类型、出版形式、语种上的高度分散都严重地影响直接检索的效果。

2. 间接检索

为了克服现代文献状况下直接检索的盲目性，人们开始注重以检索工具为向导的间接检索。间接检索的优越性是由检索工具所具有的检索功能决定的。这种方法有以下优点：

（1）使盲目的分散检索成为有目的的集中检索。检索工具将分散在不同学科、不同类型、不同语种中，但主题内容相同的文献集中在一起，这样就可以避免直接检索的分散性、盲目性、偶然性，检索效果可大幅度提高。

（2）文献质量有较好的保证。存贮在检索工具中都是具有一定信息价值的原始文献，这不仅保证了检索工具存贮文献的质量，也避免了直接检索时浏览阅读没有信息价值的文献而花去时间和精力。

（3）加速了检索过程。通过检索工具阅读的不是全文，也不是全部款目，而是与检索需求有关主题部分的款目，因而检索过程可大大加速，检索效率可大大提高。

（4）消除语言障碍。科技人员掌握的语种有限，直接检索必然会漏查许多人们不懂的语种文献所包含的信息、检索工具使用一种文字，只要掌握这种文字，就可掌握多语种文献检索。

（5）提供了广泛的信息来源。直接检索只能从某一图书馆收藏的文献中获取信息，而某一图书馆所提供的信息来源是极其有限的。检索工具的信息来源非常广泛，因此，其查全率、查准率都会大大提高。

（6）提供了有规律的检索途径。检索者只要掌握检索工具提供检索途径的规律性，就可根据检索需要按图索骥，从而使既快又准又全的信息检索成为可能。

由此可见，间接检索是科学的检索方法。

但是，忽视直接检索的作用也是片面的，应该把二者有机地结合起来。实际情况也表明，人们通过查阅信息密度较大的核心期刊及一般性地浏览其他期刊，以了解本专业发展动态的一般情况。在做特定课题研究利用检索工具时，两者结合，互相补充，是行之有效的方法。

1.2 信息的类型及特点

信息类型的划分标准很多，由于角度的不同，划分的方法也不相同。

下面重点介绍按信息内容和按发表形式划分的信息类型、定义及其特点。

一、按信息加工层次划分

可将信息分成为一次信息、二次信息和三次信息，各信息的定义及特点见表1.2-1。

表1.2-1　按内容划分的信息类型

项目	一次信息	二次信息	三次信息
定义	凡是以作者本人在生产和科研中所取得的成果为依据而创作的原始文献所传递的信息	是将分散的、无组织的一次信息，按一定原则加工、整理、简化、组织成为系统的、便于查找利用的信息	在合理利用二次信息的基础上，选用一次信息的内容，根据一定的需要、目的进行分析、综合或浓缩重组而得到的信息
特点	是信息的基础，是技术前进的标志。具有一定的实用性、新颖性和创造性。 数量大、类型多、学科交叉、获取较困难	是以目录、题录、文摘、索引等形式提供的检索工具所传递的信息。 它不改变一次信息的内容，仅对一次信息进行压缩和标引编排	是将一次信息中有价值的数据、事实摘录出来，按性质类别范围重新组织。内容有了很大的变化，比二次信息更为浓缩
包括范围	期刊论文、专利文献、会议文献、学位论文所传递的信息	各种目录、文摘、题录、索引等所传递的信息	专题评述、动态综述、年度总结、数据手册、科学大全、百科全书、年鉴等所传递的信息

二、按信息载体的出版编辑特点划分

按信息载体的出版形式划分为12个类型（又称十二大文献源），其中包括期刊、图书、会议文献、专利文献、学位论文、政府出版物、标准文献、产品资料、技术档案、报纸、新闻稿、工作文稿。其定义、功能及特点见表1.2-2。

表 1.2-2 按出版编辑特点划分的文献类型

类 型	定 义	功能及特点
期刊	采用统一名称，定期或不定期出版的连续性刊物 期刊通常也称杂志。"期刊"一词着眼"周期"特征，"杂志"一词着眼"内容"性质	是信息的重要来源，是技术成就的正式记录。 能及时反映各学科的发展水平及动向，出版周期短、速度快、内容新颖、固定、核心强 质量水平不等，相差悬殊
图书	是对科研成果、生产技术和经验的总结性的概括论述	内容较其他出版物全面、系统、可靠，有一定知识体系的完整性，内容比较成熟 便于人们对某一课题的历史、现状及未来进行研究和探讨 出版速度较其他文献慢
会议文献	是研究人员在各种学术会议上，交流科研新成果、新进展及发展趋势的讨论记录或论文等	不仅是提供信息的重要来源，而且是迅速获得最新技术信息的一个重要途径 获得信息直观，反馈迅速 新发现、新成果和新见解很多是在学术会议上首先公布
专利文献	是一种用法律形式来保护的文献 专利文献包括说明书、权利要求书、说明书摘要、说明书附图等 专利文献的核心是专利说明书	涉及的技术内容广泛，比较具体可靠，能较快地反映出世界各国科学技术的发展水平，是一种重要的信息来源 有统一的格式，文字简练 内容上具有一定的先进性、新颖性、创造性及实用性
科技报告	是关于某项科学研究成果的正式报告，或是对研究和试验过程中各阶段进展情况的实际记录	内容比较专深具体。许多研究课题及尖端学科的资料，往往首先反映在报告中。它不仅叙述了成功的经验，也记载了失败的过程，因而对科研人员起到直接借鉴的作用 能代表一个国家和专业的发展水平与动向 是不定期出版物，一个报告为一单行本，有统一编号
学位论文	是高等院校毕业生所写的作为评定学位的论文	具有独创性，内容专一，阐述详细、系统，尤其是博士论文有一定的参考价值 是经过一定的审查的原始研究成果

类　型	定　义	功能及特点
政府出版物	是各国政府部门所发表并由政府专设机构统一出版的文献	对了解某一国家的科技政策、经济政策及其演变情况，有一定的参考价值 文献的内容广泛，数量特别多，部分文献在列入政府出版物之前，已被所在单位出版过（如科技报告），所以有一定的重复
标准文献	是对工农业产品和工程建设的规格、质量及其检验方法所做的技术规定，是从事生产、建设的一个共同技术依据，有一定的法律约束力	它是独立、完整的科技文献，有严格的审批程序，是各方专家集体制定的，内容可靠，其技术信息可直接应用 标准文献的新陈代谢非常频繁，随经济条件与技术条件的改进，需经常不断地进行修改和补充
产品资料	是各国厂商对定型产品的性能、构造、原理、用途、使用方法、规格等所做的具体说明，又称产品目录、产品样本和产品说明书	是生产科研单位研究分析各国技术发展状况和产品水平的重要资料，介绍的技术较成熟，是人们选型、设计和引进国外设备仪器有价值的参考资料 有一定商业性质，有些产品是试销的，不十分可靠，应注意鉴别 来源不稳定，收集较困难
技术档案	是生产建设和科学技术部门在技术活动中所形成的，有一定具体工程对象的技术文件、图样、图表、照片、原始记录的原本以及代替原本的复制本	是生产过程及研究工作中的用以积累经验、吸取教训、提高质量的重要文献，对科技人员有重要的使用价值 有的具有保密性 记载的内容准确、真实
报纸新闻稿	是那些阐述问题面广，具有群众性与通俗性，可获得一些重要消息的资料	是发展远景的展望，探讨运用某些新发明的可能性、现有的技术与生产工艺的改进方法，以及有关生产组织、合理使用设备、节约原材料等方面的文章或报道 对科技成果报道不系统，缺乏详细的技术鉴定及理论根据
工作文稿	一般是准备在期刊上发表或向学术会议提出的论文或研究报告的初稿，也称讨论文稿、研究文稿、工作文稿等	工作文稿通常被打印出来供征求意见之用。它的价值是在正式发表之前可供交流 是一种短时效的文献，也是一种难以全面搜集的文献

三、按信息载体的物理类型划分

1. 印刷型

传统的印刷型包括铅印、油印、石印、胶印型等。其优点是便于阅读，便于传递，不受时间、地点的限制，不需任何阅读设备。缺点是贮存密度低，收藏管理要占用较大的空间和较多人力。

2. 缩微型

这是一种以感光材料为载体，利用缩微摄影技术为记录手段，具有节省空间、价格便宜、易于管理等印刷型所没有的优越性。其便于保管和移动，但必须借助于阅读机阅读，而且不能同时利用几种文献，因而利用不便。缩微型文献及阅读机还待于进一步改进和完善。

3. 电子型

电子型的前身称机读型，是以软盘、磁带、光盘等介质为载体，用键盘输入或光学扫描等手段记录，并通过计算机处理后生成的，包括光盘数据库、电子期刊等。它也称计算机阅读型，其优点是存贮信息量大，并能按一定的程序设计快速输出文献单元及知识单元。缺点是人不能直接阅读，必须借助于计算机。

4. 声像型

声像型或称直感型、视听型，是一种用唱片、录音带、录像带、电影胶卷、幻灯片等来直接记载声音和图像的类型。它脱离了传统的文字形式，给人以直观的感觉，可再现自然界的种种变化发展，帮助人们认识某些复杂罕见的自然现象，如细胞分裂、地震等，有助于联想记忆。录音带、录像带可起到快速传递科学信息的作用，但需要相应的设备。

四、按信息的性质划分

1. 自然信息

自然信息是自然界发出的信息，以纯自然物为载体，如生物信息、天体信息等。它是反映客观物质世界过程的原型。

2. 社会信息

社会信息是经过人类利用语言、文字、符号、图像等方式加工过的自然信息，是人际间传播的信息，是人类活动的产物。

五、按信息所表征的服务对象划分

经济信息，服务于经济活动；科技信息，服务于科学技术事业；还有教育信息、军事信息、商业信息、金融信息、综合信息等。

1.3　检索工具及索引语言

1.3.1　检索工具

一、文献检索工具的概况和分类

检索工具是二次文献，是人们用来报道、存贮和查找文献的工具。一般来说，检索工具必须具备下列 4 项条件：

（1）对所收录的文献的各种特征（包括外部特征和内容特征）要有详细的描述。

（2）每条描述记录（即款目）都标明有可供检索的标识。

（3）全部描述记录科学地组织成一个有机的整体。

（4）具有多种必要的检索手段。

第一项条件是体现检索工具的报道和存储功能的。第二到第四项条件是体现检索工具的检索功能的。检索工具也有人把它称为"小书库"，把获取的原始文献即一次文献称为"大书库"。

目前，人们从不同的角度来划分检索工具，角度不同，划分的结果也就不同。

按检索方法划分，有手工检索工具和机械检索工具。

按其报道范围的宽窄划分，有包括多个学科或全部学科的综合性检索工具，或仅包括单个学科的专业性检索工具。综合性检索工具一般由一些历史悠久、具有一定权威性的出版机构发行，提供的检索途径多。美国的《工程索引》、英国的《科学文摘》是利用率很高的综合性工具。专业性检索工具，如《金属文摘》、《生物学文摘》、《化学文摘》等，汇集有某专业的多种形式、多种语种的文献线索，适于该专业的科研人员查找有关文献。

按出版形式划分的有全面性检索工具和仅收录其中某一类型文献的单一性检索工具，全面性检索工具如《化学文摘》、《科学文摘》、《工程索引》，单一性检索工具如《世界专利索引》、《会议论文索引》、《ISO 标准目录》、《IEC 出版物目录》等。

二、文献检索工具的类型

各类型检索工具的内容及特点见表 1.3-1。

表 1.3-1　各类检索工具及特点

类型	内　　容	特　　点
目录	是对图书或其他单独成册出版的文献特征的记载和描述，用于查找单位出版物文献	目录所揭示的出版物都是编制目录的单位所具有的。目录有卡片式、书本式。只著录每篇文献的名称、著者、出处和文种等，不反映文献内容。报道及时，数量较大
题录	是对文献标题和外部特征的记载和描述，用于查找单篇文献	文献标题（题目）着眼于尽可能快地报道最新发表的文献，不反映收藏单位是否实有。多按篇报道，著录项目比较简单，标题不能或不完全反映内容实质的文献，有漏检的可能。它的检索作用是暂时的,是文摘的辅助部分

续表

类型	内　容	特　点
文摘	是对文献的摘要及外部特征的记载和描述，分为指示性和报道性文摘	摘要是对原始文献主要内容语义上相同而又尽可能完备的不加评论和补充解释的陈述。实际上，摘要就是对原始文献的压缩，是在忠实于原始文献的基础上，把原始文献的内容浓缩成一篇语义连贯的短文。文摘通常包括摘要及文献出处等
索引	是以一定的系统排列揭示文献中的各种知识单元，并指明其出处的检索工具	通过线索而引得所要查的文献，是检索工具中最常用的一种。索引一般包括主题、著者、各种号码索引等。一般附在文摘刊物或书刊、参考工具书之后，起辅助检索作用

三、文献检索工具的一般结构

文献检索工具的一般结构如图 1.3-1 所示。

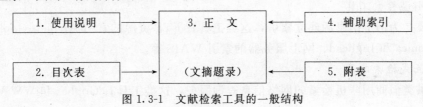

图 1.3-1　文献检索工具的一般结构

一部完整的文献检索工具一般分为五大部分：

1. 使用说明

使用说明是检索工具编制者为检索者提供的必要指导，一般包括编辑内容、著录标准、代号说明和使用方法。

2. 目次表

检索工具一般都是按分类的方法组织编排的，所以前面有详简不等的分类目次表，检索者可从分类入手查找。

3. 正文

这是整个检索工具的主体部分。检索工具属于二次文献，汇集的大量内容不是原始文献。编制检索工具时，编制人员将每篇文献的外表特征（如书名、著者、出版单位、出版年月、出版地、页数等）和内容特征（如主题词、分类号、摘要等）提取出来，这个过程叫文献著录。著录后的每篇文献作为一条款目，给每条款目一个固定的序号，注明出处，把大量款目按一定规则（一般是分类）组织起来，即成为检索工具的正文。

4. 辅助索引

为了迅速、准确、全面地获得所需文献，检索者应采用多种检索途径。辅助索引是从主体部分的文献款目编制系统以外的角度，增加检索途径。它不能离开主体而单独存在，是主体的辅助部分。

5. 附表

通常附在检索工具之后，作为检索工具内容的必要补充，含有引用文献目录、缩写查全称表、文献使用代号、缩写术语解释等内容。

四、网络检索工具

网络检索工具是为满足用户查找因特网上急剧增加的信息的需要应运而生的，其中 Gopher、Archie、WAIS 属于较初期的信息检索工具，WWW（万维网）的出现为网络的检索带来了转机和大发展。

根据不同方式可将网络检索工具进行划分，通常按以下两种划分：

（一）根据网络检索工具特点划分

有字典型检索工具、索引型检索工具、交互式检索工具。

1. 字典型检索工具

它用于查询网上用户名、电子邮件、URL（统一资源定位器）、服务器地址等，这类工具有 Internet Yellow Pages、White Pages Directory、Whois 等。

2. 索引型检索工具

它主要是为网上信息源建立索引，这类工具有 FTP 资源的索引 Archie、Gopher 资源的索引 Verronica 和 Jughead、网上服务器的索引 WAIS 等。

3. 交互式检索工具

它提供类似商用联机检索的网络信息查询服务，这类工具有 Gopher 和 WWW 两类。

（二）根据网络检索工具的检索结果划分

有文献型检索工具、数据型检索工具、事实型检索工具。

1. 文献型检索工具

它以文本数据为存储对象，根据文献不同的著录对象和加工的深度分为书刊机读目录数据库型检索工具、题录和文摘数据库型检索工具、全文数据库型检索工具及引文数据库型检索工具。文献型检索工具依文献加工的深度又可以分为：

（1）目录型数据库检索工具。它给用户提供一些简单而基本的信息以及原始文献的线索，指引用户根据文献线索去检索原始文献，获取充分的信息。目录数据库型检索工具使用最广泛，包括各种机读版的文摘、题录等。

"机读目录"（Machine Readable Catalogue，简称 MARC），即机器可读型目录。书刊机读目录数据库主要报道和存储特定图书馆实际收藏的各种文献资料的书目信息和存储地址。读者通过书刊机读目录数据库的查询系统，能方便地检索到某图书或期刊的藏书位置、出版情况；图书馆工作人员通过它能实现书刊采访、编目、自动化管理。

（2）题录、文摘型数据库检索工具。它是单篇文献的名称、著者、所在出版物位置的检索系统。题录型数据库编排的基本格式是：题目（包括论文篇名、专利名称、成果名称、机构名称等)、作者、作者单位、出处(如刊名、年、卷、期和页码)。题录型数据库检索方法与文摘型数据库基本一致,但由于检索结果提供的信息量过于简单,因此,目前已逐渐被文摘型和全文型数据库所取代。

文摘型数据库检索工具是单篇文献的名称、作者、出处及内容摘要的检索系统。文摘型数据库与题录型数据库都具有相类似的检索功能和编排体例,但由于带有内容摘要,对文献的揭示更深入,可供检索的入口和角度更丰富,因此受到欢迎,是文献型数据库的主要形式。目前,常见的是题录型与文摘型并存的数据库,其中文摘的比例往往大于题录。

(3)全文型数据库检索工具。此检索工具是存贮文献全文或节选其中主要部分而形成的原始文献数据库。以全篇文献为著录对象,系统揭示原始文献的全部完整信息。全文信息检索系统运行的全文型数据库是目前计算机检索研究和应用的热点,其主要特征是:文献中的任何有检索意义的字符串都可作为检索入口,检索结果能同时提供并输出全文和二次文献,检索结果更直观。

(4)引文索引型数据库检索工具。引文索引型数据库检索工具是以被引用文献为检索起点的检索系统。引文索引是一种以期刊、专利、科技报告等文献后所附的参考文献的作者、题目、出处等项目,按照引证与被引证的关系进行排列而编制的索引。它在一定程度上表明了科学和技术的发展过程,同时能帮助研究人员了解自己著作的被引用率和持续时间,从而估计其影响力。

2. 数值型检索工具

此类型检索工具主要提供数值型数据类信息,包括各种统计数据、科学实验数据、科学测量数据、可观测的数据、预测数据等。这种数值型检索工具的数值型数据库涉及的范围比较广泛,内容主要是数字和各种特殊的符号。这种数据库不仅可检索诸如物质特性、基本参数、图谱、图像之类的数值数据,而且可与各类应用程序结合起来,提供绘图、统计分析等各种方式的服务。

3. 事实型检索工具

事实型数据库存储的是经过加工的三次文献的信息,一般是用来描述人物、机构、事物等非文献信息源的情况、过程、现象、特性等方面的事实性信息,诸如名人录、机构指南、产品目录、科研成果目录、研究或开发项目目录以及大事记之类。利用事实型检索系统,用户能得到某一具体问题的答案,不必再花费时间去检索原始文献。

五、搜索引擎

在因特网浩瀚无垠的大海里,面对眼花缭乱的信息资源,如何又快又准地找到所需的信息,已成为众多信息检索人员面临的一个必须解决的问题。搜索引擎是因特网上提供公共信息检索服务的 Web 站点,它是随着人们对快速准确地检索网上信息的需求而诞生的一种新一代信息检索工具。在因特网的发展过程中,先后产生了 Archie、Gopher、WAIS 及 Search Engine(搜索引擎)等多种信息检索服务。在这方面,搜索引擎派上了大用场,它通过提供 Web 信息检索的快捷方式,像图书馆的馆藏目录一样,提供链接路径,让搜索者到相应的网站去寻找相应的信息或资源,以实现信息的快速获取。搜索引擎的发展历史虽然时间不长,然而其影响却十分大。因特网信息检索的特点为检索范围大、能结合多媒体、界面友好等，但其检索效率还有待改进，信息内容也有待规范。

搜索引擎可以从广义和狭义上去理解。从狭义的角度来说，搜索引擎由搜索软件、索引数据库和检索软件三部分组成。搜索软件从一个已知的文档集中读取信息，并检查这些文档的链接指针，找出新的信息空间，然后取回这些新空间中的文档，将它们加入到索引数据库。检索软件通过索引数据库为用户的查询请求提供服务，即指的是基于技术在整个网上自动执行网页全文搜索的网上指南工具。从广义的角度上讲，搜索引擎是因特网上的一类网站，这类网站与一般的网站不同的是它提供搜索的网站，或称查询站点、导航站点，即因特网上具有检索功能的网页。搜索引擎提供的检索服务主要有关键词检索和分类检索。其检索功能则包括单词检索、词组检索、布尔逻辑检索、位置逻辑检索、突出检索词地位的检索、大小写敏感的检索等，许多搜索引擎还进一步提供字段限制等特殊检索功能。

在因特网信息检索中，除了要掌握搜索引擎的一般用法之外，尤其应了解各种搜索引擎的性能和特点，有针对性地灵活运用各种检索措施或手段，才能取得较为理想的查询结果。

（一）搜索引擎的检索技巧

1. 熟悉经常使用的检索工具及其特性是搜索成功的基础

检索人员必须对所要使用的搜索引擎有一个清楚的了解，对各种搜索引擎的结构及特性的熟悉是必要的。另外还要认识到不同的检索方式会产生不同的结果，不同目的的查询应使用不同的检索策略，这主要取决于是想得到一个问题的多方面信息还是简单的答案。

2. 关键词的选择是运用搜索引擎成功的重要因素

关键词即查找信息时输入的那些词，是搜索引擎将站点进行分类的依据，所以关键词在利用搜索引擎时至关重要。目前，绝大多数搜索引擎都支持关键词索引，即按照登记网站提供的关键词记录网站并按照检索者输入的关键词索引网站。因此，正确的关键词可以在较短的时间内检索到较多的信息。网站搜索引擎上关键词的产生目前还没有一个十分明确的标准，根据经验，选择合适的关键词要从以下几点去考虑：

（1）检索时使用检索人员所用的关键词的同义词。

（2）利用关键词的地区性来考虑检索。通常，一个地区性明显的关键词一定会比那些不明显的关键词吸引更多的访问量。一般的搜索引擎的关键词也是按照区域性范围来设定的。

（3）使用更长的关键词来检索。选择长的关键词，符合搜索上的"单词堵塞"现象。通常，在进行检索时，会出现这样一种现象，即搜索的结果并不和所要搜索的完全匹配，但它们可能会很相似或者就是同一个信息。当一个搜索引擎使用单词堵塞时，就意味着对词根的搜索也包括了对很多其他单词的搜索。因此，对于单词堵塞的搜索引擎，只需要选择更长的关键词。

（4）关键词的组合检索。使用组合应强调了解使用关键词组合的习惯及频率，因此，确定一个特定主题的大部分短语，重新组合所要的关键词，并让其他人参与考虑，才能够得到最适合的关键词组合。

（二）搜索引擎的服务类型

搜索引擎发展的速度很快，导致对于搜索引擎的种类划分一直存在着诸多争议和分歧。

同时，每个搜索引擎所提供的服务也在不断地丰富和扩大，这使得对搜索引擎类型的划分变得更为困难。例如，目前 Excite 站点既提供 Web 信息检索（关键词检索），也提供 Web 分类和站点推荐（Web 指南），又提供公司和个人信息的检索（黄页和白页服务）。

根据搜索引擎的检索形式、对象或范围等，可以将搜索引擎的服务区分为多种不同的类型。

1. 以检索方式的不同进行划分

（1）关键词检索。它是以一个或多个单词的组合，甚至是自然语言的提问进行查询。绝大多数的搜索引擎都提供关键词检索，并且按照检索手段的复杂程度分为简单、高级两种检索界面。关键词检索一般提供单词检索、词组（或短语）检索、布尔逻辑检索、位置逻辑检索等功能。

（2）分类检索。它将因特网上的信息资源，如网址、描述主题、字顺或时间顺序汇总整理，形成图书馆目录一样的分类树形结构目录，用户通过逐级浏览这些目录来检索自己需要的网址或相关内容。

发展趋势是这两种类型合二为一。

2. 以检索对象的不同进行划分

（1）Web 检索、新闻组检索。它们分别是 Web 网站上发布的页面、各新闻组内发表的文章。

（2）黄页服务、白页服务。它们查询对象是公司、个人信息。

（3）特殊搜索服务。提供对网上特殊信息的查询，如 FTP 查询、购物查询等。

3. 以检索范围的不同进行划分

（1）全球性检索。它提供世界范围的网上信息检索，包括各国和各语种的信息。

（2）地区性检索。它一般只提供对一个国家、地区或一种语言的信息检索。

许多著名的搜索引擎不仅积极提供全球性检索，而且也主动推广地区性检索，通常称为搜索引擎的地区版。

4. 以其他特性进行划分

通常，搜索引擎都建有一个不断更新的索引数据库。关键词检索使用的索引数据库由计算机自动创建，可包含数十亿个词语，容量高达数百千兆。分类检索的主题目录一般是按照 Web 页面的主题内容，经由人工分类并加以组织的。

但是，网上也有一类自身并没有建立任何数据库的元搜索引擎（Meta-Search Engine），其做法是把用户的提问同时传送至多个包含数据库的搜索引擎，然后对各搜索引擎返回的结果进行去重、排序等整理，最终响应给检索用户。

目前，没有一个搜索引擎能涵盖整个因特网，各搜索引擎的收录范围又有所差异，因此这类元搜索引擎受到了一定程度的关注，特别适合于大范围的检索。但是，不同的搜索引擎之间，建立索引数据库和执行提问检索的具体方法或规则并不相同，有的还相差很大，所以，元搜索引擎的检索效果仍有待提高。

此外，还有一些面向特殊用户对象的搜索引擎，如面向少年儿童的搜索引擎，它们对网上的不良和不适信息进行了过滤，为少儿获得知识、开阔视野提供指引。

（三）搜索引擎的工作原理

较之传统的图书馆目录查询以及 DIALOG 系统等联机信息检索，Web 搜索引擎在检索原理上基本类似，但仍然有其独特之处。

搜索引擎的基本模式是：运行特定的网络搜索程序，定期搜索因特网的各个站点。结果送回到的文献信息（包括 Web 页面和新闻组文章等）。索引软件对这些文献进行自动标引，加入集中管理的索引数据库。然后 Web 站点上提供检索界面，由用户输入提问检索式，通过特定的检索软件，查找其索引数据库，给出与检索式相匹配的查询结果，供用户浏览。

搜索引擎的运行，需要网络搜索软件、索引数据库及检索软件的协同工作，它们是决定搜索引擎特性的最重要的三方面。

1．搜索软件

搜索引擎的 Web 数据库增加新文献的来源有二：一方面，由 Web 站点的创建者，在搜索引擎的站点上登记其页面 URL 地址，以便搜索引擎去发现并加入索引数据库；另一方面，也是更主要的，便是定期执行搜索引擎的网络搜索软件，自动收集网上新的文献。

网络搜索软件，常被称为 Web "蜘蛛（spider）"、"爬虫（crawler）"或"机器人（robot）"。"常规蜘蛛（normal spider）"的运行周期一般为 1～3 个月，它通常以一个 Web 或新闻组服务器列表、最热门或最佳站点的列表为起点，沿着各 Web 页面里的所有链接，不断地从一个页面转到另一个页面，挖掘网上的各种文献信息资源，并把发现的新文献送回搜索引擎；"即时蜘蛛（instant spider）"则随时运行，取回一个 Web 页面的时间一般不超过 1 秒钟。

2．索引数据库

索引软件的主要任务是对网络搜索软件收集并送回的文献信息进行自动标引（倒排），建立 Web 索引数据库。这种数据库的文献记录一般由文献标题、摘要或简短描述，URL，文件大小、语种等构成。

各搜索引擎的索引软件处理方法相差较大。有的采用全文标引，即对 Web 页面中的每一个单词都进行索引；而有的只对题目以及最重要的注释词进行索引，对页面中的所有文本、图像及链接等进行索引，而且还记录单词之间的相对位置。正是由于这样的原因，才使得不同的搜索引擎对于相同的检索输入，会给出差别相当大的检索结果。

索引数据库的处理方法对于搜索引擎的检索性能具有决定性的影响。一般情况下，每个页面索引的文本范围越大，Web 搜索引擎检索的全面性就越高；索引的页面文本范围越小，检索的准确性就越高。另外，在搜索引擎的索引中，从每个页面中抽出的索引词越多，每个页面的检索点就越多，检索的查全率通常较高，而查准率则相对较低。

3．检索软件

检索软件主要与索引数据库相配合，作为用户提问与数据库的接口，提供特定的检索功能，执行每一次的检索输入，并向用户返回检索的结果。

在检索软件提供的检索功能方面，各搜索引擎具有很多共同之处。大多数搜索引擎都提供单词和词组的检索，也都支持布尔逻辑查询。许多搜索引擎还具有位置逻辑检索的功能，允许限制查询的字段范围，以及能够按照自动的相关性评价或用户选定的指标，对命中结果的显示进行组织和控制等。

检索软件决定了搜索引擎的检索功能特性，如检索手段是否灵活多样，检索界面是否亲切友好，是否提供足够的字段限制，能否选择检索对象或范围，能否支持各种不同语种的检索等。

1.3.2　索引语言

信息检索系统是存在于文献的作者和试图从文献中寻找信息的检索者之间复杂通讯系统的一部分，索引等文献检索工具是根据文献的特征进行信息加工的成果，从实质上说，是对含有一定思想观念的文献作进一步的传递。索引是沟通信息的产生者和使用者的科学通讯（或是科学交流）的工具。

作为一种通讯工具，索引需要有一种用来描述文献特征的检索标识，以将文献信息的产生者、加工者、检索者在文献特征的识别上彼此联系起来，以便取得能共同理解、实现思想交流的语言，这种语言就叫索引语言。

索引语言是信息检索语言的一部分。信息检索语言是建立和使用信息检索系统所需要的人工语言，就实质而言是表达一系列概括文献信息内容的概念及其相互关系的概念标识系统，它包括索引语言、检索提问语言和数据定义语言。索引语言是用于建立书目文档（或书目数据库）的语言，是决定书目数据库质量的重要因素，是检索语言的核心部分。

索引语言按其结构原理，可分为分类语言、描述语言和代码语言三大类型。此外，还有一种引证关系追溯法，按其作用也可说是索引语言的一个类型。

分类语言用分类号来表达各种概念，将各种概念按学科性质进行分类和系统排列。分类语言包括等级体系分类语言（体系分类法）和分析—综合分类语言（组配分类法），它们可统称为分类法系统。描述语言用语词来表达各种概念，将各种概念不管其相互关系，完全按字顺排列。描述语言包括标题词标引语言（标题法）、单元词描述语言（单元词法）、叙词描述语言（叙词法）和关键词描述语言（关键词法）等，它们可统称为主题法系统。代码语言一般只就事物的某一方面特征，用某种代码系统来加以标引和排列，如化合物的分子式索引系统、环状化合物的环系索引系统等。引证关系追溯法即引文索引法，是显示科学引文之间相互引证而形成的论文网的一种方法，它提供了从被引用论文来检索引用它的全部引用论文的方法。

下面着重介绍几种重要的、常用的索引语言。

一、体系分类法

体系分类法是一种直接体现知识分类的等级概念标识系统，它对概括文献信息内容及其外表特征的概念进行逻辑分类（划分与概括）和系统排列。它提供某学科、专业的集中文献。

分类表正文部分由类号、类目及注释构成。类是许多具有某种（或某些）共同属性的事物的集合。用以表示一类事物的概念，称为类名，在文献资料分类上称为类目。

类是按一定分类标准划分的。整个分类表应根据一定的目的确定一定的分类标准。一般分类标准是以文献资料的内容特征为主要分类标准，而以文献资料的类型特征（如著作方式、体裁、编辑出版方式等）作为次要分类标准。每次划分类只能使用一个标准，且子类外延总和为母类的外延。

这样层层划分，层层隶属，构成隶属、并列关系的秩序井然的概念等级体系。分类法中的同位类遵循从简单到复杂、从低级到高级、从重要到次要、从理论到应用、从一般到个别的顺序排列。分类法中的类目除了受其上位类控制外，还受其下位类限制，有时还要考虑各类下面的注释，并注意类目之间的类目对比，方可确定一个具体类目的真正含义。

目前，各图书馆、信息所大多采用体系分类法进行排架。分类法有《中国图书馆图书分类法》（简称《中图法》)、《中国图书资料分类法》（简称《资料法》)、《中国科学院图书馆图书分类法》（简称《科图法》)、《中国人民大学图书馆图书分类法》（简称《人大法》)。此外，在国际上通用的分类法有《国际十进分类法》、《国际专利分类法》等等。

（一）《中国图书馆图书分类法》

《中图法》分为5大部类、22个大类，这22大类相当于是一个第一级类目。然后，在此基础上又分成若干个二级类、三级类、四级类等，成为一个等级分明、层次清楚的科学系统。

《中图法》为了适合各种类型的图书资料馆（所）使用，先后编制了3个详略不等的使用本。一是适合科技信息图书馆和专科图书馆类分信息资料的《中国图书馆图书资料分类法》，二是适合大型综合性图书馆类分图书的《中国图书馆图书分类法》，三是适合中小型图书馆类分图书的《中国图书馆图书分类法》中小型本。

《中图法》大类：

1. 马克思主义、列宁主义、毛泽东思想…… A 马克思主义、列宁主义、毛泽东思想
2. 哲学 …………………………………… B 哲学
3. 社会科学 ……………………………… C 社会科学总论
                               D 政治、法律
                               E 军事
                               F 经济
                               G 文化、科学、教育、体育
                               H 语言、文字
                               I 文学
                               J 艺术
                               K 历史、地理
4. 自然科学 ……………………………… N 自然科学总论
                               O 数理科学和化学
                               P 天文学、地球科学
                               Q 生物科学
                               R 医药、卫生
                               S 农业科学
                               T 工业技术

U　交通运输

V　航空、航天

X　环境科学

5. 综合性图书 …………………………… 　Z　综合性图书

在《中图法》中，常使用总论复分表，使用总论复分表，只要将所用的复分号加在主表分类号码之后即可。例如：《哲学辞典》的号码是 B-61。常用的复分如下：

-43　　　教材

-44　　　习题表

-52　　　全集、选集

-53　　　论文集、会议录

-54　　　年鉴、年刊

-61　　　名词、词典、百科全书（类书）

-62　　　手册、指南、一览

-64　　　图册、数据

Z_2（综合性百科全书）、Z_3（综合性辞典）、Z_5（综合性年鉴）

（二）《中国科学院图书馆图书分类法》

《科图法》由中国科学院图书馆于 1954 年开始编制，1958 年出版（第一版）。为适应科学技术新的发展，1974 年经修订后出版第二版。

《科图法》有 5 个大部类，29 个大类，270 多个主要类目。类目从原来的 14 000 多个增加到 30 000 多个。其社会科学部分分为 10 个大类目，自然科学部分也分成 10 个大类目。类目如下：

00　　　马克思列宁主义、毛泽东思想

10　　　哲学

20　　　社会科学

21　　　历史、历史学

27　　　经济、经济学

31　　　政治、社会生活

34　　　法律、法学

36　　　军事、军事学

37　　　文化、科学、教育、体育

41　　　语言、文字学

42　　　文学

48　　　艺术

49　　　无神论、宗教学

50　　　自然科学

51　　　数学

52	力学
53	物理学
54	化学
55	天文学
56	地质、地理科学
58	生物科学
61	医药、卫生
65	农业科学
71	技术科学
90	综合性图书

《科图法》和《中图法》都是在遵循编制图书分类法的三大原则（思想性、科学性、实践性）的基础上进行编制的。《科图法》与《中图法》的基本部类相同，但因《科图法》主要使用对象是科学院系统图书馆，所以《科图法》在体系结构、号码编制和附表使用等方面有它自己的特点；其次《科图法》与《中图法》对于自然科学的次序均是根据物质运动形态，遵循从简单到复杂，从低级到高级的次序。下面是《中图法》与《科图法》的对照：

《中图法》		《科图法》	
1. 马克思主义、列宁主义、毛泽东思想	A	00-07	
2. 哲学	B	10	
3. 社会科学			
社会科学总论	C	20	
政治	D	31	政治、社会生活
军事	E	36	军事、军事学
经济	F	27	经济、经济学
文化、科学、教育、体育	G	37	
语言、文字	H	41	
文学	I	42	
艺术	J	48	
历史、地理	K	21	历史、历史学
4. 自然科学			
自然科学总论	N	50	
数理科学和化学	O		
数学	O1	51	
力学	O3	52	
物理学	O4	53	
化学、普通化学	O6	54	化学
天文学、地球科学	P	55	天文学
	P5	56	地质学、地理科学
生物科学	Q	58	

医药、卫生	R	61	
农业科学	S	65	
工业技术	T	71	
一般工业技术	TB	71.2	
矿业工业	TD	74	
石油、天然气工业	TE	81.7	
冶金工业	TF	76	
金属学、金属工艺	TG	75	金属学、物理冶金
		77	金属工艺、金属加工
机械、仪表工业	TH	78	
武器工业	TJ	36.8	武器、军用器材
动力工业、动力工程	TK	72	能力学、动力工程
原子能技术	TL	72.3	原子能、原子能工程
电工技术	TM	73	电技术、电子技术
无线电电子学、电讯技术	TN	73	电技术、电子技术
自动化技术、计算技术	TP	73.8（73.87）	
化学工业	TQ	81	
轻工业、手工业	TS	85	
建筑科学	TU	86	土木建筑工程
水利工程	TV	86.8	
交通运输	U	87	运输工程
航空、航天	V	87.8	航空运输工程
		87.9	宇宙航行
环境科学	X	50.95	
5. 综合性图书	Z	90	

（三）利用图书馆或信息所的检索途径

检索者到图书馆或信息所要迅速、准确地找到所需的书刊资料，通常要先利用该图书馆或信息所的目录。这些目录是揭示该图书馆或信息所的收藏情况、简短注释内容以及指导检索者阅读的工具，通常设有分类目录、书名目录、著者目录、主题目录等。

1. 分类目录

它是按书刊资料内容的科学体系，依据分类法分门别类，按分类号组织起来的目录，帮助检索者以门类选择合适的书刊资料。它能够表明图书馆或信息所是否收藏某类书刊资料，从而将馆藏书刊资料的内容按科学体系揭示出来。

分类号根据其内容属性划分，在某个基本大类之下，再根据一定的标准继续逐级划分成若干个小类，一级一级地划分下去，形成一个有条理、有系统、有一定内在联系的科学分类体系。分类号用来表示一本图书在书架排列的特定位置，把它们有关内容聚集在一起著录后就形成了一个目录，检索者只要通过目录就可找到所需的图书。索书号通常由分类号与著者号组成。

如果检索者要用分类目录检索，必须先判断图书所属的类，然后再根据所属的类，查找相应类别的分类目录。分类目录中的各种著录内容都是按照代表各类名称的分类号逻辑顺序排列的，往往是大类在前，细分在后，这就要求检索者要熟悉分类法。如：

《科技文献检索》　　　　　　　属于 G（文化、科学、教育、体育类）
《大学英语复习指导》　　　　　属于 H（语言、文字类）
《高等数学》　　　　　　　　　属于 O（数、理、化学类）
《柑橘保鲜及加工贮藏》　　　　属于 T（工业技术类）

2. 书名目录

（1）书名首字的汉语拼音法。中文图书以书名首字汉语拼音第一个字母顺序进行排列，如果第一个字母相同，则按第二个字母的顺序进行排列，以此类推。

西文、俄文图书是按书名的第一个字母顺序排列（定冠词、不定冠词、介词除外），若首字字母相同，则取第二个字母，其余类推。

日文书名的图书首字如果是汉字的，与中文书名目录排列法相同；如果是日语假名，则按日语假名顺序排列。

（2）书名首字的笔画法。其原则是笔画少者在前，笔画多者在后，笔画相同按起笔笔形的点、横、竖、撇的次序排列，如果起笔相同则按第二笔的笔形，以此类推。

3. 著者目录

它提供了只要知道著者姓名，就可通过此目录很快地找到所需的图书的方法。中文著者姓名主要是根据"汉语拼音检字表"，排检时以汉语拼音字母的音节为序。其排列时，首先将首字相同的姓氏集中，再按第二字、第三字及其以后名字的汉语拼音排，首字音节相同的，则按 4 个声调的先后顺序排。

如果是英文著者，则按首字英语字母顺序排，首字母相同，则按第二个字母顺序排，以此类推。

4. 主题目录

它是按主题字顺编排的目录。通过主题目录，就可在知道主题的情况下，迅速找到所需的内容。

二、标题法语言

标题词是从文献的标题、摘要及原文中抽取出来的经过规范化的语词或事物的"名"，是主题标识的具体字面。标题法用经过规范化的语词，从主题角度集中文献，并以参照系统间接显示主题之间的相互关系，是从字顺序列直接提供主题检索途径的一种方法。

三、关键词语言

所谓关键词，是指那些出现在文献标题（篇目、章节名）以至摘要、正文中，对表征文献主题内容具有实质意义的若干词或词组，亦即对揭示和描述文献主题内容来说是重要的、带关键性的那些词或词组，每一个关键词均可作为检索的"入口"。关键词法是将文献原来所用的能描述主题概念的那些具有关键性的词抽出，不加规范或只做极少量规范化处理，按字顺排列提供检索途径的方法。

四、叙词语言

叙词语言是手工检索和机械检索广泛使用的一种检索语言。叙词从文献内容中抽选出来，在概念上不能再分的基本词汇，通常选自文献的摘要、篇名等，并经过词表的规范化。

叙词语言较适于特性检索，不适用于族性检索。利用叙词进行检索时，在检索前只是以概念或概念因子形式出现，并未预先组配好，直到检索时，才将词组配起来，用于表达复杂概念的主题。

1.4　检索程序及获取原文

一、检索步骤

检索大致有以下几个步骤：

（一）分析检索课题

检索是在一定范围内依据已知线索查找未知信息的过程。每一项检索都有明确的目的和具体的要求，检索前对课题的分析研究是影响以后整个过程的关键。

1. 分析检索课题的主题内容

了解主题所属的学科、性质、特点、发展水平，了解其是处于基础理论阶段，还是处于应用技术研究阶段，以便提出主题概念。根据主题概念间关系，安排主次，规定适当的专指度，力求主题概念准确反映课题的核心内容。

2. 确定所需信息类型

根据检索课题性质分析，确定所需信息在哪些类型的出版物中，如课题属理论探讨性质，侧重于会议文献、期刊；如课题属尖端科技，则侧重科技报告；如课题属工艺革新、发明创造等，则侧重专利文献；如属产品的设计、造型，则侧重标准文献、产品样本。

3. 确定检索的时间范围

目前不仅信息量大得惊人，检索工具也是浩繁。确定适当的查找期限，可节省大量的查找时间。例如，激光器研究始于 20 世纪 50 年代中期，第一台激光器产生于 1960 年，如果从 20 世纪 50 年代查起，则至少有 5 年的查找是徒劳的。另外，研究课题往往在其发展的高峰期，相关信息最丰富，重点查这段时间的信息，效果更好。

4. 分析已知信息

人们在检索课题前，往往程度不一地对该课题有所了解，这就是已知信息线索。尽管对有的信息线索还是一知半解，但这些线索也会对检索起到促进作用。试举例如下：

已知某国在该领域处于领先，则以该国为重点；

已知某科学家在该领域成就显著，可以此人为检索线索；

已知某机构进行过或正在进行该项目研究，可以此单位名称（团体著者）为线索；

已知某会议包含有关内容，则可以此会议名称或主办单位为线索；

已知与该课题有关的专利号、报告号等，可以用这些号码为线索。

（二）选择检索方法

手工检索方法主要有三种：

1. 常用法

就是利用检索工具查找信息的方法，因为此方法是在现有条件下最常用的一种方法，所以称为常用法。它分顺查法、倒查法、抽查法 3 种。

（1）顺查法。从课题分析得出的起始年代开始，由远到近逐年查找。此法查全率高，适合于对复杂的大课题进行全面检索，但工作量大，效率不很高，常用于战略性方面的信息检索。

（2）倒查法。与顺查法相反，是从最新信息入手，由近至远地检索的方法，一旦获得足够的与课题密切相关的信息后即中止检索。此法适于查找最新课题或更新较快的课题，在参考最新信息时往往会得到大量的早期信息。其检索工作量小，但漏检率较大，常用于战术性方面的信息检索。

（3）抽查法。根据科学发展的特点及需要，具体检索某课题在某研究阶段的信息的方法。任何一门学科都有其研究高峰期，此阶段的信息量远远多于其他阶段，重点检索此阶段的信息，往往能收到事半功倍的效果。

在检索中，应根据具体课题的性质，以已知信息为线索，选择恰当的检索方法。如要求查全，则用顺查法；要求快、新，则用倒查法；掌握了课题的发展阶段特点，则用抽查法。充分利用常用法，可以及时发现大量的有关新的信息线索。

2. 追溯法

就是以图书或文章末尾所附的"参考文献"为线索，进行逐一追踪检索的方法。

科学研究之间的相互联系，决定了学术论文之间的互相借鉴。一篇论文往往多次引用其他论文的内容，并在文章末尾将所引用过的文献，作为参考文献一一列出。一些综述性、评论性文章或名著所附的参考文献既多又全，相当于一个专题索引，利用它可得到更好的检索效果。

但利用此法，追溯次数越多，年代越悠久，与课题相关性越小，不能满足追溯最新信息的需要，这是传统追溯法存在的弊病。美国费城科学信息研究所编制的《科学引文索引》，恰恰解决了这个毛病。引文索引是以被引用文献查找引用文献的索引，利用引文索引法可进行由远至近的追溯。

追溯法虽然不可作为主要检索方法，但提供了一条不同于主题、分类等其他方式的途径，通过它可以了解某课题的一系列进展过程，尤其适用于不熟悉作者、学科内容、手中文献较少且检索工具不完备的情况。此外，对于最新出现的课题，其有关信息不可能立即在检索工具中集中收录，此时则可用追溯法。利用追溯法，还可以确定某学科的核心期刊，推测有成就的科学家，发现新的学科交叉，预测新学科的产生等。

3. 综合法（分段法）

是上述两种方法的综合使用，即使用检索工具查出有用的信息，然后根据这些信息中所附的参考文献追溯检索，由此获得更多的有用信息。引用文献有这样一个特点：5 年之内的重要文献基本都会被引用。根据这个特点，跳过 5 年再重复上述方法，如此交替使用，直到满足检索需要为止。

（三）选定检索工具

目前全世界出版的检索工具门类品种繁多，仅印刷型的以文摘为主的检索工具就有1500多种，但高质量的、使用方便的仅有两三百种。

选择检索工具，要注意综合使用权威性综合检索工具和专业性较强的各学科检索工具。一般是先选用综合性工具，再以专业性工具作补充。同时，要注意检索工具的倾向性、报道量和质量水平。

（四）确定检索途径

选择了检索方法，选定了检索工具后，用检索工具所采用的检索语言，由分析课题得出的主题概念，并进行选词，根据已知信息线索，从检索工具所提供的检索途径入手进行检索。

检索途径一般有以下几种（见表 1.4-1），可供选用。

表 1.4-1　检索途径

途径	使用方法	特　点
主题途径	是通过文献内容来确定主题词进行检索的途径，主要是使用主题索引	它能把分散于各学科里的有关课题的文献集中于同一主题下，便于查找到切题的文献
分类途径	是按学科分类体系查找信息的途径，主要是利用分类索引	以学科概念为中心，反映事物的派生、隶属、平行等关系，便于从学科专业角度来查找，能较好地满足族性检索的要求
著者途径	是根据著者姓名来查找信息的途径，主要利用著者索引和机构索引（团体著者索引）	它是按著者姓名的字顺编排的。编制简单，出版快，使用方便，但不能作为系统查找课题文献的主要途径
序号途径	是以信息专用的号码为特征，按号码大小顺序编排和检索的途径，如报告号索引、合同号索引、登记号索引和专利号索引等	该途径各索引编制简单，使用方便，但不能作为信息检索的主要途径
书名途径	是以书刊的名称查找信息的途径，主要利用《期刊名目录》和《图书书名目录》	是按书刊名称的字顺编排的，使用方便

通常检索的课题专指性较强，内容比较专、深，要求特性检索，选用主题途径为好；检索的课题泛指性较强，内容范围较广，要求族性检索，选用分类途径较好。

（五）查找文献线索

完成上述步骤后，开始具体的检索，使用主题或分类途径，也许会出现检索提问标识与文献特征标识不匹配,这时应反复修改检索提问标识,直到恰当为止。可利用著者索引查出一篇切题文献,根据该文献的分类号或主题词修正提问标识。也可从国内检索工具中查出一篇种子文献,再到国外检索工具中查找。

当查找到与检索提问一致或相近的文献特征标识后,应仔细阅读文献著录,判定是否符合检索需要,如符合需要应准确记录下题名、著者、语种、文献出处等项目,文献出处是获取文献极为重要的信息线索。

二、获取原文

通过检索工具进行检索,最终的目的是为了获取一次信息,即原文。获取一次信息的方法有:

(1)从本单位图书信息部门获取。

(2)从国内其他图书信息机构,由近及远地获取。

(3)给著者写信获取。

(4)从文摘、索引等检索工具出版机构获取。

(5)利用国际联机检索终端,向国外订购原文。获取原文主要是依据信息出处,各种信息类型的信息出处不一样,因此,必须注意识别信息的类型,掌握各种信息类型的特点,才能更好地获取原文。下面介绍图书、期刊信息类型识别及网络上直接检索获取原文的方法。

(一)图书

图书包括教科书、专著、论文集、手册等。区别图书的特点,必须抓住著录项目中是否有出版社和出版地。通常期刊、科技报告、学位论文则无该项著录。在英文中"Press Inc." "Publications Inc." "Publishing Co." 可作为判断图书的依据。图书的著录项中通常还有定价出现。国际标准图书号为 ISBN (International Standard Book Number)。ISBN 国际标准规定每个 ISBN 号码是由一个冠有"ISBN"字符的 10 位(或 13 位)数组成,这 10 位(或 13 位)数字分为四部分,其间用短线"-"或空格隔开,即 ISBN 组号-出版社号-书名号-校验号。国际标准图书号也是判断出版物是否是图书的重要依据。获取图书可到图书馆,根据书名或著者查出索取号,然后进行获取。

(二)期刊

期刊是连续性的出版物,在著录项目中通常有缩写的刊名、年、卷、期等。国际标准期刊号为 ISSN (International Standard Serial Number)。它由 8 位数组成,采用阿拉伯数字 0 至 9,最后一位为校验号。它也是判断出版物是否是期刊的依据。在英文的期刊著录中还有 Vol. (Volume)、No. (Number),即卷、期,由此可以判断是不是期刊。在检索工具中,刊名通常是斜体字。

从刊名也可判断出版物是不是期刊,凡从 Ulrich's International Periodicals Directory (乌利希国际期刊指南)中能够查到的便是期刊,查不到的基本上是其他出版物。

各种检索工具书为了减少篇幅,往往将出版物名称以缩写的形式来表示。为了获取原文，要利用刊名的缩写查出全称。

（三）会议文献

会议文献的特征一般是指出第几届会议，在著录项目中通常包括会议名称（或会议录名称）、出版时间和页码、会议地点、会议主持单位。

在会议文献的著录中通常有"Proc."、"Conf."、"Proceedings"、"Symposium"和"Conference"等字样。但是必须注意以"Proceedings"标识的会议录易与该单词为首的期刊名相混，应以会议录的著录一般不会有卷期，而期刊的著录必定有卷、期、年来鉴别。

会议文献有期刊、图书、科技报告、声像等出版形式，因此，要获取会议文献的原文，必须根据检索工具中提供的线索以及出版的形式，到有关部门去获取原文。

（四）标准文献

标准文献的特征是在文献出处中有机构名称缩写和科技报告的顺序号组成的编号，通常称它为标准号。根据标准号，就可以去文献收藏单位获取有关标准文献的原文。中国标准信息研究所为获取标准文献提供了方便。

（五）专利文献

专利的英文单词是 Patent，通常标有 Patent 的就可以判断为专利文献。但是，在其著录中通常省略 Patent，我们只要根据由专利的国别代码和顺序号组成的专利号就可判断是专利。根据专利号就可以到有关的收藏单位获取专利说明书。国家知识产权局专利文献服务中心收藏专利说明书较全。

（六）《馆藏目录》与《联合目录》

《馆藏目录》是图书馆或信息资料部门所收藏的全部书刊的统计目录。在检索到文献出处后，要想获取原文，通常应先查本单位馆藏目录。如果本单位有收藏，根据分类号就可立即获取原文。如果本单位没有收藏，可以查联合目录，根据查到的收藏单位，通过写信等进行复印获取。

《联合目录》是汇总某地区或若干地区甚至是全国图书馆或其他收藏单位所收藏的书刊统计目录，为开展馆际互借和复制创造了条件。

（七）网络

（1）通过全文数据库，如中国学术期刊全文数据库、中国人大报刊资料全文数据库等，查询原文。

（2）通过网上"电子期刊"，如在计算机世界网（http://www.ccw.com.cn）查询计算机世界报的全文，也可进行分类检索、主题检索或选择某一期。

（3）通过网上"电子读物"，如中国工程技术信息网（http://www.cetin.net.cn）上的"电子读物"查询原文。

（4）通过网上"电子报刊导航"，如由中国国家图书馆（http://www.nlc.gov.cn/newpages/nav/dzbkdn. htm）查询人民日报、北京日报、光明日报、经济日报、计算机世界、科技日报、中国质量报、电脑报、香港文汇报等原文。

（5）通过网上全文信息数据库，如经济信息全文（http://www. jsu. cetin. net. cn/jjxx. htm）、经济年报全文等查询全文。

1.5 检索效率分析和检索策略探讨

1.5.1 检索效率分析

衡量检索效率有两个指标：查全率、查准率。

$$查全率 = \frac{被检索出的相关文献的数量}{总文献中所有相关文献的数量} \times 100\%$$

$$查准率 = \frac{被检索出的相关文献的数量}{被检索出文献的总数量} \times 100\%$$

对于用户来说都希望查全率和查准率都达到百分百，然而，由于各种因素的存在，总是达不到这理想的指标。情报学家做了大量的实验、证明查全率和查准率之间有着互逆的关系，在达到一个最佳点之后，查全率提高，查准率则下降；反之，查准率提高，查全率则下降。

下面分别介绍影响检索效率的因素及对策。

一、影响检索效率的因素

科技人员从文献中获取所需信息，可采取直接检索与间接检索。直接检索是通过阅读原始文献直接获取所需信息。科技人员一般是直接阅读专业性强的核心期刊，从中获取所需信息，因而，查准率高，但查全率低，不过这种方法能保证获取最新信息。英国化学家、文献学家布拉德福经过长期对各学科文献进行大量统计调查，发现了文献分布规律：有关电技术的文献约 1/3 登在本专业少数的几种期刊上，约 1/3 登在数量约为其 5 倍的非直接与电有关的交通运输等相关学科的期刊中，还有约 1/3 登载在数量为其 25 倍的相邻学科期刊上。由此可见，若直接在核心期刊上检索，最多只能检索到 1/3 的有关电技术的文献。不过，分布在大量的非核心期刊上的约 2/3 的电技术的文献可由间接检索来完成。间接检索是借助检索工具（二次信息）的指导查找原始文献而获取所需信息的。间接检索又可分为机检与手检，其检索的效率受许多因素影响。

（一）人为因素的影响

无论是手检还是机检，检索提问、检索策略、检索操作一系列过程都是由人来完成的。因此，不可避免地存在人为因素的影响。这种影响不外乎有两方面：一方面是用户的影响，当他向检索人员介绍检索课题时，描述得不准确、不具体或有所隐藏等将引起误差；另一方面是检索人员的影响，他直接与检索工具打交道，在检索过程中起着主导作用。具体表现在：检索人员在与用户交谈或阅读用户提供的资料时，对课题的理解程度以及对课题所涉及的专业知识了解深度而引起选择检索词（主题词、分类号）上的误差；检索人员在选择检索工具时，对检索工具所报道的学科范围及文献类型的了解而引起选全选准检索工具上的误差；检索人员在与具体检索工具接触时，对具体检索工具的结构和检索方法的熟悉程度，对检索工具的规范化词表的熟悉程度所引起的误差；检索人员的外语水平及专业知识直接影响他对文摘的理解而引起的误差；检索人员的综合分析能力及工作责任心等引起的误差。

（二）检索工具的影响

检索工具本身固有的缺点，在不同程度上影响检索效率。主要表现在以下几个方面：

1. 检索工具存贮一次信息的比率的影响

虽然大多数检索工具都有覆盖面广的特点，但目前还没有达到100％的存贮率。据有关报道，国内检索刊物体系总的存贮率为60％，国外检索刊物的总存贮率为26％。就具体检索工具而言，各自都有收录侧重点。一是文献类型的侧重点，如 Engineering Index 侧重报道期刊和会议文献，而不报道专利文献。Word Patents Index 只报道专利文献。二是国别上的侧重，大多数检索工具侧重报道本国语种文献，如 EI 以报道英文文献为主，占其总文献数的50％以上。三是专业性检索工具侧重报道专业范围的文献。如 Physics Abstracts 侧重报道物理专业的文献。

2. 检索工具标引深度的影响

标引的深度，是指对文献分析的程度、范畴设置以及抽词的数量。这也是根据标引人员对专业的了解程度而决定的。对文献分析得越深，标引中所抽的标引词越多，标引的深度就越深，网罗度就越大。如果标引一篇涉及数个主题的文献时，标引人员对各个主题都抽出几个词来标引，检索时，检索人员无论从哪个词入手都能将这篇文献检索出来，查全率就提高了。另一方面，检索出来的文献并非全部适用（对一篇偶然提到的某一主题的文献也检了出来），所以将影响查准率。然而，如果只根据文献的标题或最主要的论述主题来抽词标引的话，那么检索出来的文献大部分会有用，即查准率高。但是，势必会有一些相关文献被漏检（这些文献可能次要地论述了某主题，但也非常有价值），因此就影响了查全率。由此可见，检索标引质量的高低，直接影响检索效率。

3. 检索工具报道时差的影响

时差即一次信息被存入检索工具所需的时间，如 The Engineering Index Monthly 报道速度较快，时差为6～8周，但有些检索工具（如一些中文检索工具）及有些特种信息（如会议信息等）的报道时差较大，甚至达1～2年。一般情况，报道时差所引起的检索误差不会太大，但对于热门课题及迅速发展的课题等，由于其进展较快，就不得不考虑时差的影响。

4. 检索词专指度的影响

检索词专指度是指词表中的词的专指程度。例如，要检索有关"丝绸工业"的信息，如果在词表中有"丝绸工业"这个词，那么这个词的专指度就很高，和检索提问的内容相符，用该词进行检索，查准率高。然而，如果词表中无"丝绸工业"这个词，而用"纺织工业"这个词代替"丝绸工业"，由于"纺织工业"这个词含义广，尽管包含"丝绸工业"，但也检出许多不是"丝绸工业"的信息，因此，查准率低。

5. 检索工具所描述的信息含量的影响

文摘性质的检索工具，不仅报道信息的外部特征，而且还报道内容摘要，从而有助于检索人员进一步了解信息内容，决定取舍，提高查准率。题录性质的检索工具，只报道信息的外部特征，不利于检索人员进一步了解信息内容，影响查准率。

（三）检索方式的影响

检索方式有手检和机检。也许有人认为，机检比手检好，一是速度快，二是查得准，三是查得全，这不是绝对的。机检面临着选择数据库及选择检索词的问题，计算机检索中的数据库相当于手检的书本式检索工具，用户对检索工具收录的范围熟悉，才能根据检索提问内容正确选择数据库，如检索提问要求查专利文献，就不能选 EI，因为 EI 不收录专利文献，而只能选 WPI 或 CA 等。机检中的选词问题也是很重要的，有词的可根据词表进行规范，而对于没有词表或词表中没有专指的词，就选文献中通用的词进行检索，否则将导致检索失败。由此可见，机检对于不熟悉手检的人来说，效率也不高。

手检过程可以随时更换检索策略，提高查全率。同时对文摘型的检索工具还可以进一步阅读摘要内容进行判断，从而可提高查准率。不过，在时间上手检比机检慢。

二、提高检索效率的对策

（1）提高标引人员的素质，加深检索工具的标引深度和词表中检索词的专指度。

（2）提高检索人员的素质，要求熟练掌握机检（如联机检索、光盘检索、Internet 搜索引擎）和手检知识，要求了解检索工具的收录范围（如学科领域、文献类型、收录的年限）、检索工具所提供的检索途径、检索工具所提供的检索方式（如简单检索、复杂检索）；也要求了解科技方面的专业知识，尽可能多地了解用户要求，和科技人员密切合作，准确地表达信息检索提问，制定最佳的检索策略，提高检索效率。

（3）提高检索工具描述的信息含量，多选择文摘性质的检索工具进行检索。

（4）检索工具对文献的内外部特征应准确报道，各条文献线索应排列严密，提高查准率。

（5）机检和手检相结合。在机检前先针对检索提问进行手检，以获取一两篇切题的文献，并根据这些文献的用词选择检索词，从而确定检索策略，然后进行机检。在机检不理想的情况下，再以手检为补充，从而提高检索效率。

（6）综合性检索工具、专业性检索工具和单一性检索工具相结合，并根据课题的需要选择多种检索工具。这样可避免单种检索工具收录范围较窄，从而提高检索效率。

（7）直接检索和间接检索相结合。首先通过间接检索，获取切题的文献，并由此发现该课题有关的核心期刊，再利用直接检索在新近的核心期刊上查找，这样可避免检索工具报道时差所引起的误差，从而提高查全率。

1.5.2　检索策略的探讨

检索策略是在分析检索需求实质基础上，确定检索词、检索途径，明确检索中词与词之间的逻辑关系及查找步骤的科学安排。一般总是从狭义的角度将检索提问标识（即检索提问式）称为检索策略。因此，满足检索需求与否，实质上是检索提问式与信息需求是否切题和匹配的问题。编制成准确表达检索主题要求的提问式，就需要合理运用布尔逻辑算符、位置逻辑算符、截词等，同时确定相应合理的检索途径。一个好的检索策略，可以使检索过程最优化，从而在整体上取得比较好的检索结果。这样既可节省检索的费用和时间，又能获得较佳的查全率和查准率。

各种数据库的结构、功能、内容不同，可衍生出各种不同的检索策略，灵活运用检索技巧才能达到较好的结果。所以要求编制检索策略时，既要能反映出课题应有的共性，又得考虑到主题概念的特殊性，同时还得根据每步检索所反映的结果随机进行调整。

一、检索提问式的表达形式

在考虑建立检索策略和检索技巧之前，首先得了解检索系统中的检索提问式的表达形式：

（1）了解不同数据库的提问词，如对主题词、分类号、作者、刊名等不同检索项进行选择。

（2）提问式中检索词的表达形式必须与数据库所能提供的检索功能相符。

二、确定检索目的和要求是编制检索策略的基础与前提

机检用户一定要明确检索课题所要达到的目的，这样才能选定本课题的首选数据库，以及选定本课题的辅助数据库或扩充备用数据库。根据课题实质要求选择适当的检索词，编制检索提问式以及可能需要随机修改的检索方案，最后上机检索。其检索流程如下：

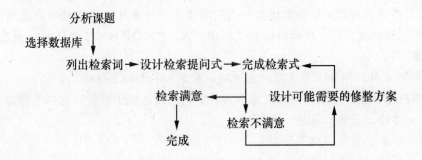

图 1.6-1 检索流程图

在这一流程中，无论哪一个环节有误，都有可能导致整个检索失败。其中，真正理解课题的内容实质、专业知识及检索意图是编制最佳检索策略的先决条件。

三、具体检索操作规程

对课题进行主题分析是制定检索策略的依据，也是正确选择数据库、确定检索词、运用逻辑算符的先决条件。它决定了检索策略的质量和检索的效果。具体步骤如下：

（一）研究用户课题，选择恰当的检索词及逻辑关系

1．分析课题的内容实质

由于大多数用户对检索系统的功能以及数据库结构、标引方法并不十分了解，时常不能准确充分地表达检索课题所需的实质性内容。如表达的概念太大就会造成大量误检文献，而表达的概念过小则造成许多文献漏检。

例如课题"煤脱硫的经济估算"，经过向用户仔细了解，发现用户是希望了解用微波来进行煤脱硫的情况。又如课题"论企业凝聚力"，实质是检索有关如何运用行为科学管理提高企业活力的问题。

2．分析出误假主题概念所表征的真正概念

出现误假主题是由于某些用户缺乏对数据库中所采用的检索词概念的理解，或者是某些社会习俗共识对事物的错误理解。

3．分析出被隐含的主题概念

由于大多数用户总是以自我习惯运用某些概念来表征事或物，就往往会把表达同一或相同或类似的概念词无意地隐含起来。在描述对象、过程、条件、方法等过程中，有些主题词是显性的，有些却是隐性的。如"中国市场的品牌效应"，这里的"品牌"一词也隐含着"名牌"、"牌号"、"商标"等概念，检索时若不加考虑必然会产生漏检。

4．在多个主题概念词中分析出主要概念和次要概念，以及重复概念

有时用户所提供的课题涉及的主题概念较多，根据检索经验，在以逻辑算符建立检索式检索时，不能简单地认为逻辑组配面越广、越细致，检索出来的结果针对性就越强。实际上，过严的组配，反而可能会导致大量的漏检，甚至使检索结果失败。这是因为假如有主题A、B、C、D、E概念进行组配，而其中某一主题词建库人员未从原始文献中挑选出来作为检索词时，该主题词表现为零。从逻辑运算式看出，$A \times B \times C \times D \times E$ 中任何一个数为零，结果肯定等于零。

5．在建立检索式时，尽量少用主题概念泛而检索意义不大的主题词

这是由于用户过分强调了某些检索意义不大的主题词而造成了漏检。这样的词如：

"展望"——趋势、现状、近况、动态

"制造"——制备、生产、加工、工艺

"应用"——作用、利用、用途

还有诸如"开发"、"研究"、"方法"、"影响"、"效率"等，除非被检文献量过多，而用户特别要求时采用。但一定得采用同义主题概念相"或"的逻辑运算，把全部或尽可能了解的同义主题词进行相"或"，再与其他不同概念词相"与"。

6．明确主题概念表达的下位与上位概念的关系

当我们从客户提供的课题中分析出单元主题概念之后，还需运用学科专业知识搞清某些主题概念的上位概念，或者哪些是应用下位概念进行检索。例如：

课题（1）"加氢裂化防垢剂的开发与应用研究"，将"加氢裂化"与"防垢剂"组配，结果等于零。经分析，"加氢裂化"的上位概念属于石油加工与石油炼制，将后者与防垢剂组配，完成了检索。

课题（2）"C4、C5 馏分的工艺研究"，用"C4＋C5"去查找结果为零。经分析，"C4、C5"属一组产品，故应将 C4、C5 概念转化成具体的概念，如丁烷-1-3-丁二烯等属下位的具体概念词去查。

另外，为了提高检索策略与技巧，还必须对数据库系统进行研究。

（二）研究数据库系统

目前市场所提供的各种机检数据库品种繁多，但由于制造商的不同，各种数据库系统编制结构也不同，这给机检用户了解和运用数据库进行检索带来许多不便。下面就此谈几个有助于用户检索的问题：

1. 单元词和多元词

这也是数据库建库所采用的检索字段中抽检索词的问题。有的以单元词为基础，而有的则以多元词作为建库条件，或者有的是两者兼而有之。如果抽词规则不同，对单元词和多元词的关系不了解，往往会造成漏检。

2. 主题词与关键词

关键词与主题词的区别，主要在于查全率和查准率，对某些机检数据库来说，用关键词检索对提高查全率关系很大，用主题词检索却对提高查准率有关。而有的数据库规定一定要用主题词检索，若不了解就可能造成检索失败。

虽然这里所说的关键词是没有进行过规范化处理的自然语言，但也是有一定限制的。计算机检索所用的关键词一定要明确表征事物的质或量。而那些无法用以表征的自然语言，一般是不能用于检索的。比如某些模糊的概念词："高"、"短"、"漂亮"等，无法用一定的标准来进行测定，也就无法运用于检索。

3. 对课题中出现的主题词要学会区别其属性

检索时，概念主题词选择正确与否对检索的成功与否是有很大关系的，所以有必要对某些课题中含有的多个主题词进行逐个辨别，挑选最合适的概念词来建立检索式。有人曾经把这类概念词概括为以下几种，值得借鉴：

（1）对象面（不可少）。凡具有独立意义能直接表征事物检索的主题词。

（2）过程面（可省）。发自或施加于对方（象、面）的动作过程的概念。

（3）条件面（可挑）。表征对象面或过程面的时、空、环境、背景等客观范畴。

（4）方法面（不可少）。表征过程面所借助的方法、手段等概念。

（5）属性面（可挑，也可不挑）。表征对象面的属性、特征等概念。

（6）结果面（不可少）。表征结果、效果、输出、生成等结论性概念。

了解这一点，主要是有助于分析出课题中哪些主题词是主要的，哪些是次要的，哪些主题词非用不可，而哪些是可用可不用的。

1.6 联机信息检索系统

1.6.1 信息检索系统的主要检索符号

一、布尔逻辑算符和位置逻辑算符

用户按照课题要求选定了检索词以后，还需将这些词之间的语法关系表达出来，这时可利用布尔逻辑算符和位置逻辑算符。

（一）布尔逻辑算符

布尔逻辑算符有三个：

1. 布尔逻辑"或"

布尔逻辑"或"用"OR"或"＋"表示。如果两个检索词之间的布尔逻辑关系为"或"即"OR"时，则表示被检索的文献，只要含有两个检索词中的任何一个检索词即被命中。它可以扩大命中范围，得到更多的检索结果，起到扩检的作用。

如：生产管理＋过程控制＝生产管理和过程控制（如图1.6-1）

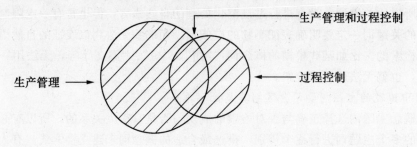

图1.6-1 逻辑"或"

2. 布尔逻辑"与"

布尔逻辑"与"用"AND"或"＊"表示。如果两个检索词之间的布尔逻辑关系为"与"即"AND"时，表示被检索的文献必须同时含有两个检索词才被命中。它可以缩小命中范围。起到缩检的作用。

如：计算机应用＊机械工业＝计算机在机械工业中的应用（如图1.6-2）

3. 布尔逻辑"非"

布尔逻辑"非"用"NOT"或"－"表示。如果在提问式中用布尔逻辑"非"（NOT）组配检索词，则表示命中文献中不能含有紧接在"NOT"算符后的检索词。它可以缩小命中范围，得到更加切题的检索结果。

如：电子计算机－模拟计算机＝数字计算机（如图1.6-3）

（二）位置逻辑算符

在DIALOG系统中，设置了一种位置逻辑算符，以表示两个检索词之间的位置关系。

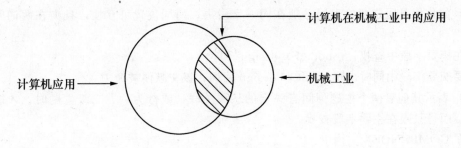

图 1.6-2 逻辑"与"

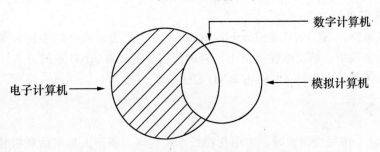

图 1.6-3 逻辑"非"

这些逻辑算符是"C"、"F"、"S"、"nW"、"W"等，亦称为全文检索符（Full Text Searching）。

1. 词间位置逻辑符

词间位置逻辑符是"W"，W是"with"的缩写。"W"的作用是固定连接两个检索词，表示两个词之间空一格，或有标点符号，两个词位置不能互换。如：

electric（W）furnaces＝electric furnaces

iron（W）corrosion＝iron, corrosion

digital（W）computer＝digital computer

（nW）表示两个词间最多有几个单词，其前后两词的位置也不能互换。如：

wear（1W）materials＝wear of materiais

gone（2W）wind＝gone with the wind

flat（1W）reflector＝flat main reflector

2. 句子内位置逻辑符

句子内位置逻辑符是（S），S是"Sentence"的缩写。（S）的作用是假定两检索词必须在同一句子或短语中出现，但次序和间距可任意。

在某些文摘中用于同一字段（如摘要字段）的同一句子或片语，词序可任意互换，且两词间可夹若干个词，只要两词同时出现在一个句子或片语中，在摘要字段中的任意一个句子中检索到 solar 和 energy 两个检索词，即算命中文献。如：

solar（S）energy/AB

3. 字段内位置逻辑符

字段内位置逻辑符是（F）、（L），F是"Field"的缩写，L是"Link"的缩写。

（F）的作用是限定两检索词必须在同一字段内，两词位置可互换，且夹在两词间的词数不限。

如在摘要字段中查找：robot（F）design/TI

只要摘要字段中同时出现 robot 和 design 两词，该文献便被命中。

（L）表示其前后两个主题词间有一定的从属关联，或分为一、二级主题时，才能使用该算符，而且只限在主题字段查找。

如在 COMPENDEX 文档中：

computer（L）analog＝COMPUTER—Analog

4. 记录内位置逻辑符

记录内位置逻辑符是（C），C 是 Combine 的缩写。（C）表示两个检索词只要同时出现在某一记录的任意字段中，该文献即被命中。它的作用与逻辑乘 AND 相同。

如：alloying（C）element＝alloying AND element

二、检索指令

"DIALOG 系统"编写提问式时，常用几种指令和代码。所谓人机对话联机检索，实际上并不是真正人对计算机讲话，而是人在检索过程中发出一系列指令来完成查找文献的任务。人发出指令后，机器立即响应，这就叫人机对话。所以，我们有必要了解和熟悉一些检索指令，这对编写提问式有很大的帮助。

1. 扩词指令

用户可使用这种指令，在指定的文档中联机显示基本索引和辅助索引的一部分，以便选用最合适的检索词，提高查全率和查准率，要扩检的词可以是词，也可以是词组。

扩词指令：? Expand 或? E

如查找有关合金钢的文献，用? Expand alloy 指令扩检，又找到两个合金钢的同义词，可查得的文献量增加，有利于提高查全率。

2. 截词符号"?"

截词符号可以减少检索词的数量，简化检索手续，节省检索费用，扩大查找范围，提高查全率。

（1）限制检索词词尾的字位数量。在检索词的词干后，根据词尾可能变化的位数，连续打若干个"?"，然后空一格再打一个"?"。前一个"?"表示有字母增加，最后一个"?"表示停止符。

（2）将词截断后，在该词词干后可能变化的字位处，改用或加上一个"?"，用以检索同词干的派生词，如? S Comput? 可检索 Compute，Computer Computers，Computing 等词，以上这些词的逻辑关系是"或"，如何截词，该依具体情况而定。如以截至 Comput? 为宜，截至 Comp? 不合适，截至 Com? 更会造成大量误检。

（3）代替检索词词干可能变化的字母，如? S wom? n 表示可检索 woman 与 women，即在"?"位置可为任意一个字母。

3. 指令的叠加使用

"DIALOG 系统"有指令叠加使用的功能，就是把选词指令、组配指令和联机打印指令连写在一起，两个指令之间用分号（；）隔开，一次输入系统内，系统就自动显示出查找结果来，这样节省机时，但应慎重使用，否则，反而多费机时，如：

？S•stainless steel；S slabs/de；

S Continuous Casting；C 1—3/and t 4/6/1—2

4. 后缀代码

"DIALOG 系统"所有文献的索引均分为基本索引（Basic Indexes）和辅助索引（Additional Indexs）部分。基本索引中的词，一般选自叙词（DE）、篇名（TI）和摘要（AB）3个字段。有的文档还选自标引用的自由词（ID）字段。为了指定在基本索引的一个或两个字段查找，可在检索词后加上一斜线（/），再加后缀代码来限定查找范围。不同的文档有不同的后缀代码，一般常用的有：

…/AB	摘要
…/TI	篇名（文献标题）
…/DE，…/DE＊	叙词（可以是词组的一部分）
…/DF，…/DF＊	完整叙词（一般为单元词）
…/ID，…/ID＊	标引用的自由词
…/IF，…/IF＊	完整的标引用自由词
…/NT	注释
…/SH	标题分组号，范畴号

注："＊"表示它前面的词为可反映文献核心内容的主要叙词或自由标引词。

5. 前缀代码

为了指定在辅助索引的某个字段中查找，可在检索词的前面加上前缀代码和等号，文档不同，前缀代码也不一样，一般的有：

AU＝Author	著者
CS＝Corporate Source	机构名称
DT＝Document Type	文献类型
JN＝Journal Name	期刊名称
LA＝Lauguage	文种
PY＝Publication Year	出版年代
UD＝Update	更新周期
JC＝Journal Code	期刊代码
CC＝Classification Code	分类号

从终端机联机检索 DIALOG 文档时，每个步骤都是很严密的。开始是先连接到 TYM-NET 或 TELENET 国际卫星通讯网络，经过一段对话以后，再接通到 DIALOG 主机，由该主机发出指令，检查用户的身份，当用户把秘密代码输入，并经计算机检查核对，确认无误后，方可开库检索。

6. 开库指令——BEGIN（B）

指令输入以后，计算机时钟便开始计时，并初步算出正式开始检索以前的费用。检索开始或检索过程转换另一文档时用该指令。

7. 选词指令——SELECT（S）

它用于基本索引检索，以单元词或多元词输入，然后用布尔逻辑算符组配，也可一次直接输入整个检索式，机器立即检索并给出结果。

8. 超级选词指令——SELECT STEPS（SS）

其特点是对被组配的每一个检索词都赋予一个提问编号，以供检索者修改检索时调用，既可加上任何限制条件进行检索，也可使用组号进行逻辑组合检索。

9. 组配指令——COMBING（C）

它意味着可将输入的主题词或关键词，用布尔逻辑算符进行逻辑组配检索，但它只能用检索提问编号，其后不能直接紧跟检索词。

10. 联机打印指令——TYPE（T）

用此指令可直接在终端机上打印命中文献记录。①以提问编号联机打印，如？type5/6/3；？type5/6/4—12。②以文献记录索取号联机打印。如？type123456/5。

11. 脱机打印指令——PRINT（PR）

联机打印占时间长、费用高，一般多用脱机打印，然后邮寄给用户。如 Print 1/5/1—375，"1"为提问编号；"5"为打印格式；"1—375"为要求打印文献记录的篇数。

12. 关机指令——LOGOFF

1.6.2　国际联机信息检索系统

国际联机信息检索是指通过计算机终端装置及国际通讯线路，检索本国或本国以外的计算机信息检索系统中存贮的信息线索。国际联机信息检索是现代计算机技术和通讯技术相结合的产物，它代表着当代计算机信息检索的水平。它可以很好地解决远程异地的信息检索要求，实现信息资源共享。检索用户利用联机检索终端，可以十分方便地检索千里之外，甚至大洋彼岸的信息检索系统的内容，人们只花几分钟的时间，便可在数以百万计的信息记录中，查找出所需要的信息线索。

若按系统与用户的联系来划分，国际联机信息检索可分为：

（1）脱机检索（Off-Line）（又称成批检索），就是定时由机检人员利用计算机处理批量的课题，并把检索结果分别提供给用户或读者。脱机检索的缺点：地理上存在障碍；存在时间的延迟；用户同系统之间没有直接的联系。

（2）联机检索（On-Line），就是把计算机的各个终端设备通过电话线路与中央计算机连接起来进行人机对话，随时提问，随时显示，随时修改检索课题，并可立即得到检索结果，检索者利用联机终端直接查询检索系统的数据库。联机检索时，电话线和数据通讯网把终端与计算机连接起来，这种提供检索服务的计算机，一般装有数以百计的数据库，而每一种数据库可以包括几十万、几百万条各种类型文献的书目或科学数据。每检索一个课题，只需几分钟时间。检索到的内容可以立即在检索者的终端设备上打印出来，或者为了降低费用，可由计算机脱机打印，邮寄给检索者。

联机检索可达到以下目的：联机追溯信息检索（RS，Retrospective Searching）；联机定题信息检索（SDI，Selective Dissemination of Information）；联机订购原文，也就是使用系统输出的文献记录中的存取号（左上角第一个数码），向检索系统订购原文，订购的原文有静电复制品和缩微平片两种形式。

一、国际联机检索系统的组成

国际联机检索系统是由检索终端、计算机、数据库和卫星通信网络组成。

（1）检索终端。它是用户与计算机信息检索系统进行"人机对话"的装置。用户通过终端机上的键盘，用计算机所能识别的特定指令和检索策略，与计算机进行人机对话。用户可以提问及修改提问，直到获得满意的结果，并由终端直接输出或脱机打印出用户所需要的信息。终端设备一般包括键控屏幕显示器、打印机和绘图机等。

（2）计算机。它是信息检索系统的主体，负责整个系统的运行管理，要求容量大、速度快、功能强。根据检索系统的规模，可选用不同类型的计算机。

（3）数据库。它是信息检索系统的心脏。只有在磁盘机上存贮大量有价值的机读文献和数据，才能在系统的支持下为用户提供信息服务。在一个信息检索系统中，往往有多个数据库，数据库由文档组成，有的一种数据库就是一个文档，有的一种数据库按年代划分为若干个文档。

下面是 DIALOG 系统 COMPENDEX 数据库 8 号文档的一条全记录：

AN	0178214 D84010287
TI	High energy laser techniques in industrial measurements
AU	Erdelyi，L；Fagan，W. F.
CS	Wassergasse 20/12，A—1030 Vienna，Austria
JN	INDUST. APPLIC. HIGH POWER LASERS VOL. 455pp.
PY	48—51 1984
T1 CT	SPIE Conf. Indust. Applic. High Power Lasers 26—27
CY CL	Sep 1983，Linz，Austria
PU	Publ；SPIE，P. O. BOX 10，BELLINGHAM，WA 98227—0010，USA，Notes：SUMMARY LANGUAGE ENGLISH
LA	Languages：ENGLISH
JA	Journal Announcement：V17N8
AB	High energy lasers are used for industrial measurements in connection with additional instrumentation. The most advanced system for this purpose is the Image Derotator. This system in combination with high energy laser systems is a powerful engineering and scientific tool in the field of holographic interferometry and speckle photography. Traditional measurements complete the application range of the Image Derotator.
DE	Descriptors：lasers；measurement；instrumentation；photography
SC	Section Class Codes：D8500

Key to Data Fields

AB	Abstract	DE	Descriptor
AN	ISMEC Accession No.	ID	Identifier
AU	Author Name	JA	Journal Announcement
BN	Int'l Standard Book	JN	Journal Name
	Number (ISBN)	LA	Language
CL	Conference Location	PU	Publisher
CO	CODEN	PY	Publication Year
CS	Corporate Source	RN	Report Number
CT	Conference Title	SC	Section Class Code
CY	Conference Year	TI	Title

二、世界三大联机信息检索系统

(一) DIALOG 系统概况

美国 DIALOG 国际联机信息检索系统位于美国加利福尼亚州的帕洛·阿尔托市，建于1963～1964 年，原属美国洛克希德导弹与空间公司所属的一个信息科学研究所，后来该所研制成功 DIALOG 人机对话信息检索软件，遂将该系统命名为 DIALOG 系统。1981 年DIALOG正式成为洛克希德公司的子公司，开始独立经营。1988 年 7 月，Kinght－Ridder公司耗资 3.2 亿美元从洛克希德公司买下了 DIALOG 信息服务公司。

DIALOG 系统为了保证系统的可靠性和服务质量，采用双机工作方式，即对外服务时，两台主机同时与一个通讯网络联机。

1979 年，DIALOG 系统只与 TYMNET 和 TELENET 两个公用数据网连接。后来DIALOG系统又加入了一些其他网络，如日本和英国的专用线，这就为世界各地用户利用DIALOG系统提供了方便条件。

该系统通过卫星通讯网络与 80 多个国家和地区的 200 多个城市的 9 万多台终端联机。现有数据库 320 多个，共有文献记录 175 百万篇。

DIALOG 数据库系统的数据库中，文档的专业包括综合性学科和时事、自然科学、应用科学和工艺学、社会科学、天文学、商业、经济学等；收录的文献类型包括图书、报纸、期刊、学位论文、会议文献、科技报告、政府报告、专利文献、标准文献、厂商名录、统计数据。文档数量每年都在不断增加，各文档收录的文献年限也不一样，有的几年、十几年，有些文档长达几十年。

DIALOG 系统的检索功能较强，用户通过终端输入自己的检索要求和布尔逻辑算符，一次可检索几个到几十个文档中的文献。一般课题的检索时间只需几分钟或十几分钟。

多年来，DIALOG 系统的检索功能不断加强，实用数据也不断增加。DIALOG 系统在经济数据库方面增加了许多内容，在检索软件方面，增加了菜单式检索软件，还提供 one search 一次性多文档检索功能，节省时间、费用。DIALOG 系统还将继续开发联机图形检索功能，现已可检索商标图形。DIALOG 系统于 1985 年 1 月启用了第二软件系统 （DIA-

LOG Version 2），新系统的检索语言已全都经过改写，具有许多新的检索特征。它吸收了其他系统的优点，使自己的检索功能更趋完善，检索方法也更加简便。新系统中特别值得提及的是增加了 WPI 和 WPIL（世界专利索引）文档，这对检索世界专利文献提供了一条简便、快速、经济而有效的途径，同时对提高该系统在世界联机检索系统范围内的竞争实力也起到了相当重要的作用。

（二）ORBIT 系统概况

ORBIT 系统是世界上第二个最大的联机检索系统，其全称为 Online Retrieval of Bibliographic Information Timeshared，属于美国系统发展公司（System Development Company，简称 SDC），总部设在美国加利福尼亚州的圣莫尼卡（Santa Monica）。1965 年首先在美国国内实现联机，1974 年发展成国际性的联机检索系统。现在 ORBIT 检索服务部是培格曼 ORBIT Infoline 有限公司的一个部门（A Division of pergamon ORBIT Infoline，Inc），总部在美国 8000Westpark Drive Mclean，VA 22102。它通过美国 Tymnet 和 Telenet 通讯卫星网络向美国、加拿大及欧洲、亚洲开展 22 小时联机检索服务。1989 年 ORBIT 系统与 BRS 系统合并。

该系统可联机检索 100 多个数据库，库存文献量达 7500 万篇，占世界机存文献总量的 25％以上，专业范围包括自然科学、社会科学、商业、经济学等。几年来，ORBIT 系统的检索功能在不断加强，实用数据也不断增加。它以化工、石油、生物化学、环境科学、安全科学等专业文献比较齐全而著称，特别是世界专利索引等文档，是 ORBIT 系统的特色。

（三）ESA-IRS 系统概况

欧洲空间组织信息检索中心（European Space Agency－Information Retrieval Service，简称 ESA-IRS）位于意大利首都罗马附近的弗拉斯卡蒂（Frascati），是 1966 年为适应欧洲空间尖端工业的发展而建立的。1969 年开始用 NASA 文档开展服务，以后几经更新和扩大，发展比较迅速。ESA－IRS 系统目前使用两台 SIMENS 7865 型计算机，可以联机检索 80 多个数据库，贮存的文献总量达 3000 万篇，用户遍布美洲、北非、中东、澳大利亚、日本和中国等地。

ESA-IRS 系统通过 ESANET、TYMNET、TYMSHARE、EURONET、DATEX-P、TRANSPAC 等公用通讯网络与世界各国联机。

ESA-IRS 系统在澳大利亚、比利时、丹麦、英国、奥地利等国设有负责宣传、联络和培训用户工作的中心，在欧洲设有 4 个高速打印站，输入打印指令 24 小时后即可邮寄打印件给用户，手续简便，收费低于联机打印件。

ESA-IRS 系统是欧洲最大的联机检索系统，也是世界上最大联机检索系统之一，仅次于美国的 DIALOG 系统和 ORBIT 系统。

ESA-IRS 系统有 74 个文档可供使用。其中有贮存 600 万篇文献的大型美国化学文摘文档（CHEMABS）和贮存 450 万篇文献的综合性法国 PASCAL 文档，以及专业性很强的 ALUMI－NIUM 文档，还有数值数据库 PRICEDATA 等。

此外，ESA－IRS 系统还提供各种联机指导，以及各种训练文档，举办用户培训班并发行有关资料。ESA－IRS 系统设置的值班控制台（M101）可随时解答用户发来的有关通讯、终端使用、命令语言及费用等方面的问题。

1.6.3 联机信息检索提问单

一、基本原则

（一）填写"联机检索提问单"需要注意的问题

（1）检索的目的要求填写清楚，说明课题的内容要具体准确，如基本概念是什么，包括哪些范围，有哪些不同的方面，涉及哪些相关问题，有没有需要排除的概念等。

（2）选择文档时，尽可能查看文档一览表，有书本式检索工具的文档，可通过这些书本式检索工具，详细了解文档的专业范围和特点。在机检之前最好先用手工检索工具进行试验。

（3）最好掌握常用文档的词表，并尽量使用词表中的主题词进行检索。选择检索词时要全面，要考虑到与检索课题相关的各种主题词，如广义词、狭义词、相关词、同义词，以及英、美的不同拼法等。在没有词表的情况下，可参阅相应的书本式检索工具的用词规律。

（4）形容词除词表规定的以外，不要随便使用，如 new，modern，fine，good，advanced 等。

（5）多用具体的实词，尽量不用含义和概念很泛指的词，如 new technology，application，research，study，development 等。

（6）有些词不要按我们习惯用法填入提问单，如 metal mines，special steel 等。

（7）注意各系统关于打印格式的规定，填写好打印要求。

（二）提问式

由于"机检"的过程是将检索要求输入计算机并由计算机执行，所以在检索后，必须将检索要求转换成一种既能反映检索要求，又能使计算机可执行的表达形式。这就是所谓的机检"提问式"，故所谓的提问式就是检索提问的表达式。它反映和体现检索者的检索策略。所谓检索策略就是在分析用户信息提问实质的基础上，正确地选择检索词，科学地运用逻辑符，制定合理的逻辑提问式的原则和方法。它是依据既定的检索目标筹划的一整套步骤，使检索的行动能有目的、有计划地进行。提问式主要由检索项，即反映检索要求信息特征的提问标识、逻辑符和指令符构成。

（三）浏览与打印

联机检索的一个主要特点是检索者随时可获得检索系统的内容反馈，及时修正检索策略。检索者在终端上能够浏览检索的内容。检索系统有一些专用指令，可以用来显示检索的记录，显示范围也可选定。通常文献记录按日期的逆序逐个显示，首先出现最新的文献记录。显示的记录内容可以是每条记录的全文或一部分。

检索结果可以有两种方式输出。如果需要尽快获得检索出来的文献，可以让检索系统直接在检索终端上打印出来，这称为联机打印，也可要求脱机打印。

根据需要采用浏览与打印相结合，可以使检索结果有良好的质量而费用又低。

二、联机检索的费用

联机检索费用由下列部分组成：

1. 数据库使用费

按用机时间计算，各个数据库的使用费不同。检索时这项费用由计算机自动统计机时，并且与打印费用一起自动结算，在检索终端上显示出费用总数。

2. 打印费

以打印一个记录为单位计价，它与打印格式（表 1.6-1）有关。联机打印费与脱机打印费相差无几，但联机打印应该加上打印时所用机时的费用。

表 1.6-1 DIALOG 系统的打印格式

NUMBER	RECORD CONTENT	格式内容
Format 1	DIALOG Accession Number	DIALOG 系统存取号
Format 2	Full Record Except Abstract	除摘要外的全记录
Format 3	Bibliographic Citation	文献出处
Format 4	Abstract and Title	摘要和篇名（文献标题）
Format 5	Full Record	全记录
Format 6	Title and DIALOG Accession Number	篇名和 DIALOG 系统存取号
Format 7	Bibliographic Citation and Abstract	文献出处和摘要
Format 8	Title and Indexing	篇名和标引词

3. 通讯费

按计时费的一定份额计费，DIALOG 系统占机时费的 40%。大体上通讯费是系统自动结算费用数的 30%。联机通讯费有两种：一种是专用租用收费方式；另一种是长途拨号收费方式，这部分费用即联机时的长途电话费。

4. 管理费

各个联机检索系统服务部收管理费略有不同，大体为检索打印费用的 10% 左右。费用高低主要决定于检索课题的性质、选用数据库的收费高低与选用数据库的数量，以及制定检索等策略的水平。

联机检索提问单见表 1.6-2。

三、联机检索实例

（一）课题名称：薄板稳定性问题的能量方法

1. 课题说明

检索本课题的目的是查找如何用能量方法，求解薄板在各种边缘力作用下，以及不同边

表 1.6-2 联机检索提问单

单位名称：福州大学	
单位地址：福州市工业路	
联系人：程 真	电话：8793165
课题名称：薄板稳定性问题的能量方法	

内容说明：(查什么，有几个方面等)

用能量方法求解薄板在各种边缘力作用下，以及不同边界条件下的稳定性问题，就是用变分方法求解薄板在各种边缘力作用下，以及不同边界条件下的屈曲问题。

检索要求与目的：

收集全部资料————要查全
解决具体问题————要查准
了解最新动态————要新颖
申报专利，成果————既要全，又要准

背景情况或以前检索的情况：(如文献量大不大，主要出现在何时，何地，何种文献，有从文献上进行过哪些检索，结果如何等)

用手工检索 J. of structural mechanics；J. of applied mechanics 等，文献数量不多，在检索文献上"薄板"用"平板"代替。

限定条件	时间范围：1973 以后	文种：英文	文献类型：期刊论文
	打印方式：脱机	打印数量：不限	
输出要求	打印格式：文摘	取文方式：邮寄	

检索词：(主题词、代码、分类号、著者等)

中文：
1. 薄板
   (平板)
2. 稳定
   (屈曲)
3. 能量方法
   (变分方法)

英文：
Thin plate
(Flat plate，plane plate)
Stability
(Buckling)
Energy method
(Variational method)

检索策略：

1. (thin or flat or plane)(W)plate??
2. Stability or buckling
3. (energy or variational)(W)method??
4. 1×2×3

用户：程真

检索员：×××　　　　　　(签字)

文档：DIALOG8

用户类：✓高等院校/研究所/企业/医疗单位/机关/个人/其他

课题类：✓基础科学/农业/轻工/化工/其他工业/医药/商情/其他

打印：	篇		文件号：		效果：A、B、D、E、F
机时：	hrs	US$	付款：		费用：
收费：已	未			邮寄日期	挂号：

界条件下的稳定性方面的文献。

2. 选择文档

根据本课题检索的目的，查"DIALOG 系统主要文档简介"。选用 DIALOG 系统第 8 号文档，即 COMPENDEX 文档。

3. 选择检索词并组配检索式

通过对本课题主题概念分析，选择以下检索词并组配成检索式。

(1) (thin or flat or plane) (W) plate?　?

(2) Stability or buckling

(3) (energy or variational) (W) method?　?

(4) 1×2×3

4. 上机检索

? S　(thin or flat or plane) (W) plate?　?

　　　47711 THIN

　　　15418 FLAT

　　　37609 PLANE

　　　42040 PLATE?　?

S1　4881 (THIN OR FLAT OR PLANE) (W) PLATE?　?

? S　Stability or buckling

　　　54000 STABILITY

　　　　42 BUCKLING

S2　54042 STABILITY OR BUKLING

? S　(energy or Variational) (W) method?　?

　　　144565 ENERGY

　　　4736 VARIATIONAL

　　　349736 METHOD?　?

S3　1409 (ENERGY OR VARIATIONAL) (W) METHOD?　?

? C　$S_1 \times S_2 \times S_3$

S4　3　S_1 AND S_2 AND S_3

?　Pr　4/5/all

　　　………

?　Log off

二、课题名称：投资膨胀与宏观经济控制

1. 分析检索课题

从所要检索的课题中，分析出代表课题实质性内容的检索词有以下 5 个：投资、膨胀、宏观经济、控制、调节。

查阅有关的词表，核对检索词。没有词表时，可从有关的印刷型检索工具或其他参考工

具书，尽量选准检索词。经核实，上述的"调节"一词不太适合，因"调节"一词通常用于心理学或某种机理，所以该词用于经济控制不太适宜。其剩余 4 个词转换成英文名称为：

投资	investment
膨胀	inflate，inflated，inflating，inflation，Swell，Swelled，Swelling，Swollen
宏观经济	macroeconomic
控制	Control，Controlied，Controlling

2. 选择文档

根据所欲检索的课题，从 DIALOG 系统中选用第 139 号文档（经济文献索引）和第 90 号文档（国际经济文摘）。

3. 编制检索提问式

根据选定的检索系统，利用该系统所使用的布尔逻辑算符、位置逻辑算符等。

将选定的检索词进行合理地组配，编出其检索提问式：

(1) investment（W）inflat???　　? /TI. DE. ID

(2) investment（W）sw? LL???　　? TI，DE，ID

(3) macroecnomic（W）Control???　? /TI，DE，ID

(4)（1＋2）×3

4. 上机检索

①?　　S investment（W）inflat???　? /ti. de. id

　　　　10332　INVESTMENT/TI, DE, ID

　　　　936　INFLATE???　? /TI, DE, ID

S1　　827　INVESTMENT（W）INFLAT???　? /ti. de. id

?　　S investment（W）sw? 11???　? /TI, DE, ID

　　　　10332 INVESTMENT/TI, DE, ID

　　　　579 SW? LL???　? /TI, DE, ID

S2　　534 INVESTMENT（W）SW? LL???　? /TI, DE, ID

?　　S macroeconomic（W）Control?　? /ti. de. id

　　　　1057 MACROECONOMIC/TI, DE, ID

　　　　996 CONTROL? /TI, DE, ID

S3　　964 MACROECONOMIC（W）CONTROL? /TI, DE, ID

②?　　C（S1＋S2）×S3

S4　　36　　（S1OR S2）ANDS3

③?　　Pr4/5/1—36

　　　　·················

④?　　Logoff

说明：

① "S" 为 select（选词指令）的缩写，系统仅对该指令检索的最后一步给出编号。

② "C" Combine（组配指令）的缩写，该指令后只能用提问编号。

③ "Pr" 为 Print（脱机打印指令）的缩写，系统接到该指令后，在规定的时间内用打

印机打印出检索结果，然后邮寄给用户。Pr4/5/1－36表示在第4步。按第5种打印格式，脱机打印1～36篇文献记录。

④ "Logoff" 为关机指令。

三、构造检索策略

检索策略是在分析用户信息提问实质的基础上，正确地选择检索词、科学地运用逻辑算符、制定合理的逻辑提问式的原则和方法。

为了制订出良好的检索策略，检索者必须根据检索的要求、目的制订检索策略。为了制订提高查全率的检索策略，应该注意检索每一概念的所有词形与同义词。为了制订提高查准率的检索策略，应该注意通常需要检索专指性强的检索词，不需要检索泛指词或同义词。检索词应尽量选用文档相应的词表中收集的规范化词，若新学科新技术的专业术语，词表还没收进，就从专业范围出发选用本学科内具有检索意义的关键词，即自由词，并运用逻辑算符编制检索提问式。

编制检索提问式时，通常把出现频率低的词放在 "AND" 的左边，以节省计算机处理时间；把出现频率高的词放在 "OR" 的左边，有利于提高检索速度，同时使用 "AND" 和 "OR" 检索时，应把 "OR" 放在 "AND" 的左边。

在制订检索策略时，还必须对所要检索的课题进行详尽的分析，分清主要概念和次要概念，以便考虑编制检索提问式时有所侧重；同时检索是否需要排除掉某些概念，以保证信息提问的准确表达。对于那些没有什么检索意义的泛指概念（如研究、作用、方法等），一般不宜选用。在进行检索课题分析时，去掉隐含的概念，可取得较好的检索效果。如 "国外经济管理现代化" 这样一个检索课题的检索，按 "经济、管理、现代化" 去编制课题检索提问式所制定的检索策略，结果一无所获，因为 "现代化" 就是一个隐含的概念，当今发达国家的经济管理本身就包含现代化的内容，再用 "现代化" 这个概念去限制就显得多余了。这种隐含概念的使用，常常会影响检索的效果。在概念的选择中，应保证在能完整地表达检索课题内容的前提下，尽可能地减少概念组面，减少限制条件。这是消除可能存在的隐含概念的有效方法。

检索式是检索策略的逻辑表达形式，从某种意义上说，它就是检索策略的具体体现。检索式的制定是否合理，将关系到检索策略的成败。下面将结合前述的检索课题 "投资膨胀与宏观经济控制" 来说明如何编制检索提问式。

investment（W）inflat??? ? /TI. DE. ID，可检索到 investment inflate, investment inflated, investment inflating, investment inflation。根据这样的检索提问，输入到计算机中，如果计算机数据库所显示的词频量小，可将 "膨胀（inflate）一词放宽一些，在 inflat 后加一个 "?"，变成无限截词符形式，那么检索提问式就修改为：

investment（W）inflat? /TI. DE. ID

修改后的检索提问式，除可检索到前面的4种信息外，还可检索到以下词句：investment inflationary, investment inflationism, investment inflationist。

经分析 "investment inflationary" 与所要检索课题有关，其余两个都不能满足检索要求，如 inflationist" 一词的意思为 "通货膨胀者"，"inflationism" 一词的意思为 "通货膨胀政策通货膨胀手段"。所以，对某些检索词的使用，一定要弄清它的词意，特别是在用截词符截断检索词的词干时，一定要认真对待，词干太短，检出的文献虽多，但查准率下降，误检就增加，这是不可取的。

investment（W）SW？LL???   ？/TI. DE. ID，可检索到 investment swell，investment swelled，investment swelling，investment swollen 的内容。

该检索提问式是在"SW？LL???   ？"词中间 W 与 L 之间加一个"？"可插入任何一个字母。这样，就可检索出"swollen"及"swell"等同义词，若不在 W 与 L 之间加"？"就不可能检索到这两词的内容。如果检索提问式以 investment（W）swell???   ？及 investment（W）swell???   ？这两种形式输入，检索费用必然增加，这是不可取的。

macroeconomic（W）control？/TI. DE. ID，可检索到 macroeconomic control，macroeconomic controlled，macroeconomic controlling 的内容。

不足的是，输入的提问式可能检出无关文献 macroeconomic controller。根据习惯用法，估计这类文献不会太多，即使检索出来，也可以作为参考文献。若按多义词的意思也可能检出"宏观经济控制器（调节器）"方面的文献，就目前情况看，国外至少在现阶段还没有这方面的文献，即使有这方面的文献，经济类数据库也不会收录。此外，因"control"一词使用了无限截词符"？"，可能还会检出与控制有关联的一些词，如 controllable，controllabilty，controllableness，controllably 等。

四、提高检索策略质量的措施

检索者提高检索策略质量，必须不断提高业务水平，掌握必备的信息检索的基本知识，可从以下几个方面努力：

1. 加深对数据库和词表结构的了解，优先选用词表中的词

词表中的词往往都具有参照结构及等级关系，用于检索者根据需要选用上位词、下位词及相关词，这对于正确选词，提高查全率、查准率都是有益的。

2. 从相应的印刷型的检索工具中选取检索词

通过手检，可以初步了解有关专业术语及用词规律，并且还可初步估算文献量，以便较好地制定检索策略。此外，也可从有关的专业词典、手册等参考工具书中选词，但要避免使用频率较低的词。必要时，也可使用扩展指令检索系统的索引和词表，以便选择检索词。

3. 从原始文献中选取自由词

这种词一般都是专指性较强的专业词语，只要组配得当，通常也能够取得较好的检索效果，但要注意选全有关的同义词和近义词、反义词，同时还必须考虑英美不同拼写形式的词，以及检索词的单复数形式、缩写形式等。

4. 检索专利数据库时还可使用分类号来限制检索的专业范围，提高查准率

明确专利的分类号，分类号定下来，才知道该分类号下所有的合乎检索规范用的主题词，进一步限制检索的专业范围，达到较理想的查准率。

2 网络资源检索

2.1 因特网基础知识

2.1.1 计算机网络

一、定义

计算机网络是利用通信线路把分散的计算机连接起来的产物。最简单的网络可以小到两台计算机的互联，而大则可大到全球范围的计算机互联。因此，可将计算机网络定义为"以能够相互共享资源的方式互联起来的自治计算机系统的集合"。

从这个定义可以看出，计算机网络建立的主要目的是实现计算机资源的共享，包括计算机硬件、软件与数据资源。互联的计算机之间没有明确的主从关系，每台计算机可以联网工作，也可以脱网工作。

从计算机网络组成的角度看，典型的计算机网络从逻辑功能上可以分为资源子网和通信子网两部分。

二、通信子网

通信子网由通信控制处理机、通信线路与其他通信设备组成，完成网络数据传输、转发等通信处理任务。

通信处理机在网络拓扑结构中被称为网络节点，一般是网络上的主机来承担。计算机网络采用了多种通信线路，如电话线、双绞线、同轴电缆、光导纤维电缆、无线通信信道、微波与卫星通信信道等。

通信子网可以是专用的，也可以是公用。一般由邮电部门或通信公司统一组建和管理。

三、资源子网

资源子网由主计算机系统（简称为主机）、终端、终端控制器、联网外设、各种软件资源与信息资源组成。资源子网负责全网的数据处理业务，向网络用户提供各种网络资源与网络服务。

2.1.2 因特网（Internet）简介

一、定义

很难简单地给因特网下一个定义。但粗略地讲，因特网是当今世界上规模最大的一个计算机网络，它使用的协议是 TCP/IP 协议族，目前它已几乎覆盖到全球所有的国家和地区，有着丰富的信息资源和应用，其影响正逐步渗透到社会生活的各个角落。

因特网是一个正在不断变化、不断发展的网络。不断有新的计算机加入到因特网中来，网上的应用和资源也在日新月异地发展变化。

二、历史

Internet 的前身其实是冷战时期的一个产物，它起源于美国，是由美国国防部的 ARPA（Advanced Research Projects Agency，国防高级研究计划署）资助建成的 ARPAnet 网络，始建于 1969 年，这个计算机网络开发的部分目的是为了在一场核战争中保证数据通信畅通无阻。ARPAnet 是以军用为基础开发的，但是它主要的开发工作还是在各个大学中进行的。其中只有少部分是保密的，ARPAnet 大多数的开发工作对外界都是开放的。后来，ARPA 把 ARPAnet 转交给了 NSF（U. S. National Science Foundation，中译名：美国国家科学基金会），这样就形成了 NSFnet。

NSFnet 的主干网是由全美 13 个节点为主干节点构成，再由各主干节点向下连接地区性网络，到各大学校园网络的局域网络。以此网络为基础和全世界各地区性网络相连，便构成了一个世界性 Internet 网络。

Internet 在国内的名称曾经是五花八门的，如国际互联网、因特网、全球网、交互网、英特耐特网，为此，全国科学技术名词审定委员会规定：Internet 的中文名为"因特网"，而 internet、internetwork、interconnection network 的中文名为"互联网"，全国各科学、教学、生产、经营、新闻出版等单位应遵照使用。

伴随着"信息社会"的到来，信息高速公路的实现已不再是梦想。Internet 信息网创造的电脑空间正在以爆炸性的势头迅速发展。人们只要坐在电脑面前，不管对方在世界什么地方，都可以互相交换信息、购买物品、签订合同，也可以进行国际贷款结算。

三、因特网提供的服务

1. Word Wide Web（万维网）

时常又称为 Web，或 WWW，或 W3。这个服务采用超文本传输协议 HTTP。这是目前发展最快、最热门的 Internet 应用。它采用了超文本（hypertext）和超媒体（hypermedia）技术，用多种媒体向用户展现丰富的信息。超文本和超媒体的链接功能，直观地导引用户得到所要的信息，Web 浏览器成了一个功能极其强大的工具，目前得到了广泛的应用。

2. 电子邮件

这是一种电子式的邮政服务，它采用简单邮件传送协议 SMTP。开有电子邮箱的，即有电子邮件地址的用户之间，可以互相发送和接收电子信件。与常规的邮政相比，通常情况下，电子邮件几乎没有时间的延迟，拥有巨大的方便性和时效性。电子信件不必是正宗的信件，任何文本文件都可邮寄。对于非文本文件，例如声音、图像、二进制的执行文件等，也可作为信件的附件来传送。事实上电子邮件是 Internet 上使用最频繁的应用之一。

3. 远程登录

这个服务采用远程登录协议 Telnet。这个功能使用户的计算机变成网络上另一台计算机的远程终端。只要用户有网上那台计算机的帐号，就可以登录进入该计算机，使用该计算机的各种资源，网络上的超级计算机往往使用这种方式供大家共享。

4．文件传输

这个服务采用文件传输协议 FTP。运用这个服务，可以直接进行任何类型的文件的双向传输。它是 Internet 最重要的服务之一，在 Internet 上有着数量巨大的匿名 FTP 服务器，储存有大量可由人们自由拷贝的各类信息，例如各种免费或共享软件、技术文档，甚至电子杂志和归档的新闻组。这些服务器构成了 Internet 的巨大信息资源。匿名 FTP 服务器可以由任何人以用户名 anonymous 进行匿名访问。

5．Archie 服务（文档查询服务）

匿名 FTP 服务器成千上万并分布在世界各地，为解决查找其中的文件的困难就出现了 Archie 服务，将文件名或部分文件名输入给 Archie 服务器，通过搜索，Archie 服务器能报告在哪些匿名 FTP 服务器中有所需的文件。

6．新闻组

这是一个为用户提供专题讨论的服务。每一个专题讨论组都有一个反映其讨论内容的固定名称。用户可根据自己的需要参加某组的讨论，用户可以把自己的意见发表在讨论组上，也可从讨论组中阅读别人发表的看法。

7．电子公告板（BBS）

提供的是一种公告板的功能，它似乎是一个每个人都能去的公共场所，用户可以发表公告、消息、文章等，也可以找人闲谈，讨论，在那里用户可以交许多朋友。

除上面介绍的服务外，Internet 还有不少其他的应用，例如 Oicq（聊天），Gopher（信息查找），Finger（用户资料查询），Talk（聊天），WAIS（广域信息查询），IRC（中继聊天），WHOIS（查询域名 IP 及所有者信息）等等。

因特网有着丰富的信息资源，但值得一提的是，有的信息没有什么价值，有的甚至是有害的东西。

四、中国的网络

1．Internet 与中国

1994 年 5 月 19 日，中国科学院高能物理研究所（IHEP）用一个思科路由器和一条 64Kbps 的卫星线路连接到了美国的 Internet。这在这一时刻，Internet 延伸到了中国，虽然只是一条 64Kbps 窄窄的通道，但无论如何，中国人终于可以通过 Internet 周游世界了。

近几年来，Internet 在中国发展得非常迅速，几乎遍布了中国的主要区域。在建设中的网络主要有 CERNET（中国教育和科研计算机网）、CHINANET（中国公用计算机互联网）、CSTNET（中国科技网）、ChinaGBN（中国金桥网）四大网络，当然，几大网络之间是互联互通，并且是全球 Internet 的一部分。

2．CERNET（中国教育和科研计算机网）

CERNET 是中国教育和科研计算机网（China Education and Research Computer Network）的缩写，有时也简称为中国教育科研网。见图 2.1-1。

CERNET 是由中国国家计委正式批准立项，由国家教委主持，清华大学、北京大学、上海交通大学、西安交通大学、东南大学、华南理工大学、东北大学、北京邮电大学、华中科技大学、电子科技大学等 10 所高等学校承建的于 1994 年开始启动的计算机互联网络示范工程，目的是促进我国教育和科学研究的发展，积极开展国际学术和技术的交流与合作。

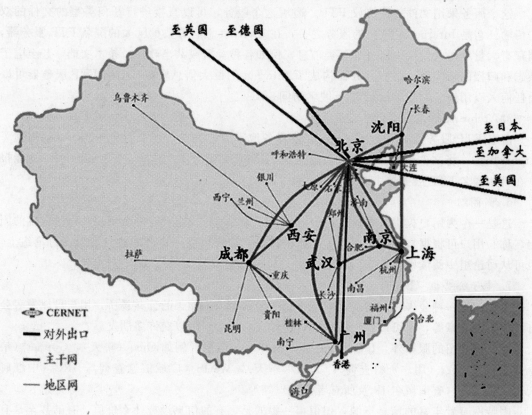

图 2.1-1　CERNET 网结构图

　　CERNET 由三级结构（即主干网、地区网、校园网）组成。其主干网采用三环拓扑结构，对各节点提供冗余连接。CERNET 网络中心设在清华大学，地区网点主要分布在北京（华北）、东北、华东北、华东南、西北、西南、华中和华南几个区域，并以主干网相连接。

　　CERNET 的总体建设目标，是利用先进实用的计算机技术和网络通信技术，把全国大部分高等学校连接起来，推动这些学校校园网和信息资源的建设交流，与现存的国际性学术计算机网络互联，使其成为中国高等学校进入世界科学技术领域快捷方便的入口。同时成为培养面向世界、面向未来高层次人才，提高教学质量和科研水平的最重要的基础设施。

　　CERNET 的建成，加快了信息传递速度，为广大教师学生，以及科研人员提供了一个全新的网络计算环境，从根本上改变并促进了他们之间的信息交流、资源共享、科学计算和科研合作，成为国家教育和科研工作最重要的基础设施，从而促进了我国教育和科研事业的迅速发展。

　　3. CHINANET（中国公用计算机互联网）

　　CHINANET 是中国电信经营管理的中国公用 Internet 网，是全球 Internet 的一部分，是中国的 Internet 骨干网之一。通过 CHINANET 的灵活接入方式，用户可以方便地接入全球 Internet，享用 CHINANET 及全球 Internet 上的丰富资源和各种服务。

CHINANET 骨干网的建设始于 1995 年初，全国各地用户可通过公用数字数据网（CHINADDN）、公用分组交换网（CHINAPAC）、公用电话交换网接入该网，享用国际 Internet 服务。

CHINANET 网络由骨干网、接入网和全国网管中心组成。CHINANET 骨干网是主要信息通道，主要负责转接全网的业务，并为接入网提供接入端口。骨干网节点包括所有省会城市。骨干网配置适当的服务器，为全网提供服务。CHINANET 接入网由各省接入层网络构成。接入网负责提供用户接入端口，并与电话网、分组网等互联，以方便用户的接入。接入层节点根据业务需要设置。全国网管中心负责 CHINANET 骨干网的管理，对网络设备运行情况、业务情况进行实时监控，以保证全网稳定可靠、安全畅通。

4. CSTNET（中国科技网）

中国科技网是在中关村地区教育与科研示范网（NCFC）和中国科学院网（CASnet）的基础上建设和发展起来的覆盖全国范围的大型计算机网络，是我国最早建设并获国家正式承认具有国际信道出口的中国四大互联网络之一。

中国科技网始建于 1990 年，并于 1994 年 4 月首次实现了我国与国际互联网络的直接连接，同时在国内开始管理和运行中国顶级域名"CN"。中国科技网现有多条高速国际信道连到美国，日本及法国，通过这些信道进入 Internet 国际互联网络。目前，中国科技网在全国范围内已接入农业、林业、医学、地震、气象、铁道、电力、电子、航空航天、环境保护等科研机构和国家自然科学基金委员会、国家知识产权局，以及中国科学院分布在京区和全国各地 25 个城市的科研机构，共 140 多家科研院所和科技部门，上网用户达数万人。

中国科技网的服务主要包括网络通信服务、信息资源服务、超级计算服务和域名注册服务。中国科技网上拥有科学数据库、科技成果、科技管理、技术资料和文献情报等特有的科技信息资源，向国内外用户提供各种科技信息服务。中国科技网的网络中心拥有每秒 64 亿次的超级计算机系统，可以通过网络为全国科技人员提供高性能科技计算服务。

中国科技网的网络中心还受国务院信息化工作办公室的委托，管理中国互联网络信息中心（CNNIC），负责向全国提供最高域名注册服务。

中国科技网作为最早进入 Internet 国际互联网络并拥有丰富信息资源的国家级科技信息网，对于我国网络事业的发展起到了积极的推动作用。

5. ChinaGBN（中国金桥网）

中国金桥网是国家公用经济信息网，旨在为国家的宏观调控和决策服务，为国家的经济与社会信息资源共享服务，为建设电子信息市场，促进现代电子信息产业发展服务。

金桥网分为基干网、区域网和接入网三层。目前已建成的卫星通信网，连接全国网控中心和 24 个省市及地区的网控分中心。

2.1.3　因特网基础知识

一、TCP/IP 协议

Internet 使用着一族网络协议，其中网际协议 IP（Internet Protocol）和传输控制协议 TCP（Transmission Control Protocol）是最核心的两个协议。Internet 的其他网络协议都要用到这两个协议提供的功能。因而人们称整个 Internet 协议族为 TCP/IP 协议族，或简称为 TCP/IP 协议。TCP 提供应用程序所需要的其他功能，相当于物品装箱单，保证数据在传输中不会丢失；IP 提供最基本的通信，相当于收、发货人的地址和姓名，保证数据到达指定的地点。

二、IP 地址

电话系统中，每台接入电话网络的电话机都有一个电话号码，用来标识该台电话机。同样，Internet 网络中为了使计算机互相识别并进行通信，每台连入 Internet 的计算机都有一个"号码"，这个"号码"称为该计算机的 Internet 地址。这个地址定义在 IP 协议中并由该协议进行处理，因而通常都称为 IP 地址。Internet 中还有另外一种形式的标识，称为域名，它比数字形式的 IP 地址更便于人们记忆。

IP 地址是一个 32 位的二进制数。人们阅读和运用二进制数很不方便，因而 Internet 定义了一种 IP 地址标准写法，规定按 8 位为一组把 IP 地址的 32 位分成四组，组与组之间用圆点作分隔，每组的值用十进制数表示。而每个 8 位位组的二进制数可以表示成 0～255 之间的十进制数，所以，我们称这种表示法为间断十进制计数。

例如 IP 地址 11010010.00100010.00110000.00110000 就可以写成 210.34.48.48。

三、域名地址

由以上这个例子可以得知数字形式的 IP 地址是很难记忆的，若用含有一些意义的名字来标识计算机，则会大大方便人们的记忆和使用。为此 Internet 规定了一套命名机制，称为域名系统 DNS（domain name system），按域名系统定义的名字称为域名（domain name）。

Internet 的域名系统是一种分布型层次式的命名机制，域名由若干子域构成，子域和子域之间以圆点相隔，最右边的子域是最高层域，一般是国家或地区代码，由右向左层次逐级降低，依次是组织机构代码、地区网络代码，最左边的子域是主机的名字。

例如，中国教育科研网福州地区网络中心（FZNET）的一台服务器的域名为 www. fzu. edu. cn。其最高层域是 cn，表示这台主机在中国（关于各种最高层域的含义下面将介绍）。接下来的子域是 edu，表示这台主机是教科网内的。再接下来的子域是 fzu，表示这台主机是福州大学校园网的，最左边的子域是 www，这是该主机的名字，从该名字可以想到它是一台 Web 服务器。当要与福州大学校园网的 Web 服务器通信时，人们会很容易想到它的名字是 www. fzu. edu. cn ，从这个例子可以看出使用域名带来的好处。

除美国使用的域名缺省国家代码，直接使用组织机构作为第一层域名以外，其他国家和地区均使用如下的规则：

第一层子域的名字为国家代码，一般用两个字母来代表一个国家或地区，如 cn 表示中国，tw 表示台湾地区，hk 表示香港特别行政区等等。表 2.1-1 给出了一些国家或地区的域名代码。

表 2.1-1 Internet 中国家和地区的域名

域名	国家或地区	域名	国家或地区	域名	国家或地区
Aq	南极洲	Ar	阿根廷	At	奥地利
Au	澳大利亚	Be	比利时	Bg	保加利亚
Br	巴西	Ca	加拿大	Cl	瑞士
Cn	中国	Cr	哥斯达黎加	Cs	捷克
De	德国	Dk	丹麦	Ec	厄瓜多尔
Ee	爱沙尼亚	Eg	埃及	Es	西班牙
Fi	芬兰	Fr	法国	Gr	希腊
Hk	香港	Hr	克罗地亚	Hu	匈牙利
Ie	爱尔兰	Il	以色列	In	印度
Is	冰岛	It	意大利	Jp	日本
Lr	韩国	Kw	科威特	Li	列支敦士登
Lt	立陶宛	Lu	卢森堡	Lv	拉脱维亚
Mx	墨西哥	My	马来西亚	Nl	荷兰
No	挪威	Nz	新西兰	Pl	波兰
Pr	波多黎各	Pt	葡萄牙	Re	留尼汪岛
Se	瑞典	Sg	新加坡	Si	斯洛维尼亚
Su	俄罗斯	Th	泰国	Tn	图尼西亚
Tw	台湾	Uk	英国	Us	美国
Ve	委内瑞拉	Za	南非		

第二层子域的名字为组织机构，表 2.1-2 给出了一些组织机构的域名代码：

表 2.1-2 Internet 组织机构域名

域名	意义	域名	意义
Com	商业组织	Mil	U.S. 军队
Edu	教育机构	Net	网间连接组织
Gov	政府	Org	非盈利性组织
Int	国际组织		

第三层和第四层子域域名一般由第二层的管理者分配和定义。

域名地址与 IP 地址遵守以下一些规则：

（1）上网计算机的 IP 地址在整个 Internet 上是唯一的。

（2）IP 地址和域名地址不是任意分配的，需要 IP 地址和域名地址的用户必须向相应的网管机构提出申请，也只有这样，你的地址才能被 Internet 认可。

（3）域名地址和 IP 地址是相对应的，它们之间的转换通过域名服务器来完成。比如，域名地址 www.fzu.edu.cn 的对应 IP 地址为 210.34.48.48，要和该地址通信，任意键入其一均可。如果键入的是域名，计算机就会访问域名服务器（DNS），查询出该域名对应的 IP 地址并进行访问。

（4）域名中字母的大小写是没有意义上的区别的，向计算机输入域名时，可按各人的爱好和习惯任意使用大小写字母。

四、统一资源定位器（URL）

URL（Uniform Resource Location）统一资源地址，也叫统一资源定位器。它是全球万维网系统服务器资源的标准寻址定位编码，用于确定资源相应的位置及所需要检索的文档。URL 由三部分组成：其一是它所使用的因特网文档传送协议，其二是标识要检索的主机代号（域名），其三是检索文档所在主机的路径及文件名。

它的格式是：

服务标志（协议）：//主机地址（域名）/子目录/文档名字

其中，服务标志有以下几种类型：

http：	该 URL 定义 WWW 的页面
mailto：	该 URL 定义某个人的电子邮件地址
ftp：	该 URL 定义远程 FTP 主机上一个文件或文件目录
file：	该 URL 定义用户本地主机上的一个文件或文件目录
news：	该 URL 定义一个新闻讨论组
gopher：	该 URL 定义一个 GOPHER 菜单或说明
wais：	该 URL 定义称之为广域信息服务器的信息源
telnet：	该 URL 定义其他计算机的注册地址

主机地址可以是 IP 地址，也可以是域名，有时，还带有端口号。

文档类型有：

.html	正式的 Web 页
.txt	纯文本文件
.gif 或 .jpg	某种类型的图片文件
.wav 或 .mid	声音文件
.avi 或 .mpeg	电影文件

五、客户机/服务器模式

因特网采用客户机/服务器模式（client/server）。其思想是：因特网上的一计算机运行服务程序充当服务器，提供服务；其他需要服务的计算机作为客户机；当用户使用某个服务时，启动客户计算机上该服务的客户程序，通过网络与能提供该服务的服务器建立连接，通过该连接向服务器发出服务请求。服务器根据该请示作出相应的处理，然后把结果送回客户机，由客户机显示给用户。

因此，要使用一个因特网应用，必须有两种软件：一个客户机软件运行在用户的计算机上；一个服务器软件运行在因特网中的某个计算机上。

2.1.4　接入方式

一、拨号 IP 进入 Internet

拨号 IP（Dialup IP）进入 Internet 是目前使用较广泛的一种。目前国内所提供的最多的就是这种方法。用拨号 IP 的方法投资不大，需要一台 Modem（调制解调器）和一根电话线即可。目前国内提供拨号 IP 服务的 ISP（Internet 服务提供商）已有许多。

（1）Modem：一般的计算机上可以有两种选择，一种是采用外置式的，一种是采用内置式的。外置式的 Modem 便于调试和移作它用，而内置式的 Modem 价格比较低，只是占用了计算机的内部资源。Modem 的传输速率要高一点，最好采用 56Kbps 的传输率。此外，使用者还需要一套终端仿真程序（包括一般的通信软件）。这类软件一般在买 Modem 时随设备提供，也可以在 Windows 的软件中找到。

（2）用户帐号和密码：使用者要与主计算机连接，还要得到主机方的允许，要获得接入方的许可，即要得到用户帐号和密码才能通过接入服务器进入 Internet，并且用户的计算机是作为 Internet 上的主机在 Internet 上漫游。

（3）IP 地址：拨号 IP 的进入者有自己的 IP 地址，这是在接入时由主机方分配的。在 Internet 网络上如果没有 IP 地址就不能被别人所认识，而有了 IP 地址后就能被别人所认识，也就是能在 Internet 上与其他人进行对话、文件传输等各种操作。

（4）TCP/IP 协议：在用户的计算机上要包含有 TCP/IP 的通信协议。在 WINDOWS 视窗操作系统内已包含有 TCP/IP 了。

（5）通信软件：要与拨号 IP 接入设备连接通信还需要一种通信软件，目前使用得比较多是 PPP 协议。PPP 就是 Point－to－Point Protocol 的缩写，就是点对点的协议。它是一种比较新的 Internet 协议，也是用 Modem 和电话线接入 Internet 进行数据传送的一种协议。它使 Internet 看到计算机有一个实际的 IP 地址，允许和另一台 Internet 的计算机传送数据。

二、与网络连接进入 Internet

最好的上网方法就是网络连接。就是把计算机连接到一个与 Internet 直接相连的局域网 LAN 上，并且获得一个永久属于你计算机的 IP 地址，这叫做网络上网。

使用网络连接时，就不再需要 Modem 和电话线了，但是需要计算机上配有网卡，用于与 LAN 的通信。一般网卡的数据传输速度要比 Modem 高得多。因此用这种方法连接 Internet 是性能最好的。

用此方法连接时，对计算机软件的配置要求比较高，比较复杂一点，可能需要专业人员为你的计算机进行配置：

（1）配置网卡。要与网络相连，首先要配有网卡的驱动程序，以便使网卡能正常工作。

（2）配置 TCP/IP 协议。上网的计算机要有按 TCP/IP 协议通信的能力，因此要配有 TCP/IP 的软件。

（3）配置 IP 地址。要为计算机设定一个独一无二的 IP 地址，只有具有 IP 地址后，Internet 才能识别到这台计算机，计算机才能真正作为一台主机连接在 Internet 上。

用此方法与 Internet 连接后，就能享受到 Internet 上的所有资源。有了固定的 IP 地址后，在 Internet 上的任何人都能随时随地通信、交谈，就真正进入了 Internet 电脑社会。但用这种方式连入 Internet 的费用较高，需要租用数据专线等。

2.2　基本网络应用

2.2.1　WWW 资源

一、基础知识

（一）超文本与超媒体

1. 超文本的基本概念

要想了解 WWW，首先要了解超文本（Hypertext）与超媒体（Hypermedia）的基本概念，因为它们正是 WWW 的信息组织形式。

长期以来，计算机习惯于用菜单方式来组织信息。超文本方式对普通的菜单方式作了重大的改进，它将菜单集成于文本信息之中，因此它可以看作是一种集成化的菜单系统。用户直接看到的是文本信息本身，在浏览文本信息的同时，随时可以选中其中的"链接点"。链接点往往是上下文关联的单词，通过选择链接点可以跳转到其他的文本信息。超文本正是在文本中包含了与其他文本的链接点，就形成了它的最大特点：无序性。超文本的例子可以从 Windows 操作系统的帮助系统中找到。

一个文本可以含有很多的链接点，用户可以根据各自的需要来随意选择链接点。选择链接点的过程，实际上就是选择了某条信息的链接线索。这样就可以使得信息检索的过程能按照人们的思维方式发展下去。所以，在超文本中的信息浏览的过程没有固定的先后顺序。

2. 超媒体的基本概念

超媒体进一步扩展了超文本所链接的信息类型。用户不仅能从一个文本跳转到另一个文本，而且可以激活一段声音，显示一个图形，甚至可以播放一段动画。超媒体的例子可以从多媒体电子图书中找到。

超文本与超媒体通过将菜单集成于信息之中，使用户的注意力可以集中于信息本身。这样做不仅可以避免用户对菜单理解的二义性，而且能将多媒体信息有机地结合起来。因此超文本与超媒体得到了各方面的广泛应用。目前，超文本与超媒体的界限已经比较模糊了，我们通常所指的超文本一般也包括超媒体的概念。

（二）什么是 WWW

1. WWW 的基本概念

WWW 是 World Wide Web 的缩写，目前我们中国人把它翻译为环球网、万维网、3W 网或 W3 网等。又由于 WWW 服务器是一个 Web，因此在实际称呼时，也称 WWW 为 Web 或 Web Site。

WWW 是建立在客户机/服务器模型之上的。WWW 是以超文本标记语言 HTML（Hyper Text Markup Language）与超文本传输协议 HTTP（Hyper Text Transfer Protocol）为基础，能够提供面向 Internet 服务的、一致的用户界面的信息浏览系统。其中 WWW 服务器采用超文本链路来链接信息页，这些信息页既可放置在同一主机上，也可放置在不同地理位置的主机上；文本链路由统一资源定位器（URL）维持，WWW 客户端软件（即 WWW 浏览器）负责信息显示与向服务器发送请求。

Internet 采用超文本和超媒体的信息组织方式，信息的链接扩展到整个 Internet 上。目前，用户利用 WWW 不仅能访问到 Web Server 的信息，而且可以访问到 FTP（文件传输）、E-mail（电子邮件）、BBS（电子公告板）等网络服务。因此，它已经成为 Internet 上应用最广和最有前途的访问工具。

2. WWW 服务的特点

WWW 服务的特点是它高度的集成性。它能将各种类型的信息（如文本、图像、声音、动画、影像等）与服务（如新闻组 Newsgroup、文件传输 FTP、远程登录 Telnet、电子邮件 E-mail 等）紧密连接在一起，提供生动的图形用户界面。WWW 为人们提供了查找和共享信息的简便方法，同时也是人们进行动态多媒体交互的最佳手段。

WWW 服务的特点主要有以下几点：

· 以超文本方式组织网络多媒体信息；

· 用户可以在世界范围内任意查找、检索、浏览及添加信息；

· 提供生动直观、易于使用、统一的图形用户界面；

· 网页间可以互相链接，以提供信息查找和漫游的透明访问；

· 可访问图像、声音、影像和文本信息。

正是由于 WWW 具有以上的特点，所以引起了人们越来越高的重视，同时也促进了 Internet 应用的发展。

3. 什么是 HTTP

超文本传输协议 HTTP（Hyper Text Transfer Protocol）是 WWW 客户机与 WWW 服务器之间的应用层传输协议。HTTP 是用于分布式协作超文本信息系统的、通用的、面向对象的协议，它可以用于域名服务或分布式面向对象系统。HTTP 协议是基于 TCP/IP 之上的协议。HTTP 传送过程包括以下四个步骤：

· 连接（Connection）；

· 请求（Request）；

· 应答（Response）；

· 关闭（Close）。

4.WWW 的工作方式

WWW 系统的结构采用了客户机/服务器模式。服务器负责对各种信息按超文本的方式进行组织，并形成一个存储在服务器上的文件；当客户机提出访问请求时，服务器负责向用户发送该文件；当客户机接收到文件后，解释该文件并显示在客户机上。

值得注意的是 WWW 可以自动地根据用户的信息查询请求，从一台服务器搜索到另外一台服务器，整个信息查询过程是通过超文本链接方式实现的。

（三）什么是 HTML

超文本标记语言 HTML（Hyper Text Markup Language）是一种用来定义信息表现方式的格式，它告诉 WWW 浏览器如何显示信息，如何进行链接。由于 HTML 编写制作的简易性，它对促进 WWW 的迅速发展起到了重要的作用。

（四）什么是主页

主页（Home Page）是指个人或机构的基本信息页面，用户通过主页可以访问有关的信息资源。主页通常是用户使用 WWW 浏览器访问 Internet 上任何 WWW 服务器所看到的第一个页面。

（五）WWW 的浏览器

1.WWW 浏览器的基本概念

WWW 的客户程序在 Internet 上被称为 WWW 浏览器（browser），它是用来浏览 Internet 上的 WWW 主页的软件。

WWW 浏览器是采用 HTTP 通信协议与 WWW 服务器相连的，WWW 主页是按照 HTML 格式制作的。WWW 浏览器用户要想浏览 WWW 服务器上的主页内容，必须先按照 HTTP 协议从服务器上取回主页，然后按照与制作主页时相同的 HTML 格式阅读主页。因此，借助于标准的 HTTP 协议与 HTML 语言，任何一个 WWW 浏览器都可以浏览任何一个 WWW 服务器中存放的 WWW 主页，这样就给用户提供了很大的灵活性。

2.WWW 浏览器的发展

1993 年初，第一个 WWW 浏览器 Mosaic 问世，立即引起世人的注意。以后，使用人数较多的 WWW 浏览器有 Netscape Navigator、Microsoft Internet Explorer 等。

现在，WWW 浏览器不仅能访问各种信息（如文本、图像、声音、动画、影像等），还可以处理电子邮件、下载文件、检索数据库，还支持动态的主页（VRML）以及 JAVA 语言等。

（六）WWW 的服务器

WWW 服务器通过 WWW 服务器软件把信息组织成 HTML 语言描述的标记语言文本，通过对 WEB 的访问我们可以获得我们所需要的信息，也可以建立起属于自己的 WWW 服务器，对外发送信息，宣传自己、推销自己公司的产品，在全世界范围内为自己的公司、产品做宣传。

WWW 服务器又称为网站，一个网站是由多个相互链接的网页构成的，通过这些网页产生总体信息效果。

网页间的关系有：

层次结构：类似菜单的结构，只有上下层之间建立链接，容易导航，结构清楚。

线性结构：类似书本的结构，只有上下页之间有链接，适合培训手册、小说等，不易导航。

线性结构与层次结构相结合：最常用的结构。

网状结构：页与页之间的链接是"自由的"，少总体规划，易被吸引，易迷失方向。不易维护。但符合知识的认识规律。

二、WWW 浏览器及使用

（一）浏览器与服务器概述

WWW 浏览器是 Internet 上一种用来阅读 WWW 服务器上用 HTML 语言编写的网络文件的软件，文本可以是普通的纯文本也可以是具有超链接的超文本。

（二）使用 Internet Explorer 来浏览 WWW

1. 认识 IE 的窗口

IE 的窗口如图 2.2-1 所示。

图 2.2-1 IE 的窗口

IE 窗口包括：系统菜单和标题栏、菜单栏和状态图标（活动状态指示器）、工具栏、地址栏、浏览窗口（主窗口）、状态消息栏和进程指示器等。

2. IE 的操作步骤

（1）启动 IE。启动 IE 的方法有以下几种：

①在 Windows 桌面上寻找 IE 图标，用鼠标双击就可打开。

②如果在桌面上没有该图标，也可按"开始"→"程序"→"Internet Explorer"顺序打开 IE。

打开 IE 后，IE 的浏览窗口会有三种情况显示起始页，见图 2.2-2：

①显示空白页（浏览窗口显示一片空白，在地址栏内显示："about：blank"）；

②显示默认页（浏览窗口显示出微软公司的中文主页，在地址栏内显示：http：//home. microsoft. com/intl/cn）；

③显示特定页（可以任意指定一个网址作为特定页，当 IE 启动后，就会自动连到所设的网址上）。

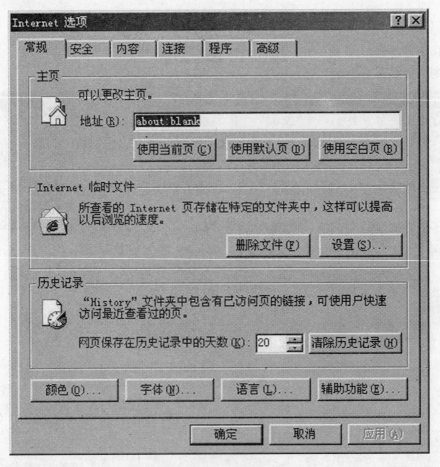

图 2.2-2 起始页的设置

修改起始页的方法：

①从"工具"菜单中选择"Internet 选项"。

②在"Internet 选项"对话框中选择"常规"。

③在"主页"中可以选择三个按钮选项，若选择使用特定页，就在"地址"栏内输入选定的网址。

（2）输入网址：点击地址栏，输入网址，然后回车并等待连上该网址的主页。

有关网址的一些说明：

①在地址栏内可以输入 IP 地址，也可以输入域名地址，还可以输入 URL（统一资源定位器）地址。

②当输入 www. fzu. edu. cn 并回车时，IE 会自动在地址栏内显示其 URL 地址：http：//www. fzu. edu. cn；当你输入"nba"，并按 CTRL＋回车时，IE 会自动在地址栏内显示其 URL 地址：http：//www. nba. com。这是因为 IE 浏览器自动设置了"使用自动完成"这个"浏览"特性。若要修改此特性，要在"Internet 选项"中选择"高级"，并在"浏览"复选框中把"使用自动完成"这个选项前面的钩去掉即可。

③输入域名地址或 URL 地址时，英文字母可大写，也可小写，甚至大小写并用。

④输入网址后若不想再访问该网址，可以用工具栏中的"停止"按钮，也可以用"查看"菜单中"停止"菜单项，甚至只要按一下键盘上的"ESC"键即可。

连接网址的过程：

输入网址并回车后，IE 右上角的状态图会被激活，有一个地球仪会不停地转动，它告诉你 IE 正在工作，如进行域名解释、查找主机 IP 地址、建立连接、等待 WWW 服务器的响应、数据传输，然后装入文件传送数据，这时数据将以 Home Page（主页）形式显示出来。当传送数据的任务完成后，地球仪就会停止转动。在传送数据的过程中，IE 的状态栏上会有网址出现，并有蓝色色条直观地表示文件有多少已被传送过来。

在连接网址的过程中，经常会出现连接不上的结果。这是因为以下几种原因所致：

①网址输入错误。可重新输入。

②WWW 服务器关闭。只能等待服务器开机后才能连接。

③网络速度太慢。多试几次也许会连接得上。

④该网址不存在。只能放弃访问。

⑤该网址不允许访问。只能放弃访问。

（3）浏览主页并寻找链接点。

寻找链接点的方法：链接点一般具有如下一种或数种特征：带下划线、字体的颜色不同、图标不同寻常、是一个图形、鼠标移动到某行字时会变色。

确认链接点的方法：

①移动鼠标到这些文字或图像的上面及附近，鼠标器指针会从通常的箭头形状变成包含一个手指指示的手形。

②移动鼠标到某个链接点时，状态消息栏中就显示该链接点所对应 WEB 页面的 URL 地址。

（4）页面的切换

可以使用以下几种方法中的任一种。

①快捷工具栏内的"前进"和"后退"。

②"文件"菜单中的列表。

③快捷工具栏内的"前进"及"后退"边上的下拉列表框。

④快捷工具栏内的"历史"。

（5）组织收藏夹。

（1）当你找到一些你感兴趣的站点或网页时，可以使用"收藏"菜单中的"添加收藏夹"菜单项来组织你的收藏夹。再次上机时，就可以在"收藏"菜单中直接连到该站点或网页而不必记忆许多域名或网址。

（2）可以通过"收藏"菜单中的"管理收藏夹"菜单项对收藏夹的内容进行"移动"、"删除"、"重命名"、"打开"等操作。

（6）信息的保存。

①保存文本信息，可用剪贴板进行剪贴，也可用"文件"菜单中的"另存为"菜单项，选择 TXT 文本文件格式。

②保存网页信息，用"文件"菜单中的"另存为"菜单项，选择 HTML 起文本文件格式。

③保存图像，在图像上点击鼠标右键，选择"图片另存为"，在保存文件对话框中选择存盘的位置、文件的名称、文件的类型即可。

3.IE 的使用技巧

（1）关闭图片的下载，提高连接速度。

图片文件的容量一般都很大，在网络带宽比较小，速度比较慢的情况之下，关闭图片的下载，将很明显地提高连接速度。在"Internet 选项"中选择"高级"，从中选择"多媒体"，在其下的"显示图片"复选框中将打钩去掉即可。若要打开图片浏览，再打钩即可。

（2）打开多个窗口，充分利用系统资源。

为了充分利用 Windows 的多任务多进程特性，我们可以同时打开多个窗口，连接多个网址，节省上网时间。一般以打开四个左右的窗口为宜。

打开多个窗口的方法：选择"文件"菜单项中的"新建"菜单项，再选择"窗口"即可，也可直接按 Ctrl＋N 组合键，就打开了一个新的窗口，在其地址栏上输入新的网址即可；也可在链接点处点击鼠标右键，选择"在新窗口中打开链接"。

（3）使用 Proxy（代理服务器），拓宽访问范围。

Proxy 的主要功能是提高网络访问速度，因而提供 Proxy 的大体有两类：一是大型机关、企业事业、教育机构；二是因特网服务提供商。一般有收费和免费两种方式。收费的 Proxy 可以到网络中心申请，需要交开户费及使用费。免费 Proxy 可以用相应的软件来搜索。

设置 Proxy 的方法如下：

在"Internet 选项"中，选择"连接"，用鼠标单击中部代理服务器栏下"通过代理服务器访问 Internet（I）"左边的小空白框，使之打钩，再用地址栏中填写代理服务器地址和端口号即可，见图 2.2-3。还可以在"对于本地（Intranet）地址不使用代理服务器（B）"

复选框中打钩，并点击"高级（V）"按钮，在文本框中输入本地地址的范围，如"210.34.
."等。

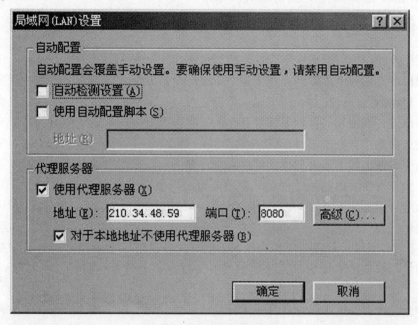

图 2.2-3　代理服务器的设置

三、WWW 信息检索

一、页面搜索

如果一个网页内容太多，难以快速准确地找到所需要的信息，可以使用"编辑"菜单中的"查找"菜单项，通过输入的字或词或数据来在本网页内快速查找并定位所需的信息。

2. 链接搜索

很多网站都有"友情链接"或"相关站点"的栏目，介绍一些内容相近的或有关联的站点；或者在网页内容中也有一些链接到其他相关网站的链接点。通过"链接搜索"，我们可以找到大量的、相关的、同主题的信息。

3. 主题搜索

许多大型的网站内信息众多，难以找到所需的信息，可以通过"网站地图"或者"站内搜索"的服务找到所需的信息。

2.2.2　电子邮件（E-mail）资源

一、基础知识

（一）简介

电子邮件（Electronic Mail，简称 E-mail）是一种通过 Internet 与其他用户进行联系的快速、简便、廉价的现代化通信手段。它是因特网上使用最广泛的服务之一。截至 2011 年底，电子邮件用户达 2.45 亿，使用率 47.9％。

（二）特点

（1）使用方便：你可以把电子邮件发给任何一个拥有电子信箱的 Internet 用户，也可以接受其他用户发给你的电子邮件。由于整个 Internet 是一个整体相连的世界，你可以在任何一个地方看到你的信件，比如，你可以在单位也可以在家里甚至出差在外时，去查看你的电子信箱里的信件；而传统的信件只能寄到你的信箱，你只有回来后才能看到。

（2）快速准确：寄电子邮件给国内或国外的朋友，一般几分钟就可到达对方的电子信箱，最多几十分钟。如果你要把你的信件寄给许多人，在采用普通邮寄方式时，是件非常烦人的事情，但如果你使用电子邮件，只要同时写上所有收信的 E-mail 地址，一次就能把你的信件发给所有的收信人。

（3）费用低廉：发电子信件不需花服务费用；而只需花联网的通讯费。而且一旦上了 Internet 电子邮件系统，就没有了国内、国外的概念，这样不会因距离远近而改变收费。而对于同时同发一封信给多个收信人，也只按一封计算，与普通信件的多封计算，可算便宜多了。

（4）传输文件：在电子邮件有一个附件功能，能够将文字、图像、语音等多种类型的信息集成在一个邮件附件中传送。

（5）安全性：如果从实用的角度，和普通信件相比，它是安全的。电子邮件在传递的过程中，并没有人为的干预，它是通过计算机程序完成邮件的发送、接收、转发等中间过程，在 Internet 上，每时每刻都有成千上万的人在收发邮件，如果某个人想看你的信，如同大海捞针。如果从技术的角度，它是不安全的。因为电子邮件在 Internet 传播时不对邮件进行加密。因此，你的邮件在存储转发的过程中，都可能被别人看到。更严重的是，当别人看了你的邮件，你并不知道你的邮件被别人看过，因为你的邮件只不过是一个文件。甚至有人看了你的邮件后把它修改了再继续转发。

（三）电子邮件地址介绍

在 Internet 中，每个人的 E-mail 地址形式是相同的，其格式为：用户名@邮件服务器域名。

比如福州大学图书馆的电子信箱为：lib@fzu.edu.cn。

E-mail 地址中的@符号，读作"at"，把 E-mail 地址分成两个部分：左边的部分是用户名，有时也叫帐号，是用户给自己起的一个名字。右边是邮件服务器的域名，有时也叫邮局。

每一个电子信箱都有一个与之相对应的密码，它和传统信箱的钥匙一样，用于开启用户的信箱，在电子邮件系统中密码和帐号一起用于登录该信箱的身份验证。由拥有该信箱的用户私人拥有和使用。

（四）电子邮件的传送过程

电子邮件系统传送邮件的过程与传统的邮政系统传递邮件很相似，它也存在收信邮局和发信邮局，不过它的邮局是由一台具有邮件服务功能的计算机来担任的。在电子邮件系统中，你向某邮件服务器的管理员申请了一个 E-mail 帐号，相当于你拥有了该电子邮件服务器的一小块空间，用于暂时存放其他用户寄给你的信件，那么该邮件服务器的域名就是你的收信邮局。同时在每一个电子邮局都专门开设一个空间用于存放用户要寄出的邮件，称为电子邮筒，该邮件服务器的域名就是你的发信邮局。你的发信邮局和收信邮局可以一样也可以不一样。你利用电子邮件系统接收、发送邮件要先在自己的客户端软件上设置相应的发信邮局和收信邮局。然后让你的计算机与邮局通讯进行信件的收发，其过程如图 2.3-4。

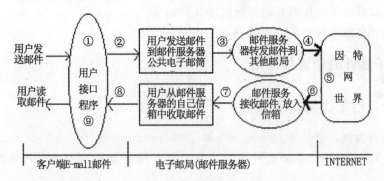

图 2.3-4 电子邮件系统中用户接收和发送邮件过程

（1）你在计算机上利用 E-mail 客户端软件写好信件后，并按发送按钮进行发送；

（2）客户端程序按照你的发送指令把邮件进行适当的处理，并与软件中设置的发信邮局进行通讯，把你的信件送到发信邮局（邮件服务器）的公共电子邮筒中；

（3）发信邮局收集放在邮筒中的信件，检查邮件头部的发送地址，并进行归类；

（4）发信邮局检查网络的拥挤程度，在网络空闲时，把放在邮筒的邮件发送到其他中间邮局进行转发，或者发送到收信人邮箱所在的邮局；

（5）对方收信邮局收到你发给他的信件后，把信件放入相应的邮箱中，这样对方就可看到你的信件了。

（6）当收信邮局收到发给他的信件后，把它放入他的邮箱中；

（7）当他的计算机接上网络时，邮件服务器会通知他他的信箱中是否有新的信件；

（8）当客户端邮件软件发现他的信箱中有邮件时就通知他，他可以按接收按钮收取邮件服务器上他的信箱中的邮件，放入计算机的文件夹中，并删除信箱中接收下来的信件。

（9）从邮件服务器上接收完信件后，就可以在计算机上阅读新信件了，有些客户端的邮件软件还支持一边接收信件，一边阅读信件的功能。

（五）电子邮件协议

1. SMTP

SMTP 是 Simple Mail Transfer Protocol 的缩写，表示简单邮件传送协议，利用存储、

转发的形式来进行电子邮件的传递，而 SMTP 是简单邮件传输协议，它不将邮件进行加密。安装了 SMTP 协议的主机又称为 SMTP 服务器，或发送邮件服务器，在福州大学校园内上机的 SMTP 服务器都可以设为 fzu. edu. cn。

2. POP

POP 是 Post Office Protocol 的缩写，表示邮局协议，其第三版称 POP3，接收邮件时使用。允许用户通过个人计算机访问负责接收邮件的主机并取走存放在上面的邮件。安装了 POP3 协议的主机又称为 POP3 服务器，或接收邮件服务器。

（六）电子邮件地址的获得方式

收费的 E-mail 可向邮件服务器的管理员申请，如福州大学网络中心、163（电信部门）以及一些提供收费电子邮件服务的网站如 263 邮局等。

向免费的邮件服务器申请免费的 E-mail 地址。

二、电子邮件的申请与使用

（一）免费电子信箱的申请

以 263 邮局为例，域名为：http：//mail. 263. net。

（1）打开 IE 浏览器，在地址栏内输入免费邮件服务器所在的地址，并选择免费邮箱开户。

（2）在用户名窗口输入你的用户名，它有一些特点，不要和别人重名，否则会申请失败。

（3）阅读免费邮件服务的条款并同意，条款内容大致有权利和义务、信箱容量、使用期限、可能会发送广告等等。

（4）填写个人资料（密码、密码提示问题、个人的一些资料），发送并确认。

（5）申请成功：用户名@263. net。

（二）电子信箱的阅读与收发

1. 用 WWW 方式直接通过免费邮件服务器来进行

（1）电子邮件的处理：

连接到登录申请页面，输入用户名和密码，就可以进入收件箱查看，在邮件列表，点击邮件的发件人将打开"阅读邮件内容"页面。如果邮件包含附件，那么在邮件正文的右侧将显示附件文件的链接，只要点击即可打开或下载；在信头区，可以对该邮件进行删除、回复、全部回复、转交、返回、存地址、拒收等操作，你可以点击"上一封"或"下一封"来查看其他邮件。同时也可以进行移动到文件夹、草稿箱、发件箱或垃圾箱。

（2）电子邮件的格式：

From：发信人，列出发信人的全名和 E-mail 地址。

To：收信人，收信人的 E-mail 地址，多个地址时，可用逗号隔开。

Date：日期，显示 E-mail 被发送时的日期和时间。

Subject：主题，给出 E-mail 的主题。

CC（Carbon Copy）：明送、抄送、拷贝给另一个收信人。收信人知道你拷贝一份给某人。

BCC（Blind Carbon Copy）：暗送、盲拷贝，不想让收信人知道你又拷贝了一份给某人。

Body：信件的内容，输入电子邮件的内容。

附件：用于附加任意大小，任意类型的文件作为附件一起发送。

（3）几个文件夹的作用：

收件箱：存储接收到的邮件，并列出包含的邮件总数、新邮件数及总容量。

发件箱：存储发送的邮件，并列出包含的邮件总数及总容量。在发件箱中单击"邮件主题"进入"重新发送邮件"页面，所有信息都已自动填写，单击"重新发送"按钮即可重发邮件并返回发件箱。

垃圾箱：存储从其他文件夹删除的邮件，如果删除垃圾箱中的邮件，则为永久性删除。

草稿箱：暂存未编辑好的邮件，下次上线可再编辑后发出。

（4）增加附件的方法：

可以将本地硬盘或光盘中的文件以附件的形式发送给对方。在"附件"右侧的区域输入要发送文件的绝对路径和名称，或者单击"Browse"按钮查找选中。收件人对附件可直接打开，也可通过网络下载到本地计算机上。

2. 通过 Microsoft Outlook Express（简称 OE）进行

Outlook Express 中文版作为 Internet Explorer 的构件之一，包括两个部分：Outlook Express Mail 和 Outlook Express News。其中 Outlook Express Mail 是基于 Internet 标准的 E-mail 阅读器，它可以访问 Internet E-mail 帐号，可以管理多个 E-mail 帐号，可以一次检查一个帐号或同时检查多个帐号。

启动 Outlook Express 后，选择"工具"→"帐号"→"添加"→"邮件"后，根据连接向导的提示，依次输入"姓名"→"电子邮件地址"→"电子邮件服务器（POP3 和 SMTP 服务器)"→"Mail 登录（POP3 名称和密码)"→"友好名称"→选择"连接类型"→选择"拨号连接"或"网络连接"→选择"完成"，即可完成 E-mail 帐号的添加。重复此步骤，即可添加多个 E-mail 帐号。

3. 通过 Foxmail 软件进行

（1）Foxmail 的配置：

用鼠标双击 Foxmail 图标，启动该应用软件，则出现如图 2.2-5 所示的窗口。

在窗口中可对它进行设置。只有设置正确的服务器和帐户信息，该软件才能收发邮件。其具体设置步骤如下：

①在"工具"菜单下选择"选项"，进入设置对话框。

②选择左边窗口中的"个人信息"选项，在右边窗口中出现以下几项文本输入框，按要求输入相应的内容：

姓名：此处输入姓名，在发送邮件时作为名字标识。

单位：单位或公司名称，可以不填。

邮件地址：填入你的完整邮件地址，作为你发的信件的默认回信地址。

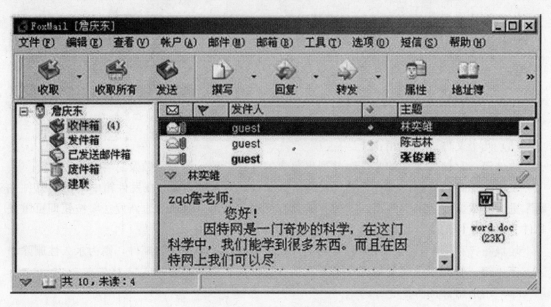

图 2.2-5　Foxmail 启动窗口

　　回复地址：设置发信的回复地址，可以不填。

　　③选中左边窗口中的"邮件服务器"选项，则出现如图 2.2-6 所示的对话框，按要求输入以下几项文本框内容：

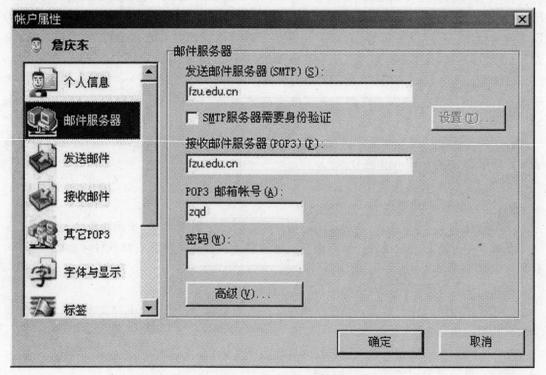

图 2.2-6　Foxmail 的设置窗口

SMTP 服务器：将通过此服务器发送出去，也就是发信邮局。

POP3 服务器：用于存放你的邮件的邮件服务器，也就是你的收信邮局。

帐号：你在邮件服务器上申请的帐号，也是用户名。

口令：信箱的口令，用于验证你的身份。

通常 SMTP 和 POP3 是同一个主机，但使用免费信箱时一般是不同的；口令经过加密后保存在 FoxMail 的设置文件中，如果你对口令的安全性不放心，可不在这里输入口令，收取邮件时 FoxMail 会要求你输入口令。

④选中左边窗口中的"发送邮件"选项，在右边窗口中出现以下几项文本框，按要求输入以下内容：

信件格式：选择使用 MIME 或 UUEncode 格式来发送信件。通常推荐使用 MIME 格式，因为它是 SMTP 协议推荐的格式。

自动对文本进行编码：选择发送邮件时，是否进行编码。

标题可使用 8 位元字符：设置是否对邮件头（地址，标题等）进行编码。

邮件发出后转移：设置发出的邮件是否保留备份。

回复邮件时包含原信件：设置回信中是否引用原始信件内容。

如果选择自动编码，FoxMail 自动将邮件中的汉字及其他非 ASCII 字符用 Quoted-Printable 方法编码成 7 bit 的文本。虽然目前的 Internet 传输 8 bit 的二进制数据没有问题，但由于历史的原因，Internet 电子邮件服务器主要处理 7 bit 的文本，而且一些邮件服务器或网关可能会限制传输 8 bit，因此推荐使用编码方式。在 Foxmail 中附件自动采用 base 64 方法编码到 7 bit。

⑤选中左边窗口中的"接收邮件"选项，在右边窗口中出现以下几项文本框，按要求输入以下内容：

在服务器上留下备份：设置收取邮件后是否在邮件服务器上保留备份。

每隔<>分钟自动取新邮件：设置自动收取新邮件时的间隔时间。

是否显示邮件浏览窗口：收取信件使是否显示浏览窗口。

⑥选中左边窗口中的"其他连接"选项，在右边窗口中出现文本框。如果你有多个服务器的邮箱帐号，请单击"新建"，打开"服务器连接"对话框，你可以在此处将其他的邮件服务器域名、帐号和口令信息输入其中，这样你就可以连续从多个服务器收取邮件。

⑦选中左边窗口中的"网络"选项：

自动启动拨号网络连接：设置收发时自动检查拨号连接，对拨号上网有效。

显示网络进度窗口：设置是否弹出网络连接窗口。

超时时间：设置多长时间后，网络没有应答，就中止连接。

以上只有"个人信息"和"邮件服务器"这两项必须填写。其他项可根据用户的要求而定。

（2）Foxmail 的使用：

①启动 Foxmail 软件。双击 Foxmail 图标，打开 Foxmail 邮件目录窗口。

②发送 E-mail。在 Foxmail 邮件目录窗口中，双击工具栏（Toolbar）上的"撰写"按钮，打开 Foxmail 撰写邮件窗口（图 2.2-7）。

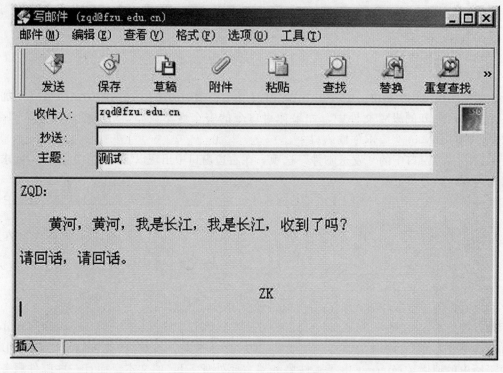

图 2.2-7　Foxmail 撰写邮件窗口

在相应栏目中填写以下内容：

收件人：指明收件人地址，可以有多个收信人，每个收信人之间用逗号隔开。

抄送：信件同时发送给要抄送的人，可多个，每个收信人之间用逗号隔开。

暗送：信件同时发送给要暗送的人，但接收人不会知道暗送给哪些人了。

主题：输入对信件内容的简短概括。

附件：用于附加任意大小，任意类型的文件作为附件中一起发送。

如果你有建立地址簿，表中的前三项内容，也可通过单击"收件人"或"抄送"或"暗送"按钮，打开地址簿从中选择，计算机会自动填上收信人地址。

填完以上内容后，就可书写信件内容，写好这个新的邮件后，你可以：

单击"发送"发送信件，并留一份备份在发件箱中。

单击"保存"把信件暂时保存在候发队列中，并不立即发送出去，这样可以写好很多候发信件后再一次性地发送出去，这一项对于拨号连接的人特别有用，可以节省通讯费用。

单击"草稿"以草稿方式保存，待以后继续修改后发送。

③收取信箱中的新信件，并阅读、答复和转发。

在图 2.2-7 窗口中，选择工具栏上的"收取"按钮，屏幕出现输入口令框，输入正确的口令，单击"确定"。就开始检查邮箱里是否有新邮件。如果没有新邮件，屏幕出现"没有新邮件"提示信息。如果有新邮件，新邮件被自动放到本地机的"收件箱"中，最后出现"共收到 N 封新信件"的提示。邮件收取完成后，你可以选择相应的文件夹来阅读信件、答复信件和转发信件。

三、电子邮件的应用

（一）利用电子邮件来传递信息

信息时代，方便快捷的电子邮件大有取代邮政信函的趋势。在信息服务中，利用 E-mail 的特点，人们开发了即阅即答的咨询服务，这种低成本、高效率的服务方式很受用户的欢迎。专家们预测，随着 Internet 网络的扩大和发展，用户的不断增加，电子邮件将成为 21 世纪人类主要的通讯手段。

（二）利用电子邮件订阅邮件清单

1. 什么是邮件列表

邮件列表也叫 Mailing List，是 Internet 上的一种重要工具，用于各种群体之间的信息交流和信息发布。

邮件列表具有传播范围广的特点，可以向 Internet 上数十万个用户迅速传递消息，传递的方式可以是主持人发言，自由讨论和授权发言人发言等方式。

邮件列表具有使用简单方便的特点，只要能够使用 E-mail，就可以使用邮件列表。

2. 邮件列表的作用

邮件列表的使用范围很广，如：

（1）电子杂志：可以主办自己的电子杂志，通过邮件列表的方式，向数十万用户同时发送。

（2）企业应用：新产品发布、与客户保持联系、产品的技术支持、信息反馈。

（3）Web 站点：主页更新、信息反馈。

（4）同学和亲友：保持快速、方便的联系。

（5）技术讨论。

（6）可以订阅其他人建立的邮件列表，取得你感兴趣的信息，同时可以参与讨论。

3. 邮件列表的类型

邮件列表的类型分为公开、封闭、管制三种：

（1）公开：任何人可以在列表里发表信件，如公开的讨论组、论坛。

（2）封闭：只有邮件列表里的成员才能发表信件，如同学通讯、技术讨论。

（3）管制：只有经过邮件列表管理者批准的信件才能发表，如产品信息发布、电子杂志等。

4. 订阅的方法

（1）通过电子邮件订阅。以订阅《nature》杂志为例：

加入：naturecontents-on@mail-list.com。

退出：naturecontents-off@mail-list.com。

改变地址：naturecontents-change@mail-list.com，并在"主题"中转入新地址。

（2）通过 WWW 方式连到邮件列表站点订阅。如可以通过以下站点进行：

希网：http：//www.cn99.com

（三）利用电子邮件参加新闻组

新闻组 NewGroup 通过 Internet 中称为用户网（Usenet）的区域就某一特殊问题进行讨论。已经有成千上万的个 Usenet 新闻组，对于任何可以想到的专题，几乎都可以找到相应的新闻组，可以视之为一种公共论坛，用户可以围绕某一主题进行公开的讨论，提出问题、回答和评论，也可以只阅读别人发送的信息。

支持 C/S 工作模式，服务器运行管理软件，存放各种 News 资源，支持 NNTP（网络新闻传输协议）。

新闻组要通过参加才能访问。新闻组的名称由许多词（或词的一部分）构成，并通过圆点串在一起。新闻组名称的第一个词说明新闻组讨论内容的总范畴（例如，rec 代表 recreational，即代表娱乐，而 sci 代表 scientific，即代表科学）。后面的词是进一步定义新闻组的讨论专题。名称由两个词还是多个词组成，要取决与新闻组内容的特异程度或者类似新闻组存在的数量。例如，只有一个新闻组讨论放风筝的乐趣，所以这个新闻组的名称为 rec. kites。但是谈论宠物的新闻组有很多，所以有关宠物猫的新闻组名称为 rec. pets. cats。

以相同的一个词或多个词开头的所有新闻组称为新闻组的层次结构（hierarhy）。为了使新闻组的名称规范化，网络上一些组织对总范畴的名词进行了规定。因而把新闻组分成几个大类：

大类名称：讨论总范畴

alt	杂七杂八的问题，如有益身心的、严肃的。
bionet	生物学研究方面的问题，如基因、DNA 图谱等。
bit	Bitnet 网络的问题，如网络建设与使用等。
biz	商务方面的问题，如销售、推销等等。
comp	与计算机有关的问题，计算机软件开发，计算机系统 BUG 等。
ieee	有关工程师的论坛。
k12	关于儿童、少年的论坛。
misc	混杂的论题，与其他类目不匹配的论题放在此处。
news	关于新闻组本身有关的论题，包括新闻的建设与发展等。
rec	娱乐和休闲方面的论题，如运动、体育比赛、收藏、音乐和艺术。
sci	科学研究方面的论题，如有关物理、化学、天文学等。
soc	社会科学方面的论题，如政治、宗教、独身、交朋友等。
talk	关于争论性问题的热烈讨论（往往可以到白热化的程度）。

新闻组的阅读可以通过 Outlook Express News 来进行，也可以通过 WWW 来进行。

世界上最大的新闻组搜索引擎：Google Acquires Deja′s Usenet Archive，网址为 http：//groups. google. com。

四、利用黄页和白页查找电子邮件地址

随着 Internet 网的日益普及，许多在网上冲浪的网友经常遇到这样的问题：我知道某个

过去的朋友、同学的名字，或希望与国外某个教授建立联系，而且认为他们可能拥有电子邮件地址，但是怎样才能找到他的 E-mail 地址呢？

黄页：指公司或商业机构的名录。

白页：指个人的名录，除电子邮件地址外，一般还包含邮政地址、部门名称和电话号码等。

一些有用的网址：

MESA（Meta E-mail Search Agent）（http：// mesa. rrzn. uni-hannover. de）：可能是目前收录 E-mail 地址最全的网站，该服务器可将单一的检索请求，提交给多种搜索引擎，包括 Bigfoot、DejaNews、Four11、IAF、Infospace、Swissinfo 和 suchen. de 等数据库，绝大多数可达到要求，缺点是需等候较长时间。

Bigfoot（http：// www. bigfoot. com）：有大约 1 亿个电话号码以上的白页和 1000 万个 E-mail 地址。

2.2.3 文件传输（FTP）资源

一、基础知识

（一）什么是文件传输

文件传输服务提供了任意两台 Internet 计算机之间相互传输文件的机制，它是广大用户获得丰富的 Internet 资源的重要方法之一，相当于使每个联网的计算机都拥有一个容量巨大的备份文件库，这是单个计算机无法比拟的。

文件传输又称为 FTP，其来源于 File Tranfer Protocol（文件传输协议）。FTP 也采用客户机/服务器模式。通信的双方分别称为 FTP 客户机和 FTP 服务器，它们分别安装了用来实现文件传输协议的软件。它们之间可以双向传输——从服务器向客户机传送，称为"下载"（download），反之则称为"上传"（upload）。

（二）FTP 服务器

有的 FTP 服务器通常需要对用户的权限进行限制和管理，要求有合法的用户标识 ID 及口令 password，此类服务器称为普通 FTP 服务器。有的 FTP 服务器指定了一个特定的 ID——"annoymous"（匿名），口令为用户的电子邮件或类似电子邮件的格式即可，此类服务器称为匿名 FTP 服务器。

（三）FTP 服务器上的文件

因特网上有成千上万的 FTP 服务器。存放着自由软件（保留版权但免费使用）、免费软件、音乐文件、图像文件、文章、源程序、说明书等等。可以供我们下载使用，以实现各类数据、信息的共享。

FTP 只能识别以下两种基本的文件格式：

· 文本 ASCII 文件：字符由 7 位构成，第 8 位不是数据的一部分。

·二进制文件：第 8 位也是数据的一部分。

当不知道文件是何种格式时，都以二进制方式传输不失为保险的策略。

二、**FTP 的使用**

（一）使用 IE 浏览器进行文件传输

（1）打开 IE 浏览器。

（2）在地址栏内输入 FTP 服务器网址（"太平洋下载"：http://dl. pconline. com. cn），并回车。

（3）选定要下载的文件，下载它，在下载文件对话框中选择存放的路径、文件名、文件类型，见图 2.2-8。

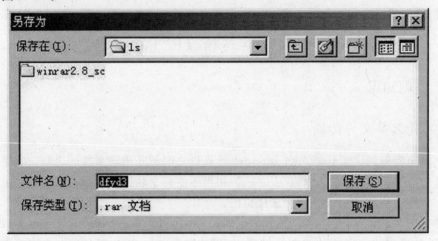

图 2.2-8　保存文件窗口

（4）分析判断文件的类型，并用不同的解包软件解包，或用不同的阅读软件阅读，或用相应的软件浏览。

（二）使用图形界面 FTP 软件进行文件传输

图形界面的 FTP 软件发展很快，其中 WS＿ftp 及 CuteFTP 是其中的佼佼者。本书以 WS＿ftp 为例来说明如何使用。

1. *启动 WS＿ftp 程序*

双击 WS＿ftp 图标，启动 WS＿ftp 应用程序，单击 Connect 按钮，打开 Session Profile 对话框（图 2.2-9）。

2. *添加 FTP 服务器设置*

在 Session Profile 对话框中，单击 New 按钮，并在文本框中输入以下内容：

Profile name　　　　　　　　　给这个远程的 FTP 服务器取一个即有意义又好记的简单名字，如：ftp＿fzu（表示福州大学 FTP 服务器）。

Host name　　　　　　　　　输入远程的 FTP 服务器的域名或 IP 地址，如

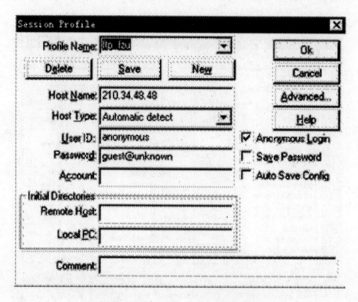

图 2.2-9　WS_ftp 设置对话框

210.34.48.48 或 ftp.fzu.edu.cn。

Host Type	设置远程 FTP 服务器的类型，一般选用 Automatic detect。
User ID Password	对于用户有账号的远程 FTP 服务器，请输入用户名及口令。对于用户没有账号和口令的远程 FTP 服务器，如果允许用户匿名登录，用户可将窗口中的 Anony-mous Login 栏选中，或者直接在 User ID 栏输入 A-nonymous。一般允许匿名登录的服务器，以用户的 E－mail 地址为口令，因此，此时的用户口令可输入自己的 E－mail 地址。
Account	输入用户账号（可以不填）。
Initial Directions Remote Host	指定远程 FTP 服务器上的初始目录（可以不填），就进入其顶层目录。
Initial Directions Local PC	指定本地计算机上的初始目录（可以不填），如果不填，就进入其顶层目录。

填写完成后，如果想把这个新的 FTP 服务器节点添加到预配置清单中，以备以后使用，就单击 Save 按钮，否则跳过。如果你还有其他 FTP 服务器信息需保存在 FTP 预配置清单中，你可以重复上面的操作。

3. 与远程服务器连接

从 Profile Name 框中选择一个设置好的远程服务器（如：ftp_fzu），单击 OK 按钮，计算机开始与远程 FTP 服务器联机，一旦连接成功，则出现 FTP 文件列表窗口（图 2.2-10）。

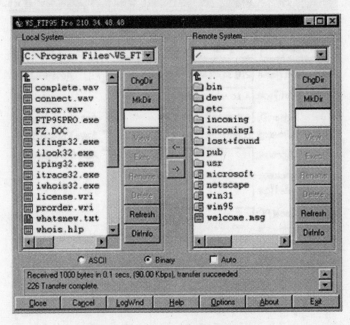

图 2.2-10 WS_ftp 文件列表窗口

窗口分为左、右、下三部分，左边窗口（Local System）又分为本地计算机的当前目录窗口和该目录下的文件窗口，右边窗口（Remote System）又分为远程计算机目录窗口和目录下的文件窗口。下边窗口是一些连接信息，用户可以监视网络通信状态。

在目录窗口中可完成改变当前目录（ChgDir）、新建目录（Mkdir）操作。

在文件窗口中，可以完成文件浏览（View）、文件执行（Exec）、文件更名（Rename）、文件删除（Delete）、刷新（Refresh）和目录信息（DirInfo）操作。

本窗口的其他功能按钮说明如下：

Close：关闭　Connect：连接　Cancel：取消　LogWnd：日志　Help：帮助　Option：

配置　About：版权　Exit：退出　　：上载　　：下载

4. 选择被传输文件的类型

WS_ftp 可传输三种文件类型（ASCII、Binary 及 Auto）。你总是可以用缺省的设置 Binary（二进制）来传输，即使对文本文件也是一样。如果肯定一个文件全部都是文本，你可以使用 ASCII 选项。

5. 文件传输操作过程

（1）下载文件的方法：

①查找要下载的文件（在 FTP 服务器上）。②寻找一个存放的地点（在本地计算机上）。

③用鼠标点　　或双击该文件，即开始下载文件。

（2）上传文件的方法：

①查找要上存的文件（在本地计算机上）。

②寻找一个存放的地点（在 FTP 服务器上），注意事项：只有 incoming 或 upload 等目录允许上存。

③用鼠标点 → 或双击该文件，即开始上存文件。

6. 退出

单击 Close 按钮，断开与主机的连接，单击 Exit 退出 WS_ftp。

（三）使用网络蚂蚁进行文件下载

1. 网络蚂蚁简介

网络蚂蚁（NetAnts）是从因特网上下载文件用的下载工具软件，该工具软件针对国内网络线路差、速度慢、费用高等情况，做了许多特别设计，以满足下载文件时方便、快捷、省钱的要求。网络蚂蚁可说是一款上网必备的软件。

使用网络蚂蚁下载文件，最独特的功能就是多点连接，即将文件分成几个部分同时下载，形象化的说法就是蚂蚁搬家，蚁多力量大。程序默认的连接数是 5（最高设置数），一般情况下，可以不变。但有些网站不支持断点续传，即使设置为多点连接，实际上也只有一个点连接下载。另外由于某些网站以及线路的原因，有时将蚂蚁数设定为 1 反而要快些。

2. 下载文件步骤

（1）启动网络蚂蚁并使其主界面最小化。

（2）启动活动小图标。点击"显示/隐藏"，拖放窗口，网络蚂蚁启动后在桌面上应当出现一个有活动蚂蚁的小图标，它总在各种窗口的前面显示。

（3）拖动链接到活动小图标上。与因特网连接后，打开浏览器，进入目标网页找到下载文件的链接。在链接上面按鼠标左键并拖动，鼠标指针变为一个带斜杠的圆圈。将它拖到小图标上，鼠标指针就变为带有小箭头的指针，松开左键，就弹出设置下载任务对话框。

（4）开始下载。设置结束后，单击"确定"，选择"立即下载"，网络蚂蚁即与文件下载的目标服务器连接，开始下载。

（5）下载过程的状态显示。下载时可以看到 5 个蚂蚁勤奋地从网络上往硬盘中搬运文件了。

（6）断点续传。如果下载过程中因故需要停止，可选择"下载/停止"菜单项，或者点击工具栏停止按钮，这时下载停止，但已经下载的部分文件是有效的。该文件存放在设定的路径中，只是它的文件名后面有三个惊叹号"！！！"，表示下载未完，可以在以后启动网络蚂蚁时继续下载任务，此为断点续传。

三、FTP 检索工具

文件搜索引擎以北大天网（bingle. pku. edu. cn）为例说明。

1. 简单搜索

在天网首页输入框输入你要查询的文件名，可以包含"＊"（通配所有字符）、"？"（通配一个字符）、空格（表示几个查询的并）。用鼠标点击"搜索 FTP 文件"，即得到查询结果。

2. 按类别搜索文件

在输入框里输入如上说明的匹配串，点击"分类搜索"下的各种类型，如"图像"、"声音"、"视频"、"压缩"、"文档"、"程序"、"目录"、"源代码"，则搜索引擎在指定的类型里搜索文件。比如点击"图像"，则在所有的图像文件里查找与匹配串相符的文件。

3. 使用快捷方式

天网搜索引擎为用户常用的搜索提供了快捷方式，使用起来极为简单，直接点击快捷方式下载要的内容即可。目前有快捷方式："电影"、"MTV& 动画片"、"MP3 音乐"、"gif 动画"、"flash 电影"。

2.2.4 远程登录（Telnet）资源

一、基础知识

（一）远程登录（Telnet）简介

Telnet 是 Internet 网络上的主要应用服务之一，是 Internet 的远程登录协议，通过使用 Telnet 协议使一台计算机成为 Internet 上某一远程主机的仿真终端，而共享其硬件、软件和信息资源。目前世界上的许多大学图书馆、政府机构、研究所、社会团体等都向用户开放其数据库，提供菜单驱动的检索界面或提供关键词检索的方式，它们都可以通过 Telnet 远程登录方式实现对数据库的检索。此外，利用远程登录还可以访问 Archie 服务器、电子公告板 BBS 及网络游戏 MUD 等等。

使用远程登录的首要条件是本地机上装有 TCP/IP 协议和远程登录协议。

远程登录分成特权登录和客户登录两种。特许登录是指用户在远程主机上有帐户。客户登录是指用户在远程主机上没有帐户，用户要按照主机的规定进行登录和使用，这种方式在资源使用上往往有一定的限制。

（二）远程登录的基本步骤

虽然不同种类的主机提供的功能和命令不同，但对这些服务器登录的过程基本是一样的，其基本步骤是：

（1）启动远程登录程序；

（2）输入要连接的主机的地址和端口号；

（3）输入远程登录帐号和密码；

（4）设置仿真终端类型；

（5）使用远程主机提供的服务；

（6）断开连接退出。

二、远程登录软件介绍

以下介绍 NetTerm 与 Sterm 的使用。

（一）NetTerm

在硬盘上建立 netterm 子目录，将 Netterm 软件拷入该子目录，用解压软件解压后，在 Windows 窗口内建立 Netterm 图标。

要让 Netterm 能连接到远程登录的主机，就必须对地址簿进行设置。添加主机名称、主机地址（域名或 IP）、端口号、仿真终端类型，然后存入地址簿中即可。

（二）S-Term

S-Term 是一个在 Windows 平台下运行的远程登录软件，它设置简单，使用方便，采用多文档界面，能在一个框架中打开多个窗口，最小化时能缩小为图标，隐藏在任务栏中。它的特点如下：

（1）自动识别屏幕上的菜单，支持使用鼠标点击。

（2）自动识别屏幕上的超级链接，这样只要用鼠标一点，就会启动这个链接。

（3）当速度较慢的时候，可以按下子窗口工具栏上的浮动输入按钮，使用浮动输入框，在使用浮动输入时，按下回车键就会一次将浮动输入框中的内容送出，而不像在屏幕上键入时的一个一个字符往主机送，能有效地加快输入速度。

（4）选择屏幕上的区域的时候除了正常的选择外，还可以选择一个矩形区域进行复制粘贴。按下工具栏上的切换选择模式可以在这两种状态间切换。

（5）选择带颜色编码复制后能复制下屏幕上的彩色区域。这样就可以轻松复制签名档等等了。

（6）具有防止发呆功能，按下工具栏上的防止发呆就开启了这个功能，S-Term 将保证你不会因为过长时间未按动键盘而被服务器踢出来。

（7）自动信息回复功能。

（8）历史屏幕纪录。

（9）用户自定义按键。

（10）支持 Socks Proxy 代理服务。

三、利用远程登录访问 BBS

（一）什么是 BBS

BBS，英文全称为 Bulletin Board System，即"电子公告板系统"。它是一种小型的联机服务系统，通常由一台功能较强的计算机运行公告板系统程序，其他分布在各地的计算机通过 Modem 和电话线，或者通过 Internet 进行访问，从而使 BBS 成为 Internet 上一个不可忽视的巨大资源。

BBS 是一种通讯方式。许多使用 BBS 的人只是为了和朋友、同事、陌生人交流信息。各个 BBS 用户通过站上文章和信件，以及上线交谈，能够迅速快捷地传递信息，彼此交往。

BBS 是一种信息资源。不同的 BBS 上都存放着各种不同的文件和信息，不管是电脑软件、股票行情，还是影视动态，只要你选择加入自己感兴趣的 BBS，就可以几乎免费地获取

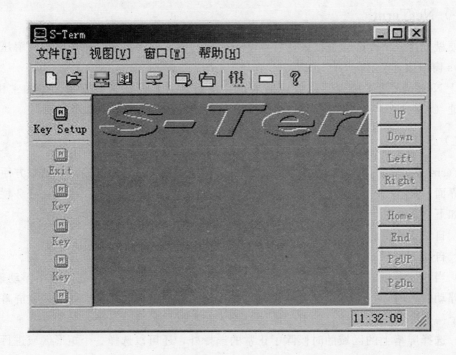

图 2.5-1　S-Term 窗口

这些资源。

BBS 是一个网络社会，它有着自己特有的一种文化氛围。在 BBS 上所看到的每一条信息、每一篇文章背后，都有着专门对其负责的人。无数的 BBS 参与者们花费了大量的时间和精力组织信息，共同努力营造了一个 BBS 良好的运行环境。

BBS 上的用户实际上是一个最具潜力的资源。我们通过使用 BBS，不仅可以利用 BBS 上的一切信息，而且每个 BBS 用户同时也可以是信息的提供者，可以通过在 BBS 上发表文章，通过上载文件等与别的用户共享自己的东西。我们还可以通过 BBS 上的用户，得到许多有用的帮助，完成一些个人所无法完成的事情。

（二）进入 BBS

启动 Telnet 软件，选定所要连接的 BBS 地址及相应的端口号，就可以进入 BBS 了（比如福州大学庭芳苑的网址为 bbs. fzu. edu. cn，端口号为：23，清华大学水木清华的网址是 bbs. tsinghua. edu. cn，端口号为 23），如果使用 NetTerm，就单击"地址簿"按钮，选定一个 BBS，按"主机联机"按钮，系统出现以下画面：

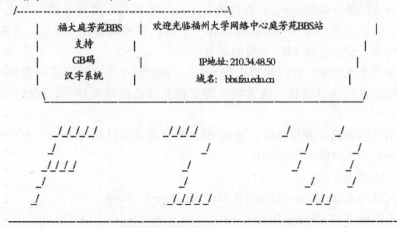

*^_^*　进入福州大学庭芳苑BBS请在login后输入bbs(小写) *^_^*

login：

在 login：后面输入 bbs（要用小写字母）后回车。系统继续提示：

欢迎光临【庭芳苑】。本站一共可以让 20236 人注册使用。

目前上站人数：[37/450]。目前已有 3909 个注册帐号。

请输入帐号（试用请输入"guest"，注册请输入"new"）：

这时有三种登录的情况：

（1）用户不是第一次上站，已经完成了注册手续。可以直接输入用户的 ID（用户代号）、密码，即可进入 BBS。

（2）用户第一次上站，用"guest"登录。以"guest"身份进站的用户，不需要输入密码就可以直接进入系统主菜单，但在站上的权限通常比较小。大多数站点都限制 guest 用户发表文章。如果只想进站看看别人的文章，用 guest 也不失为一种方便的进站方式，但如果想使用这个 BBS 的所有用户功能，就不得不注册一个正式的用户。

（3）用户第一次上站，用"new"登录。在系统要求输入用户代号时打入"new"后，系统会提示你履行一系列的注册手续。

（三）申请新帐号

（1）在登录用户代号时，输入"new"。

（2）设定用户代号。在"请输入代号："的提示后面输入你的用户代号，按回车键确认后，在"请设定您的密码："后输入一串密码。密码在屏幕上以一串"＊"号显示。然后，系统会要求你"请再输入一次你的密码："，以防你输错密码。两次输入的密码要一样，才能被系统所接受。有时你输入的用户代号可能跟别人正在使用的发生重复。这时，系统会告诉你："此帐号已经有人使用"，并再次提示"请输入代号："，你只好另选一个代号了。因为在同一个 BBS 站上，用户的代号都是唯一的。

（3）设定终端机的类型。在"请输入终端机形态：[vt100]"后直接打回车键就行了。

因为大多数 BBS 都支持 vt100 的终端仿真模式。

（4）选用一个昵称（nickname）。执行完以上三个步骤后，屏幕上就会出现一些上站信息，但紧接着，会要求用户输入一个昵称，在"请输入您的昵称：（例如，小甜甜）＜＜"后面输入你的昵称，这是你在 BBS 上用的别名。

（5）填写用户个人信息。在完成以上操作后，许多 BBS 还会要求用户提供一些个人信息以供系统对用户进行身份确认。通常用户需要提交自己的真实姓名、住址、电话号码或 E-mail 地址等。

（6）对新用户注册的受理和验证，有的 BBS 站采取手工认证的办法，有专人审查用户的个人资料以决定是否接收为正式用户。

以福大的 BBS 为例：

　　请输入帐号名称（Enter User ID，"0" to abort）：book
　　请设定您的密码（Setup Password）：＊＊＊＊＊＊＊
　　请再输入一次你的密码（Reconfirm Password）：＊＊＊＊＊＊＊
　　请输入终端机形态（Terminal type）：［vt100］

　　☆ 这是您第 1 次拜访本站，上次您是从 ＊＊＊ 连往本站。
　　请输入您的昵称（Enter nickname）：小小书虫
　　请输入您的真实姓名（Enter realname）：詹珂
　　请输入您的通讯地址（Enter home address）：金牛山一号楼

　　电子信箱格式为：userid@your. domain. name
　　请输入电子信箱（不能提供者按 ＜Enter＞）
　　＞
　　请输入你的性别：［1］男的［2］女的［3］不告诉你（1－3）：3

　　请作个简短的个人简介，向本站其他使用者打个招呼
　　（最多三行，写完可直接按 ＜Enter＞ 跳离）....

到此 BBS 系统还会提示你：

　　欢迎您光临福州大学庭芳苑 BBS 站
　　您还没有通过权限认证。
　　请进入 BBS 后选择（I）工具箱－＞（F）注册详细个人资料

　　您确定要填写注册单吗（Y/N）？［N］：Y
　　原先设定：詹珂（请用中文）
　　真实姓名：詹珂

　　原先设定：（未设定）（学校系级或公司职称）
　　学校系级：学龄前儿童

原先设定：金牛山一号楼（包括寝室或门牌号码）

目前住址：金牛山一号楼

原先设定：（未设定）（包括可联络时间）

联络电话：7893164（24 小时热线）

原先设定：（未设定）（校友会或毕业学校）

校 友 会：无

以上资料是否正确，按 Q 放弃注册（Y/N/Quit)？［N］：Y

经过以上操作，就完成了个人资料注册，若系统管理员认为注册资料正确，三天后即可成为福州大学 BBS 站的正式成员。

（四）退出 BBS

如果用户想退出 BBS 系统，可以通过移动光标，从系统的各级菜单中一层一层往上退出，直到退回系统主菜单。然后在主菜单上选择"退出系统"或"离开本站"一类的菜单项，就可以断开同 BBS 的连接。

用户可以在以下几个选项中，任选一项：

（1）"寄信给站长们"：选此项将进入信件编辑画面，用户如果对系统有什么意见和要求可以写信给站长。

（2）"按错了啦，我还要玩"：选择此项将取消离站动作，回到系统主菜单。

（3）"写写留言板"：选择此项，将进入留言板的编辑状态，用户可以书写 1～3 行的留言，让其他用户在上站时都可以读到。

（4）"不寄了，要离开啦"：默认选项，直接按 Enter 键，将断开与 BBS 站的连接。

（五）站上基本操作

在系统主菜单中，用户可以使用键盘上的↑、↓、←、→键移动屏幕上的菱形光标，进行菜单项的选择，也可以通过键入每个菜单项前的英文字母选定所要进入的菜单项。

选定一项菜单项后，按 Enter 键或→键，就进入光标所在行的下一级子菜单。如在"M）处理信笺"项中按 Enter 键或→键，屏幕上就显示"处理信笺"的菜单。

通过浏览各 BBS 的主菜单的内容，我们可以看出这些 BBS 提供了哪些站上功能。一般来说应包括以下内容：

（1）分类讨论区：存放各类站上讨论文章的区域，是用户阅读、发表文章，进行站上讨论和交流的地方，其中又包含多个讨论区，如：BBS 系统、电脑技术、休闲娱乐、体育健身、谈天说地、兄弟院校等。用户所发表的公开文章都在分类讨论区中。

（2）网上交谈：用户进行网上交谈的地方。其中可以查看当前上站用户的名单，及各用户的动态，可以向其他用户发送信息，也可以即时呼叫对方进行对话，内设聊天室，可以进行多人谈话。

（3）处理信笺：用户处理私人信件的地方。BBS 中的私人信件包括 BBS 的站上邮件和 Internet 上的电子邮件。用户可以在这个区域中收发信件、回信、删除信件等。

（4）工具箱：可以设定或修改用户的个人资料、设定个人参数、设定好友名单等有关个人操作参数的设置，还可以在此编辑用户的个人档案，设定系统小闹钟等。

（5）系统信息：提供系统的各种相关信息，如使用执照、版权信息、合格用户列表等。同时，用户可以在此查看进站画面、留言板、目前时刻、站上投票情况，还可以使用系统提供的穿梭功能，连往其他的 BBS 站点等。

（6）精华公布栏：汇集了分类讨论区内的文章精华，这些精华文章由版主们进行整理后，将有保存价值的文章放入讨论区供用户调阅参考。精华区还提供一些常用免费软件及共享软件的下载。

（六）阅读文章

在 BBS 上阅读文章，通常有两个去处：一处是分类讨论区。里面分设大量的专题讨论区（版），包括各类用户发表在站上的原始文章。由于每个用户都可以发表文章，因此讨论区内的文章数量较多，内容庞杂。通常各个讨论区都设有版主进行管理，随时删除一些无用或引起不良影响的文章，并定期将好文章收录到精华区内。另一处就是精华公布栏（精华区）。精华区的文章是经过整理的，数量较少，而质量较高，但精华区的文章依赖于各版主的加工整理，常常不是很及时，有时也会漏过好文章而未加收录，而且，一般用户是不能在精华区发表文章的，所以，如有时间，并且想参与用户间的交流讨论，还是要到讨论区内阅读文章的。

1. 同主题阅读

按 p 键或 Ctrl＋X（或 Ctrl＋S 键），打开当前的文章并进入相同主题阅读模式。当前文章显示到最后一页时，再按 Enter 键或 ↓ 键往下翻页，就会跳到相同主题文章的下一篇。按"＝"号，系统将搜索与当前光标处的文章相同主题的第一篇文章。

2. 循序找寻作者

在多功能阅读选单中按 a（或 A）键，可以在本讨论区内按前后顺序查找某个作者及其发表的文章。当按 a 键时，往后查找作者的下一篇文章，当按 A 键时，往前面的文章中查找作者。

3. 循序找寻标题

在阅读选单中按/键和？键，可以在本讨论区内往前或往后按顺序查找某一篇特定标题的文章。当按/键时，往后搜寻标题。当按？键时，往前搜寻标题。

4. 搜寻文章内容

使用 BBS 系统中搜索文章内容的功能，就可以很快找出包含某一特定语句或某一特定词语的文章来。按'键，搜寻往后的文章。按"键，搜寻往前的文章。

（七）发表文章

在多功能阅读选单里按组合键 Ctrl＋P，就可以发表新文章（原创文章）。编辑完文章之后，按 Ctrl＋W 或 Ctrl＋X，可以保存文章。

当阅读别人的文章时，按"R"，可以编辑回应文章，即标题为"Re：XXX"的文章。

（八）保存文章

（1）可以用"编辑"菜单中的"复制"菜单项，通过选定要剪贴的内容，然后"粘贴"到别的编辑器如 WORD 等中进行编辑保存。

（2）寄回邮箱：按 F 键，用户可以将光标所在位置处的文章寄到自己 BBS 的电子信箱内。

（八）处理信件

（1）览阅新信件：当有新信件未读时，不论用户当前在站上进行什么操作，BBS 系统都会不断提醒用户有新信件到达。

（2）览阅全部信件：在"处理信件"菜单中，选取"览阅全部信件"，将显示"邮件选单"。"邮件选单"上将列出所有的信件标题及信件作者，在未读的新信件标题前有个"N"。

（3）丢小纸条："丢小纸条"是指用户向同一 BBS 站上的其他用户发送信件。

（十）修编个人档案

在系统主菜单中选取"工具箱"一项，进入"工具箱选单"。

（1）个人说明档。个人说明档是用来记录用户简要的自我介绍性质的信息的，类似于站上用户的名片。用户可以在个人说明档中介绍自己的概况，包括兴趣、爱好、联系地址等，也可以是一些诗句，一幅图画等。

（2）签名档。在 BBS 中，用户可以制作自己的签名档存放在系统中，在发表文章时根据需要选用。使用签名档不仅可以省去用户在文章后的落款，而且一个生动的签名档也能体现用户自己的个性和情趣。

（十一）站上对话与聊天

1. 传递信息（Send Message）

（1）发送信息。发送信息是站上交流的一个最简单的方式。例如，当用户从使用者列表或好朋友列表中看到他们的好朋友的代号时，可以简短地向他（她）发送一则信息。在大多数的 BBS 上，都使用 S（Send）命令向其他用户发送信息。

（2）接收信息。按 R 键（或 r 键），可以向发送者返回一则信息。

2. 交谈（Talk）

系统提供了 Talk 交谈功能。使用这个功能，用户可以向另一位使用者发出聊天邀请，如果对方接受邀请，两人就进入聊天状态。这种交谈只能在两个人之间进行，这时显示在交谈双方的屏幕上的谈话内容其他人是看不见的，只有这两个人可以看到。在使用者列表中，将光标移到要呼叫的使用者所在处，按 T 键或 t 键，就可呼叫该用户了。当交谈中的用户有任何一方想退出聊天状态时，只要按 Ctrl＋D 即可结束对话，回到聊天前的状态。

3. 聊天室（Chat Room）

在聊天选单中选择聊天室选项，系统会提示："请输入聊天代号："，用户可以输入一个聊天代号。按下"/b"可以退出聊天室。按下"/h"可以获得帮助。

2.2.5 流媒体资源

一、基础知识

（一）什么是流媒体

流媒体是一种基于宽带技术的视频、音频实时传输技术，通过这种技术，人们在网页上看到的不再只是文字或静止的图像，而是类似电视播放的活动图像信息。国外将这种基于网络输送的技术称之为 Streaming Media，中文直译为流媒体，它的出现使网络成为集电视、报纸、广播于一体的新的媒体。

多媒体文件通常体积庞大，下载需要很长的时间。而流媒体（Streaming）的出现就是为了解决下载时间长的问题，与常规的文件不同，媒体文件可以在向播放器传输的过程中就开始播放，这就是"流"的含义——首先在网络中发送音频或视频剪辑的第一部分，在第一部分开始播放的同时，媒体文件的其余部分源源不断地"流出"，及时到达目的地供播放使用。

（二）流媒体格式

1. 压缩算法

MPEG 是 Motion Picture Experts Group 的缩写，它包括了 MPEG-1、MPEG-2 和 MPEG-4。

MPEG-1 广泛应用在 VCD 的制作和一些视频片段下载，使用 MPEG-1 的压缩算法，可以把一部 120 分钟长的电影压缩到 1.2 GB 左右大小。

MPEG-2 则应用在 DVD 的制作（压缩）方面，同时在一些 HDTV（高清晰电视广播）和一些要求高的视频编辑、处理上面也有相当的应用面。使用 MPEG-2 的压缩算法，一部 120 分钟长的电影可以到压缩到 4～8GB 的大小，其图像质量等性能方面的指标大大优于 MPEG-1。

MPEG-4 是一种新的压缩算法，使用这种算法的 ASF 格式可以把一部 120 分钟长的电影压缩到 300M 左右的视频流，可供在网上观看。

2. 常用的流媒体格式

（1）AVI。AVI 是 Audio Video Interleave 的缩写，是微软公司在 Windows3.1 时就发表的旧视频格式。兼容好、调用方便、图像质量好，缺点是文件大。

（2）ASF。ASF 是 Advanced Streaming format 的缩写，译为高级流格式，是微软公司发展出来的一种可以直接在网上观看视频节目的文件压缩格式，应用 MPEG-4 的压缩算法。

（3）DIVX。DIVX 视频编码技术是一种有可能取代 DVD 的新生视频压缩格式，使用 MPEG-4 压缩算法。同时是为了打破 ASF 的种种协定而发展出来的。

（4）QuickTime。QuickTime（MOV）是苹果公司创立的一种视频格式，在很长的一段时间里，它都只在苹果公司的 MAC 机上存在。后来才发展到支持 Windows 平台，它无论在本地播放还是作为视频流格式在网上传播，都是一种优良的视频编码格式。

（5）REAL VIDEO。REAL VIDEO（RA、RAM）格式定位在视频流应用方面。

（三）流媒体传输技术（协议）

流式传输把声音、影像或动画等信息由音视频服务器向用户计算机连续、实时传送。在采用流式传输的系统中，用户不必等到整个文件全部下载完毕，而只需经过几秒或十数秒的启动延时即可进行观看。当音频、视频等媒体文件在客户机上播放时，文件的剩余部分将在后台从服务器内继续下载。流式传输不仅使启动延时成十倍、百倍地缩短，而且不需要太大的缓存容量。在因特网中使用流式传输技术的连续时基媒体就称为流媒体。显然，流媒体实现的关键技术就是流式传输。

1. 流式传输的实现途径与过程

（1）多媒体数据必须进行预处理才能适合流式传输，这是因为目前的网络带宽对多媒体巨大的数据流量来说还显得远远不够。预处理主要包括两方面：一是降低质量；二是采用先进高效的压缩算法。

（2）流式传输的实现需要缓存。这是因为 Internet 是以包传输为基础进行断续的异步传输。数据在传输中要被分解为许多包，由于网络是动态变化的，各个包选择的路由可能不尽相同，故到达客户端的时间延迟也就不等。为此，使用缓存系统来弥补延迟和抖动的影响，并保证数据包的顺序正确，从而使媒体数据能连续输出，而不会因网络暂时拥塞使播放出现停顿。

（3）流式传输的实现需要合适的传输协议。WWW 技术是以 HTTP 协议为基础的，而HTTP 又建立在 TCP 协议基础之上。由于 TCP 需要较多的开销，故不太适合传输实时数据。在流式传输的实现方案中，一般采用 HTTP/TCP 来传输控制信息，而用 RTP/UDP 来传输实时声音数据。

2. 支持流媒体传输的网络协议

（1）实时传输协议 RTP（Real-time Transport Protocol），一种用于 Internet 上针对多媒体数据流的一种传输协议。

（2）实时传输控制协议 RTCP（Real-time Transport Control Protocol），和 RTP 一起提供流量控制和拥塞控制服务。

（3）实时流协议 RTSP（Real Time Streaming Protocol），定义了一对多的应用程序如何有效地通过 IP 网络传送多媒体数据。

（4）RSVP 协议（Resource Reserve Protocol），正在开发的 Internet 上的资源预订协议。

二、流媒体播放工具

（一）QuickTime

苹果公司发布了 QuickTime 5 及 QuickTime Streaming Server 3，为每个创建和欣赏多媒体内容的用户提供了许多新功能。

QuickTime 5.0 主要包括浏览器插件和独立的应用程序 QuickTime Player 两个部分，前者用来下载和播放媒体文件，后者用来编辑或回放媒体文件。它支持 MPEG、AVI、MOV、WAV、MP3、AIFF 等视频、音频格式，并且提供了对视频、音频文件进行简单编辑和压缩的功能，可输入多种格式的音频、视频和图像文件，并支持格式转换。当然，它能很好地支持基于 HTTP、RTP、RTSP、FTP 的流格式在线音频和视频播放。

QuickTime 数据流服务器提供了 MPEG-1 格式的传输功能。可从 MP3 网站收听 MP3 音乐数据流的 SHOUTcast 技术内建于 QuickTime 5 中。

（二）RealPlayer

RealPlayer 是目前最受欢迎的网络流媒体播放器，具有强大的流媒体播放能力。

RealPlayer 作为网上收听、收看实时音频、视频和 flash 动画最常用的工具，不必下载音频、视频内容，就可以以较快的速度从网上检索声音、视频、文本、动画及其他媒体文件。单击网页上的一个链接，几秒钟后，就可以欣赏音乐、视频或新闻节目，非常方便快捷。在 RealPlayer 中，仅用几个按钮，就可以实现在线音频、视频暂停、快进、停止、录制等操作。

RealPlayer 几乎支持所有的媒体文件格式：除了 RealNetworks 公司自己推出的流媒体格式（＊.ram、＊.rmm、＊.ra、＊.rm、＊.rp、＊.rt）外，还支持 SMIL、SWF、MP3、WMA、AVI、MPEG、JPEG、GIF 及 PNG 等格式，但不支持 QuickTime 的文件格式。

RealPlayer 采用了插件功能，增加了 2500 个网络广播电台、网络内容提供商及音乐下载地址，用户可以通过它们及时获得最新的内容。RealPlayer 提供了五种可视化效果，高带宽的用户可以在播放时随机对画面质量进行调节。

RealPlayer 提供了 90 多个频道设置，同时提供了全新的实时电台网站自动更新功能。

（三）Media Player

微软的 Media Player 是一个基于 DirectShow 体系结构的多媒体播放器，微软借助自己在操作系统上的优势，将其作为操作系统默认的媒体播放器，并将其设计成在计算机和因特网上播放和管理多媒体的中心，相当于把收音机、电影院、音乐播放机和信息数据库等功能都集成到了一个应用程序中。用户通过它可以收听世界范围内的广播电台、播放和复制音乐、寻找因特网上提供的电影以及创建计算机上所有媒体的自定义列表等等。Media Player 几乎支持 Windows 下的所有媒体文件格式，包括 CD 音频曲目文件、ASF、MPEG－1、MPEG－2、WAV、AVI、MIDI、VOD、AU、MP3 等，同时可以播放 QuickTime 文件。

三、流媒体资源介绍

在 CERNET 内，提供在线播放的站点较多，但一般只对校内开放，提供教学与欣赏用。以下一些网址仅供参考：

http：//film.fzu.edu.cn 福州大学图书馆在线影院

http：//film.fzu.edu.cn/tv.asp 福州大学图书馆网络电视

http：//218.193.121.61：8080/ 福州大学图书馆知识视频库

2.3　搜索引擎

2.3.1　搜索引擎基本知识

一、定义

搜索引擎（Search engines）是指通过网络机器人（网络信息挖掘系统）在网际某一空间、某一领域中寻找和发现有用或相关的信息，并在此基础上建立检索数据库，通过简单友好的界面提供给用户查询的工具。

二、功能

（1）在因特网上漫游收集信息（人工的、自动的两种）。

（2）对收集到的信息标引并建立或更新数据库。

（3）提供检索服务，接待用户的访问。

三、特点

（1）收录、加工信息的范围广、速度快。

（2）检索功能强，一般指网络资源的关键词索引。

（3）检索时直接输入关键词或词组、短语，无需判断类目归属，比较方便。

（4）标引过程缺乏人工干预，准确性较差。

（5）检索误差（噪音）较大。

（6）搜索引擎适合于检索特定的信息，及较为专、深、具体或类属不明确的课题。

三、分类

1. 分类目录式搜索引擎

信息组织方式：将某一范围内搜集保存的各网站站名和网址，按类编排和链接，并作网站简介，所以，分类目录式搜索引擎属于网站级搜索引擎。

优点：将信息系统分门归类，用户可以清晰方便地查找到某一大类信息，对并不严格限于查询关键词的用户尤其适合。

缺点：分类目录式搜索引擎的搜索范围，较全文搜索引擎的搜索范围要小得多。

2. 全文搜索引擎

信息组织方式：在某一范围内搜集和保存每一个网站的网页地址和网页的全部内容。所以，全文搜索引擎属于网页级搜索引擎。

优点：信息查询全面而充分，能真正提供给用户对 Internet 网上所有信息资源进行查询的手段，给用户以最全面最广泛的搜索结果。

缺点：可供选择的信息太多会降低相应的命中率。

3. 元搜索引擎

元搜索引擎又称为集合式搜索引擎、索引式搜索引擎，它将多个搜索引擎集成在一起，并提供一个统一的检索界面。当用户发出检索请求后，通过转义在多个单一搜索引擎中查询，对查询结果进行处理（归并、删除重复、校验连接、按相关度排列结果），然后返还给用户。换言之，这是一种"引擎的引擎"，或"引擎指南"，使用户能在更广的范围内，更方便快捷地进行检索。

2.3.2 搜索引擎的使用

一、选择搜索引擎的判断标准

查全率：搜索引擎的搜索范围。

搜索速度：快速响应是基本要求。

查准率：好的搜索引擎内部应该含有一个相当准确的搜索程序，以提高搜索精度。

更新速度：优秀的搜索工具内部应该有一个含时间变量的数据库，能保证所查询的信息都是最新和最全面的。

死链接：普通搜索引擎总有些搜索结果是点不进行去的，死链接也被作为判断搜索引擎的好坏标准之一。

易用性：搜索引擎的易用性包括搜索界面是否简洁、对搜索结果的描述是否准确。

其他：搜索引擎的稳定性、对高级搜索的支持能力等都是评价搜索引擎的重要指标。

二、搜索引擎的检索方法

简单搜索（Simple Search）：指输入一个单词（关键词），提交搜索引擎查询，这是最基本的搜索方式。

词组搜索（Phrase Search）：指输入两个单词以上的词组（短语），提交搜索引擎查询，也叫短语搜索，现有搜索引擎一般都约定把词组或短语放在引号内表示。

语句搜索（Sentence Search）：指输入一个多词的任意语句，提交搜索引擎查询，这种方式也叫任意查询。不同搜索引擎对语句中词与词之间的关系的处理方式不同。

目录搜索（Catalog Search）：指按搜索引擎提供的分类目录逐级查询，用户一般不需要输入查询词，而是按照查询系统所给的几种分类项目，选择类别进行搜索，也叫分类搜索（Classified Search）。

高级搜索（Advanced Search）：指用布尔逻辑组配方式查询。

使用逻辑运算为 and（和）、or（或）、not（非），能够进行组合，扩大或缩小检索范围，提高检索效率。

A and B 指取 A 和 B 的公共部分（交集），检索结果必须含有所有用"and"连接起来的提问词。

A or B 指取 A 和 B 的全部（并集），检索结果必须至少含有一个用"or"连接起来的提问词。

A not B 指取 A 中排除 B 的部分，检索结果只含有"not"前面的提问词，而不能含有"not"后面的提问词。

A、B 本身为多词时，可以用括号分别括起来作为一个逻辑单位。

上述前三种搜索方式可以合称为语词搜索（Word Search），与高级搜索和目录搜索一同构成三类常见搜索方式。

2.3.3 常用搜索引擎

百度（http：//www.baidu.com）

谷歌（http：//www.google.com）

雅虎（http：//cn.yahoo.com 和 http：//www.yahoo.com）

Altavista（http：//www.altavista.com）

Excite（http：//www.excite.com）

WebCrawler（http：//www.webcrawler.com）

2.4 Web 2.0 应用

2.4.1 web 2.0 的定义

Web 2.0 是相对 Web 1.0 而言的，Web 1.0 的主要特点在于用户通过浏览器获取信息。Web 2.0 则更注重用户的交互作用，用户既是网站内容的浏览者，也是网站内容的制造者。所谓网站内容的制造者是说互联网上的每一个用户不再仅仅是互联网的读者，同时也成为互联网的作者。在模式上由单纯的"读"向"写"以及"共同建设"发展。

2.4.2 web 2.0 主要特点

用户参与网站内容制造。与 web 1.0 网站单项信息发布的模式不同，web 2.0 网站的内容通常是用户发布的，使得用户既是网站内容的浏览者也是网站内容的制造者，这也就意味着 web 2.0 网站为用户提供了更多参与的机会，例如博客网站和维基百科就是典型的用户创造内容的指导思想，而 tag 技术（用户设置标签）将传统网站中的信息分类工作直接交给用户来完成。

web 2.0 更加注重交互性。不仅用户在发布内容过程中实现与网络服务器之间交互，而且，也实现了同一网站不同用户之间的交互，以及不同网站之间信息的交互。

web 2.0 网站与 web 1.0 没有绝对的界限。web 2.0 技术可以成为 web 1.0 网站的工具，一些在 web 2.0 概念之前诞生的网站本身也具有 web 2.0 特性，例如 B2B（企业对企业）电子商务网站的免费信息发布和网络社区类网站的内容也来源于用户。

2.4.3 web 2.0 相关应用

一、博客（Blog）

1. 定义

博客是一个易于使用的网站，可以在其中迅速发布想法、与他人交流以及从事其他活动。

2. 博客的主要作用

发布想法：能让个人在网上表达自己的心声；共享任何感兴趣的事件；记录自己的想法。发布特发新闻。

获取反馈：在博客上发布自己的想法后，可以获得志同道合者的反馈并与其交流。

查找网友：查找与自己志趣相投的人和自己感兴趣的博客，而别人也可通过你的资料找到。单击感兴趣的内容或位置可转到其他人的资料，从中可能会发现自己感兴趣的博客文章。

3. 常用的博客站点

博客中国：www. blogchina. com

天涯博客：http：//blog. tianya. cn

新浪博客：http：//blog. sina. com. cn

二、RSS

1. 定义

RSS 是站点用来和其他站点之间共享内容的一种简易方式（也叫聚合内容）。

2. RSS 作用

可用来订阅博客和新闻。在许多数据库中也提供 RSS。

3. 如何使用 RSS

（1）下载和安装一个 RSS 新闻阅读器，如新浪点点通等软件。

（2）从网站提供的聚合新闻目录列表中订阅你感兴趣的新闻栏目。

（3）订阅后将会及时获得所订阅新闻频道的最新内容。

3. RSS 举例

（1）华尔街日报中文版：http：//cn. wsj. com/gb/rss_intro. asp

（2）纽约时报电子版：http：//www. nytimes. com/rss

（3）清华同方、万方、EI 等文献数据库也提供 RSS 推送。

三、Wiki 维基百科

1. 定义

Wiki 是一种多人协作的写作工具，其站点可以由多人（甚至任何访问者）维护，每个人都可以发表自己的意见，或者对共同的主题进行扩展或者探讨。

2. Wiki 的特点

（1）使用方便。

维护快捷：快速创建、存取、更改超文本页面；格式简单：用简单的格式标记来取代 HTML 的复杂格式标记；链接方便：通过简单标记，直接以关键字名来建立链接；命名容易：关键字名就是页面名称，并且被置于一个单层、平直的名空间中。

（2）有组织

自组织：整个超文本的组织结构可以修改、演化；可汇聚：系统内多个内容重复的页面可以被汇聚于其中的某个，相应的链接结构也随之改变。

（3）可增长。

可增长：页面的链接目标可以尚未存在，通过点击链接，我们可以创建这些页面，从而使系统得到增长；修订历史：记录页面的修订历史，页面的各个版本都可以被获取。

（4）开放性。

开放性：社群的成员可以任意创建、修改、删除页面；可观察：系统内页面的变动可以被访问问者观察到。

3. Wiki 举例

维基百科中文版：http：//zh. wikipedia. org

百度百科：http：//baike. baidu. com

网络天书：http：//www. cnic. org

四、网摘

1. 定义

网摘提供的是一种收藏、分类、排序、分享网特网信息资源的方式：存储网址和相关信息列表、对网址进行索引使网址资源有序分类和索引。

2. 网摘的作用

（1）保存用户在因特网上阅读到的有收藏价值的信息，并作必要的描述和注解，积累形成个人知识体系。

（2）用户间彼此分享收藏信息。

（3）大大减低所有参与的用户得到信息的成本，使用户更加轻松地得到更多数量、更多角度的信息。

（4）更快结交到具有相同兴趣和特定技能的人，形成交流群体，通过交流和分享互相丰富知识，满足沟通、表达等社会性需要；

（5）满足人们收藏、展示的需求。

3. 网摘举例

新浪 vivi 收藏夹：http：//vivi. sina. com. cn

抓虾网：http：//www. zhuaxia. com

百度搜藏：http：//cang. baidu. com

2.5　学科信息门户

2.5.1　学科信息门户定义

学科信息门户，亦称门户网站、信息门户，是针对特定学科或主题领域，按照一定的资源选择和评价标准、规范的资源描述和组织体系，对具有一定学术价值的网络资源进行搜集、选择、描述和组织，并提供浏览、检索、导航等增值服务的专门性信息网站。学科信息门户借鉴传统的文献信息处理技术和经验，对网络信息资源进行深度加工和更为系统的组织，克服了搜索引擎检索效率低的缺点，成为解决网络信息过载问题的有效途径和手段之一。学科信息门户近几年在国外发展较为迅速。

2.5.2　学科信息门户作用

通常为用户提供对因特网上信息和应用的"密集"访问方式，将来自不同信息源的信息集中在一个页面上，帮助用户通过统一的入口检索不同网站的信息，而无需逐个访问单独的网站。这种信息组织方式已逐渐演变成为网络信息检索的又一高质量工具。

2.5.3　学科信息门户特点

学科信息门户的特点如下：在线提供对若干站点和文档的链接；通过人工筛选信息；智能地产生包括注解和评论在内的内容描述信息（如元数据），有的提供信息的分类和主题标引；智能地构建分类浏览结构；支持手工构建单个信息资源的（书目）元数据。

2.5.4　国内外学科信息门户举例

一、国内学科信息门户列表

物理数学学科信息门户 http：//phymath. csdl. ac. cn

学科信息门户 http：//chemport. ipe. ac. cn

微生物特色学科信息门户 http：//spt. im. ac. cn/index. php

中国社会科学信息门户 http：//www. cssig. org

生命科学学科信息门户 http：//www. lifesciences. cn

二、国外学科信息门户列表

Biz/ed 商业经济 http：//www. bized. co. uk

香港大学图书馆信息网关 http：//uides. lib. hku. hk/home

Intute 综合学科 http：//www. intute. ac. uk/artsandhumanities

INFOMINE 网络学术资源门户 http：//infomine. ucr. edu

Edna 澳大利亚教育网 http：//www. edna. edu. au

2.6　开放获取

2.6.1　开放获取的定义

开放获取（Open Access，简称 OA）是国际科技界、学术界、出版界、信息传播界为推动科研成果网络自由传播和利用而发起的运动。通过新的数字技术和网络化通信，任何人都可以及时、免费、不受任何限制地通过网络获取各类文献，包括经过同行评议过的期刊文章、参考文献、技术报告、学位论文等全文信息，用于科研教育及其他活动。从而促进科学信息的广泛传播，学术信息的交流与出版，提升科学研究的共同利用程度，保障科学信息的长期保存。这是一种新的学术信息交流的方法，作者提交作品不期望得到直接的金钱回报，而是提供这些作品使公众可以在公共网络上利用。

按照布达佩斯开放存取先导计划（Budapest Open Access Initiative，BOAI）中的定义，开放获取指某文献在因特网公共领域里可以被免费获取，允许任何用户阅读、下载、拷贝、传递、打印、检索、超级链接该文献，并为之建立索引，用作软件的输入数据或其他任何合法用途。用户在使用该文献时不受财力、法律或技术的限制，而只需在存取时保持文献的完整性，对其复制和传递的唯一限制，或者说版权的唯一作用应是使作者有权控制其作品的完整性及作品被准确接受和引用。

2.6.2 开放获取出版的基本特征

开放获取出版的基本特征：作者和版权人允许用户免费获取、拷贝或传播其数字化信息，其前提是尊重其版权；完整的论著存储在至少一个稳定、可靠的网络服务器中，以确保免费阅读；不受约束的传播和长期的数据库式储存。

2.6.3 开放获取出版形式

OA 期刊（Open Access Journal，OAJ），即基于 OA 出版模式的期刊，OAJ 期刊既可能是新创办的电子版期刊，也可能由已有的传统期刊转变而来。开放获取期刊大都采用作者付费，读者免费获取方式。

开放存档（Open repositories and archives）即研究机构或作者本人将未曾发表或已经在传统期刊中发表过的论文作为开放式的电子档案储存。

2.6.4 开放获取举例

中国科技论文在线：http：//www. paper. edu. cn

开放阅读期刊联盟：http：//www. cujs. com/oajs

奇迹文库：http：//www. qiji. cn/eprint

中国预印本服务系统：http：//prep. istic. ac. cn/main. html？action＝index

厦门大学学术典藏库：http：//dspace. xmu. edu. cn/dspace

3　图书信息检索

图书是文献最基本的形式，是人们为系统传授知识或者经验出版的文献。如何在图书信息的汪洋大海中获取自己所需要的图书，需要掌握搜索图书信息的技巧，一般着重从两个方面入手：一是了解图书的特点，二是利用查找图书信息的高效工具。

3.1　图书信息的检索概况

3.1.1　查询图书信息的途径

在已公开发行的一次信息源中，学术专著、参考工具书（如手册、年鉴、百科全书、辞典、字典等）、教科书等多以图书的形式出版发行，对图书信息的查找也必须从表达该信息类型的内、外部特征出发。图书的外表特征有：书名（或叫题名）、著者（或叫责任者）、出版地、出版社、出版时间、版次、总页数、书号（ISBN）、价格等。ISBN（International Standard Book Number）是国际标准图书号的简称。

查询图书信息的途径从图书的内容特征出发有分类检索与主题词检索两种途径。在利用数据库检索图书信息时，这些内、外部特征均形成相应的检索途径选择项，并与各种检索技术相互支持配合，完成对复杂主题的检索。

3.1.2　查询图书信息的工具

根据检索工具对图书信息揭示深度的不同，查询图书信息的工具一般分成两种类型。一是可以获得图书全文信息的一次工具，国内的如：超星数字图书馆、书生数字图书馆、中国数字图书馆、方正阿帕比数字图书系统等，国外的如 OCLC 的 Netlibrary、Spring Link、John Wiley、Ebrary 外文电子图书数据库等；二是目录、索引及光盘和网络的目录数据库等二次检索工具，通过它首先获得有关图书的相关信息再继续查找全文，这包括印刷的书目工具、各种信息机构的图书馆藏目录数据库、地区性的或国际性的联机图书目录查询系统，以及专业出版机构的图书书目查询系统，如出版机构、网上书店、读书俱乐部、图书论坛和书评网站的相关书目信息等。

一、查询图书信息的一次工具——电子图书

电子图书也称 e-book，即 Electronic Book。狭义的电子图书被人们认为是指完全在网络环境下编辑、出版、传播的。它是利用现代信息技术创造的全新出版方式，将传统的书籍出版发行方式以数字化形式通过计算机网络实现，是以因特网为流通渠道、以数字内容为流通介质、以网上支付为主要交换方式的一种崭新的信息传播方式。它具有成本低、出版周期快、可按需出版、绿色环保等优点，附带的音频、视频等内容可通过与网络相连选取、下

载、阅读等方式进行加工处理。它有两种类型：一类是将各种印刷型的书籍，通过扫描等计算机处理转换为数字格式的、用电子的方式发行、用计算机阅读和存储的电子读物。经过数字处理后的电子读物保留了原印刷型读物的所有图片，可实现全文检索。另一种是原生态数字出版物，即一开始就有了电子文本的电子图书。

目前有许多网站都能提供电子图书网上阅读和下载。从收藏内容上，这些网站可分为综合性的和专业性的。综合性网站收集的图书比较全面，如超星数字图书网、中国数字图书馆、书生之家数字图书馆；专业性的网站比较侧重某一类电子图书，如计算机、小说等。从电子图书存在的格式划分可分为计算机电子图书格式和手机电子图书格式，计算机电子书格式包括 EXE、PDF、CEB、PDG、SEP、NLC、TXT、HTML 等，手机电子书格式包括 UMD、JAR、TXT 等多种格式。

1. 网上免费电子图书的来源

网上许多站点，包括图书馆、出版社、个人、商业机构、教育机构等，出于各种各样的目的都或多或少地提供免费电子图书供大家利用。但他们的免费程度是不同的：有的完全免费、有的只是部分免费。这些免费电子图书按照来源网站的不同，可以分为：公益性的网站，如 e 书时空（http：//www. eshunet. com）；商业性的网站，如超星数字图书网（http：//www. ssreader. com）。

2. 免费电子图书的获取方法

（1）直接利用免费电子图书的网站，如北极星（http：//www. help99. com）、天下书盟（http：//www. fbook. net/）、晋江文学城（http：//www. jjwxc. net）等。

（2）利用免费电子图书网站的导航。许多网站不提供直接的电子图书服务，而是把收藏的电子图书网站分类整理，放在网上，指引用户去相关的网站找自己需要的电子图书，如电子书指南（http：//www. ebookdirectory. com）。

（3）利用搜索引擎。网上搜索电子图书最有效的工具是专门的电子图书搜索引擎，如指针网图书搜索（http：//www. zhizhen. com）、快眼看书（http：//d. du8. com）、爱搜书网（http：//www. isoshu. com/indexcn. html）、网络中国电子图书搜索引擎（http：//book. httpcn. com/search）等。

（4）利用论坛。网上论坛是一种更灵活、更直接的动态网站，是网络用户交流思想和资源的场所。其中许多论坛都有关于电子图书的讨论，包括电子图书的制作和免费获取等。他们要么是把自己知道的免费电子图书网站，拿出来供大家分享，要么是把自己制作的电子图书提供给大家下载和阅读，要么是寻找某本电子书，知道的人就会在下面跟帖，如阿果资源网论坛（http：//www. agpr. net/bbs）有关电子图书的论坛专区。网上还有讨论电子图书的获取和制作的专门电子图书论坛，如 IT 电子图书论坛（http：//www. itepub. net）等。

二、查询图书信息的二次工具

1. 印刷书目与书目光盘

（1）中文印刷书目与书目光盘。中文印刷书目，对图书目录信息的反映有预告、现行与回溯书目三种：

①反映国内图书出版发行最新动态和短期预告的目录，如由新华书店总店主办的《社科

新书目》（旬刊，每期收书 800 种左右）和《科技新书目》（旬刊，每期收书 500 种左右）。

②反映国内某一时期图书出版状况的回溯性书目，如《全国科技图书总览》（科学出版社编辑出版，每年一册）。

③反映某一时间段图书出版现状的现行国家书目，如《全国新书目》和《全国总书目》。

书目光盘。书目光盘既可为用户提供已出版书刊文献检索服务，也可为图书馆等文献收藏单位的书刊文献加工（分类、编目、建立书目数据库）提供服务。

中国数字图书馆工程的书目数据库产品包括中国国家书目数据库、国家图书馆台港中文图书书目数据库、国家图书馆民国时期中文图书书目数据库、国家图书馆善本目录数据库和国家图书馆新善本目录数据库等，均通过光盘与网络两种方式发行。

（2）外文印刷书目与书目光盘。国外著名的印刷书目有《工具书指南》（Guide to Reference Book）、《美国在版书目：著者、书名、丛书》（Books in Print）（BIP）、《累积图书索引》（Cumulative Book Index）（CBI）、《乌利希国际期刊指南》（Ulrich' Internation Periodicals Directory）等。此外，还有美国书目光盘版图书馆公司出版的美国书目光盘 Biblio File，图书馆计算机联机中心（On Line Computer library Center，简称 OCLC）出版的 OCLC/Amigos Collections Analysis CD。英国的英国不列颠国家书目《BNB on CD Rom》，书目量已超过 100 万条。

2. 馆藏目录与联合目录

联机馆藏目录主要有两大类，包括馆藏目录与联合目录，它们的共同特点是均有提示性良好的人机对话界面，按照这些目录查询系统的规定提供需要的检索条目即可获得相应的馆藏内容。

（1）馆藏目录。馆藏目录是图书馆或信息资料部门所收藏的全部书刊的统计目录。在检索到文献出处后，要想获取原文，通常应先查本单位馆藏目录。如果本单位有收藏，根据分类号就可立即获取原文。如福州大学图书馆公共检索系统（http：//opac. lib. fzu. edu. cn），主要用于图书、期刊、会议录及其他载体信息的检索及借阅信息的查询。

（2）联合目录。联合目录一般是某个较大的机构，与某一类相近或有共性的图书馆结合形成统一界面的检索目录。如国内教育部开展的中国高等教育文献保障系统（CALIS）对全国部分高校进行的联合目录建设。国外的有 WorldCat、WebPac 等。这些系统可以对多家馆藏进行统一高效的检索。CALIS 联合目录数据库（http：//opac. calis. edu. cn）主要为全国高校的教学科研提供书刊文献资源网络公共查询，为成员馆之间实现馆藏资源共享、馆际互借和文献传递奠定基础。此外，中外均有许多机构联合组建区域性或行业性的联合目录，国内如上海教育网络图书馆提供上海 19 所高校图书馆图书目录数据库和上海 19 所高校图书馆外文期刊目录数据库；国外如剑桥大学图书馆（http：// www. lib. cam. ac. uk）有剑桥大学联机目录和日文图书联合目录外，还提供大学研究图书馆联合体联机公共目录，提供对若干大学图书馆全部馆藏的目录，包括爱丁堡、哥拉斯高、里兹、伦敦、牛津和剑桥等大学，并可通过链接查询英国国内外的其他馆藏目录。

3. 网上的出版书目信息。

综合性图书网与专业出版机构的书目数据不但可以作为了解图书出版信息的重要来源，其更重要的功能还在于能为专业图情人员采编提供依据，非专业用户多利用出版社网提供的专题书目、推荐新书目等相关服务。综合性图书网站比如 BOOKWIRE（http：//www. bookwire. com）是网上图书业最有影响的信息资源，共收录了 7000 多家与图书业界有关的网址，提供了图书业界的最新信息，提供了按作者、书名、出版商等多种检索方式；中国互动出版网（http：//www. china-pub. com）提供各类专业图书及其他各类图书的查询和网上订购服务，提供关键词、目录、分类等多种图书的检索方式。从各大型出版社网站可以获取出版社信息、最新图书信息、图书目录以及一些相关的辅助信息。国内有影响的大出版社如高等教育出版社（http：//www. hep. edu. cn）、电子工业出版社（http：//www. phei. com. cn）、清华大学出版社（http：//www. tup. tsinghua. edu. cn）、机械工业出版社（http：//www. cmpbook. com）等网站上能提供图书查询，最新书目等相关内容。

4. 网上书店

现在大量的图书信息通过网络宣传并在网上销售，网上书店不仅是一种高质量、更快捷、更方便的购书方式，而且网站式的书店对图书的管理更加合理化、信息化。网上书店售书的同时还具有书籍类商品管理、购物车、订单管理、会员管理等功能，非常灵活的网站内容和文章管理功能。登录网上书店主页可以获取各类图书的书目信息、图书的详细信息，包括书名、作者、出版项、书号、内容提要以及其他读者对此书的评价。

（1）当当网上书店。当当网上书店是北京当当网信息技术有限公司营运的一家中文购物网站，以销售图书、音像制品为主，总部设在北京。当当网 1999 年 11 月开通，目前是全球最大的中文网上图书音像商城，面向全世界中文读者提供 30 多万种中文图书和音像商品。

（2）卓越亚马逊网上书店。卓越亚马逊是一家中国电子商务网站，前身为卓越网，被亚马逊公司收购后，成为其子公司。经营图书音像软件、图书、影视等。卓越网创立于 2000 年，总部设在北京。至今已经成为中国网上零售的领先者。2004 年 8 月亚马逊全资收购卓越网，将卓越网收归为亚马逊中国全资子公司。

（3）蔚蓝网上书店。蔚蓝网于 2000 年 3 月在六位清华大学的博士和硕士共同努力下正式成立。网站创立伊始，秉持源于校园，服务于校园的经营理念，从考试、计算机、教材教辅等学生、教师们重点关注的图书做起，以快捷的图书资讯、优质的配送服务、实惠的购书价格在高校中树立了良好的品牌。并成为中国校园网内最大的电子商务网站。随着经营的细化，蔚蓝网在原有图书类别上增加了社科、文艺、经管、少儿、建筑、自然科学等 2160 个分类，有 50 万个品种的图书和音像制品，成为国内图书品种最全的网站之一。2003 年底网站开始面向社会开放经营，并于 2004 年 9 月在网站流量上超过绝大多数同类图书网站，成为中国第三大网上书店。

3.2 馆藏书目数据库

3.2.1 概述

在现代文献资源中，图书是最普通的一种文献形式，全球每年出版的图书大约有近百万种，在各高校图书馆、专业图书馆以及公共图书馆的馆藏中，图书占有相当大的比例。现代图书馆的书库一般采用开架借阅，读者往往直接进入书库，按照书架标引类目号找到所需图书的架位，然后逐一浏览，最后选定所需图书。这种方式比较直观、简便，有时很容易就查找到自己最需要的文献。但是要想全面系统地查找文献，还需要使用公共联机目录进行全面检索，OPAC（Online Public Access Catalog，简称 OPAC）是一种通过联机书目检索实现图书馆书目信息资源共享的现代化的检索系统。OPAC 于 20 世纪 70 年代初起源于美国大学和公共图书馆，用户可以在任何地方查询图书馆的 OPAC 资源。一般来说，OPAC 的发展分为三代。第一代 OPAC 起源于编目系统，是卡片目录的机读版本，虽然比手工方式查询快，但检索功能没有本质上的变化。第二代 OPAC 更多地吸收了情报系统的优点，不仅检索功能完善，而且收录范围扩大，更多地考虑了用户的需求。第三代在 20 世纪 90 年代开始形成，与第二代相比，在智能化检索、交互式查询、参考咨询服务等方面有突破性进展，成为读者使用图书馆数字化资源的主要入口。OPAC 之所以受到读者的欢迎，是因为它消除了时间上的浪费和在卡式目录盒中大海捞针般查找的疲倦感。随着图书馆自动化的逐步实现，OPAC 系统也不断完善，读者可以不受时间和空间限制随时随地从图书馆查找所需的信息，图书馆的 OPAC 系统成为读者从图书馆获取信息的最基本、最直接的手段。

3.2.2　福州大学图书馆的 OPAC

进入福州大学图书馆的 OPAC（http：//opac.lib.fzu.edu.cn），检索界面如图 3.2-1 所示。

3.2-1　福州大学图书馆 OPAC 检索主界面

一、检索方法

点击"书刊检索"，进入书刊检索的主界面，所图 3.2-2 所示。在"检索词类型"字段中提供题名、著/作者、标准号（ISSN 或 ISBN）、主题词、出版年、出版社、分类号、题名缩拼和图书条码等 9 个不同的检索途径。匹配方式有"前向匹配"、"模糊匹配"和"精确匹配"这三种方式可以选择。"前向匹配"即命中记录中对应字段所输入的检索词开始，"模糊匹配"即命中记录中对应字段在任意位置包含所输入的检索词，"精确匹配"即命中记录中对应字段只能与所输入的检索词完全一致。还同时可以从资源类型、分馆名称这两个检索条件进一步限制，提高检索精确度。

3.2-2　书刊检索界面

二、检索结果

例如在检索词输入"photoshop"，检索词类型选择"所有题名"，匹配方式选择"模糊匹配"，资料类型选择"中文图书"，检索结果显示如图 3.2-3 所示。若命中记录中该图书配有书后光盘，那么在电子资源栏就会显示"书后光盘"，直接点击就可以进入书后光盘下载页面，如图 3.2-4 所示。在检索结果界面中还可以对上面的检索结果选择题名、著/作者、标准号（ISSN 或 ISBN）、主题词、出版年、出版社、分类号、题名缩拼和图书条码等字段进行二次检索。

若单击检索结果中任一条书目的题名，则进一步显示该书的详细信息及馆藏情况，如图 3.2-5 所示。读者记下所查图书的索书号、藏书部门，就可以到图书馆借阅该书。

序号	电子资源	索书号	题名(详细信息) 过庄	责任者	出版社	标准号	出版年
1	书后光盘	TP391.41/993	Adobe Photoshop 7创意暗房	沈志豪工作室等一著	人民邮电出版社	7-115-10599-5	2002
2	书后光盘	TP391.41/983	Adobe Photoshop 7创意密码	张晓科王永辉 谢刚	人民邮电出版社	7-115-10582-0	2002
3	无		CG插画课堂:Photoshop创作技法实例详解	张艳梅	科学出版社 北京 科海电子出版社	978-7-03-025455-9	无
4	书后光盘	TP391.41/38	CG全接触XP:Photoshop电脑美术师完全手册	加壹	中国科学文化音像出版社、电子出版物数据中心	7-899962-36-6	2003
5	书后光盘	TP391.41/86	PC实用之道:数码摄影与数码相片后期处理完全攻略:Photoshop CS2中文版	王苏	清华大学出版社	978-7-302-13513-5,978-7-89486-086-6	2007
6	无		PHOTOSHOP 5.0 快速精通			7561638221	无
7	无	TP391.41/30	PHOTOSHOP 5.0 与特技字效	雷波	专利文献出版社	7-80011-330-2	1998
8	无		PHOTOSHOP 5.5基础(初级版)	马军喜李瑞民孙晓菊安全	科学出版社	7030083970	无
9	无		PHOTOSHOP 6.0 高级应用技巧与实例		冶金工业出版社	7502428224	无
10	无		PHOTOSHOP 6.0 艺术字体50例(1CD)			7900043799	无

检索词类型 所有题名 检索词 [　　　] 匹配方式 前方匹配 ▼ [按索书号排序 ▼] [开始检索]

3.2-3 福州大学图书馆 OPAC 检索结果

图书名称: Adobe Photoshop 7创意暗房
书后光盘FTP下载支持迅雷、快车等下载工具最多5个线程下载,超出将封IP或网段,请广大师生合理使用网络资源。

目前发现有部分光盘文件其内容含有中文,使用winrar解压缩软件解压后不能使用的问题,请读者使用UltraISO 9.30带虚拟光驱软件打开使用或者加载到虚拟光驱使用。

镜像下载:

1200301134.ISO

相关软件:
UltraISO 9.30带虚拟光驱
WinISO 5.30

3.2-4 书后光盘下载页面

:: 书目详细信息 ::

书名与责任者项:Adobe Photoshop 7创意暗房 / 沈志豪工作室
出版者:人民邮电出版社
标准书号:7-115-10599-5
主题词:图象处理

显示MARC

:: 馆内流通信息 ::

福州大学图书馆

序号	图书条码	索书号	登录号	藏书部门	流通状态	应还日期	附件信息
1	1200301134	TP391.41/993	1200301134	旗山校区图书	本馆借出	2011/04/14	无
2	1200301135	TP391.41/993	1200301135	怡山校区图书馆	在架可借		无

:: 关联记录 ::

• 无相关关联信息!

:: 其它电子资源数据 ::

• 书后光盘

3.2-5 图书详细记录

3.3　中国高等教育文献保障系统

3.3.1　概况

中国高等教育文献保障系统（China Academic Library & Information System，简称CALIS），是经国务院批准的我国高等教育"211工程"、"九五"、"十五"总体规划中三个公共服务体系之一。CALIS的宗旨是，在教育部的领导下，把国家的投资、现代图书馆理念、先进的技术手段、高校丰富的文献资源和人力资源整合起来，建设以中国高等教育数字图书馆为核心的教育文献联合保障体系，实现信息资源共建、共知、共享，以发挥最大的社会效益和经济效益，为中国的高等教育服务。

CALIS管理中心设在北京大学，下设了文理、工程、农学、医学四个全国文献信息服务中心（分别设在北京大学、清华大学、中国农业大学和北京医科大学），华东北、华东南、华中、华南、西北、西南、东北七个地区文献信息服务中心和一个国防文献信息服务中心（分别设在南京大学、上海交通大学、武汉大学、中山大学、西安交通大学、四川大学、吉林大学和哈尔滨工业大学）。

从1998年开始建设以来，CALIS管理中心引进和共建了一系列国内外文献数据库，包括大量的二次文献库和全文数据库；采用独立开发与引用消化相结合的道路，主持开发了联机合作编目系统、文献传递与馆际互借系统、统一检索平台、资源注册与调度系统，形成了较为完整的CALIS文献信息服务网络。迄今参加CALIS项目建设和获取CALIS服务的成员馆已超过500家。

CALIS目前已经开始第三期建设，教育部于2010年5月7日成立了"高等教育文献保障体系"三期建设项目管理委员会。"高等教育文献保障体系"三期建设项目包含"中国高等教育文献保障系统（CALIS）"三期和"大学数字图书馆国际合作计划（China Academic Digital Associative Library，简称CADAL）"二期两个专题。CALIS的主要任务是整合国内外各类信息服务机构、教学科研机构、各类信息网站丰富的信息资源（包括纸本资源和数字化资源，也包括CADAL建设的资源）和应用服务，并以中心集成系统与云计算平台等技术手段全面支持各高校数字图书馆的主要业务流程，建成功能完善、资源丰富、技术先进的分布式高等教育数字图书馆。CADAL的主要任务是：通过对多种媒体类型的学术资源进行数字化整合，构建拥有多学科、多类型、多语种海量数字资源的，具有高技术水平的学术资源中心，与CALIS共同构成高等学校数字图书馆，成为国家创新体系信息基础设施的重要组成部分。

3.3.2　CALIS数据库资源介绍

一、联合目录数据库

CALIS联合目录数据库是全国"211工程"的100所高校图书馆馆藏联合目录数据库，其主要任务是建立多语种书刊联合目录数据库和联机合作编目、资源共享系统，为全国高校的教学科研提供书刊文献资源网络公共查询，支持高校图书馆系统的联机合作编目，为成员馆之间实现馆藏资源共享、馆际互借和文献传递奠定基础。目录数据库涵盖印刷型图书和连续出版物、电子期刊和古籍等多种文献类型，覆盖中文、英文和日文等语种。

CALIS 数据库查询网站为：http：//opac.calis.edu.cn。

二、中文现刊目次库

中文现刊目次库收录 CALIS 成员馆收藏的全部国内出版的中文学术期刊，到目前为止收录期刊 5500 种，拥有期刊目次（或文摘）200 万条。内容涉及社会科学和自然科学的全部学科。

三、西文期刊目次库

西文期刊篇名目次数据库包含了 2.4 万种西文学术类期刊，涵盖 9 种著名二次文献的期刊收录数据，包括 100 多个大型图书馆的馆藏数据和 15 个已在国内联合采购的电子全文期刊数据库的全文链接（覆盖 8000 种以上期刊），具备篇名目次检索、馆藏期刊的 OPAC 链接、电子全文期刊链接，揭示了 9 种二次文献收录情况、国内馆藏情况以及提供各种分类统计数据，并连接了 CALIS 馆际互借系统，方便资源的互借和共享。

四、学位论文数据库

高校学位论文数据库收录包括北京大学、清华大学等全国著名大学在内的 83 个 CALIS 成员馆的硕士、博士学位论文。它采取集中检索、分布式全文获取的服务方式。

五、会议论文数据库

会议论文数据库收录来自于"211 工程"的 61 所重点学校每年主持的国际会议的论文，根据目前的调查，重点大学每年主持召开的国际会议在 20 个左右，其中大多数的会议提供了正式出版号的会议论文集。年更新会议论文总数可达 1.5 万篇以上。

六、特色数据库

全国高校专题特色数据库遵循"分散建设、统一检索、资源共享"的原则，鼓励具有学科优势和文献资源特色的学校积极参加专题特色数据库的建设，建成一批具有中国特色、地方特色、高等教育特色和资源特色，服务于高校教学科研和国民经济建设，方便实用、技术先进的专题文献数据库。其特色体现为：学科特色，如某重点学科或某特定专题，或具有交叉学科和前沿学科，或能体现高等教育特色的资源；地方特色，如具有一定的地域和历史人文特色，或与地方的政治、经济和文化发展密切相关的资源；馆藏特色，如具有他馆、他校所不具备或只有少数馆具备的特色馆藏，或散在各处、难以被利用的资源等。部分特色数据库如下：

敦煌学数据库（全文）

机器人信息数据库

棉花文摘数据库

数学文献信息资源集成系统（全文）

中国工程技术史料数据库

巴蜀文化数据库

船舶工业文献信息数据库

中国资讯行（全文）

岩层控制数据库

有色金属文摘库

世界银行出版物全文检索数据库（全文）

全国高校图书馆信息参考服务大全

全国高校图书馆进口报刊预订联合目录数据库

经济学学科资源库（全文）

教育文献数据库

邮电通信文献数据库

钱学森特色数据库（全文）

石油大学重点学科数据库

长江资源数据库（全文）

东北亚文献数据库

蒙古学文献数据库

机械制造与自动化数据库

新型纺织信息库

环境科学与工程学科信息数据库

上海交通大学学位论文数据库

东南亚研究与华侨华人研究题录数据库

通信电子系统与信息科学数据库的建设

七、重点学科网络资源导航数据库

该项目以教育部正式颁布的学科分类系统作为构建导航库的学科分类基础，建设一个集中服务的全球网络资源导航数据库，提供重要学术网站的导航和免费学术资源的导航。导航库建设的学科范围涉及除军事学（大类）、民族学（无重点学科）之外的所有一级学科，共78个。经费上获得重点资助的学科为48个，一般资助学科13个，非资助学科17个。

八、教学参考信息库

该项目由复旦大学图书馆承建，并成立了由复旦、北大、清华、上交大等四所高校各方面专家组成的项目管理小组负责该项目的建设。高校数字图书馆联盟理事馆作为首批项目参建馆参加该项目的建设。该项目将各校教学信息以及经过各校教师精选的教学参考书数字化；建设基本覆盖我国高等教育文、理、工、医、农、林重点学科的教学需要、技术领先、解决版权问题的教学参考信息库与教学参考书全文数据库及其管理与服务系统；提供师生在网上检索和浏览阅读，并不断地丰富和持续发展。高校教学参考信息管理与服务系统包括教学参考信息库和教学参考书电子全文书库两部分。

3.3.3 馆际互借与文献传递

为了更好地在高校开展馆际互借与文献传递工作，更好地为读者提供文献传递服务，CALIS 管理中心建立了"CALIS 馆际互借/文献传递服务网"（简称"CALIS 文献传递网"或"文献传递网"），作为 CALIS 面向全国读者提供馆际互借/文献传递服务的整体服务形象。

该文献传递网由众多成员馆组成，包括利用 CALIS 馆际互借与文献传递应用软件提供馆际互借与文献传递的图书馆（简称服务馆）和从服务馆获取馆际互借与文献传递服务的图书馆（简称用户馆）。读者以馆际互借或文献传递的方式通过所在成员馆获取 CALIS 文献传递网成员馆丰富的文献收藏。

目前，该系统已经实现了与 OPAC 系统、CCC 西文期刊篇名目次数据库综合服务系统、CALIS 统一检索系统、CALIS 文科外刊检索系统、CALIS 资源调度系统的集成，读者可以直接通过网上提交馆际互借申请，并且可以实时查询申请处理情况。

它提供的服务内容包括：

（1）馆际借阅（返还式）：提供本馆收藏的中文书和部分外文书的馆际互借服务；

（2）文献传递（非返还式）：提供本馆收藏的期刊论文、学位论文、会议论文、科技报告、专利文献、可利用的电子全文数据库等；

（3）特种文献：古籍、缩微品、视听资料等文献是否提供服务，各服务馆根据各馆情况自行制定；

（4）代查代索：接受用户馆委托请求，帮助查询国内外文献信息机构的文献和代为索取一次文献。

3.3.4 联合目录公共检索系统

用户可以直接输入 http：//opac.calis.edu.cn/simplesearch.do 进入联合目录数据库。界面提供简单检索、高级检索、浏览三种检索方式。

一、简单检索

简单检索为用户提供了 8 个检索项，分别是题名、责任者、主题、全面检索、分类号、所有标准号码、ISSN、ISBN。检索界面如图 3.3-1 所示。

用户可以根据自己检索的实际情况选择需要的检索项，并在检索框内输入检索条件，点击"检索"就可以得到相应的检索结果。简单检索数据范围包括中文、西文、日文、俄文所有数据；检索界面最下方还可实现地区中心与省中心的选择限定，实现限定性检索。

二、高级检索

高级检索为用户提供了包括题名、责任者、主题、分类号、所有标准号码、ISBN、ISSN 等 16 个检索项，并且每个检索条件之间可以用逻辑与、或、非等进行组配，实现多字段组合检索。此外，还可以从内容特征、数据库、出版时间、形式来进行限定性检索。检索界面如图 3.3-2 所示。

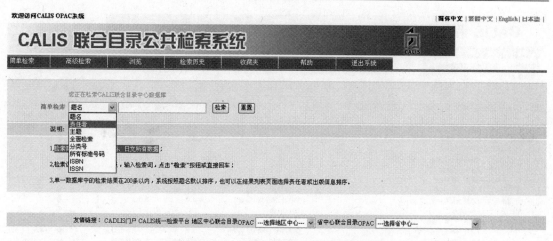

图 3.3-1　CALIS 联合目录简单检索界面

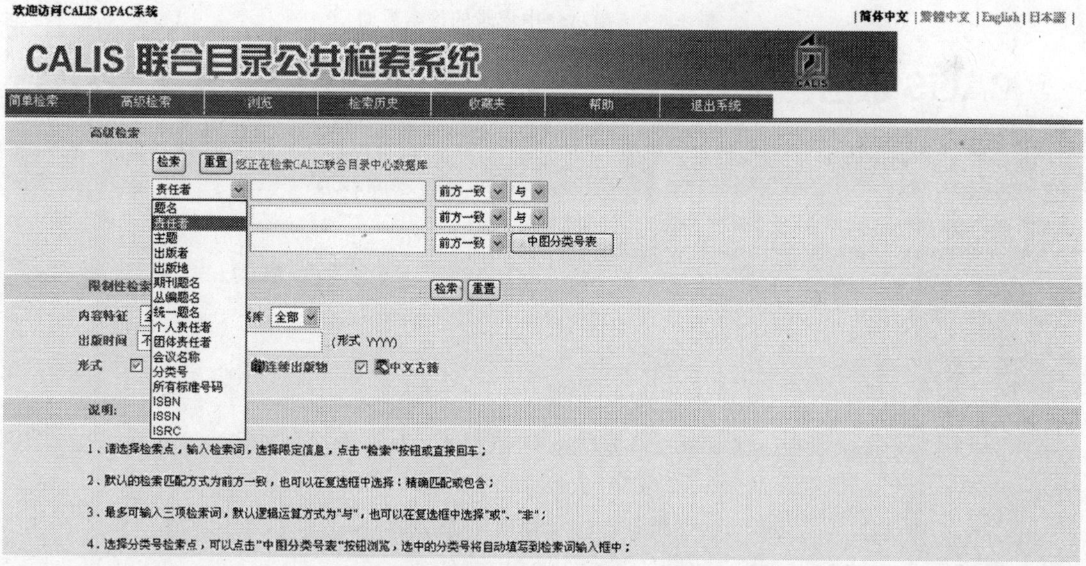

图 3.3-2　CALIS 联合目录高级检索界面

三、浏览

浏览功能能提供对题名、责任者、主题的浏览，此外，古籍数据库还提供四库分类的树形列浏览。

四、检索结果

提交检索式，检索结果会显示命中记录的题名列表界面，如图 3.3-3 所示。

单击要查看的题名，即可显示该文献的详细信息，如图 3.3-4 所示。单击"显示馆藏信息"就可以显示收藏该文献的具体收藏单位，如图 3.3-5 所示，便可进行馆际互借，文献传递等获取原文。

图 3.3-3　显示命中记录的检索界面

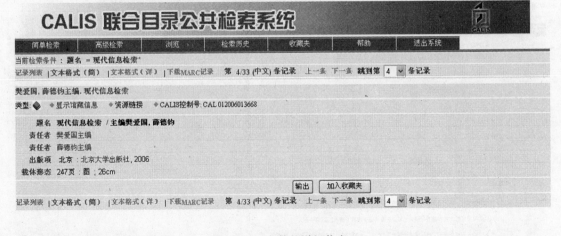

图 3.3-4　文献的详细信息

		西北	西北第二民族学院图书馆	返回式馆际互借	
		西北	西北工业大学图书馆	返回式馆际互借	
		西北	新疆财经学院图书馆	返回式馆际互借	
		西北	新疆大学图书馆	返回式馆际互借	
		西南	四川大学图书馆	返回式馆际互借	
		华北	衡水学院图书馆	返回式馆际互借	

全选

馆际互借信息：

用户IP	210.34.50.199
用户所属成员馆	福州大学图书馆
选择请发送馆际互借请求	福州大学图书馆

请求馆际互借　　发送Email　　关闭窗口

馆际互借申请提交流程

● 在下拉框中找到您的所属馆？

点击"请求馆际互借"按钮，在弹出的"CALIS馆际互借读者网关系统页面"中输入您在所属馆的馆际互借系统中的用户名和口令，登录后进入申请信息页面，填写相应的信息后点击"提交"即可发送馆际互借申请。

● 在下拉框中没有找到您的所属馆？

原因是您的所属馆没有安装CALIS馆际互借系统，因此无法实现系统之间的挂接。这时您可点击"发送Email"按钮，采用Email方式向馆际互借员发出馆际互借申请。

图 3.3-5　馆藏信息检索结果

3.4 超星数字图书馆

3.4.1 概况

超星数字图书馆成立于 1993 年，由北京世纪超星信息技术发展有限责任公司投资兴建，是国家 863 计划中国数字图书馆示范工程项目。超星数字图书馆提供丰富的电子图书阅读，其中包括计算机、数学、物理、化学、生物、力学、环境、建筑、工业技术、工程技术、文学、经济、财政、金融、法律、年鉴等五十余大类，并且每天仍在不断增加与更新，是目前世界最大的中文在线数字图书馆。用户可以通过因特网阅读，也可将图书下载到用户的本地机离线阅读。目前多数高校图书馆购买了超星图书馆并建立了镜像，可直接免费阅读和下载利用。

3.4.2 超星数字图书馆的检索平台

单位购买超星数字图书馆，在限定的 IP 范围内，用户通过镜像方式就可以进入超星数字图书馆检索平台。以福州大学图书馆为例，用户从福州大学图书馆主页点击数据中心，从数据中心选择超星数字图书馆即进入超星数字图书馆的首页，如图 3.4-1 所示。

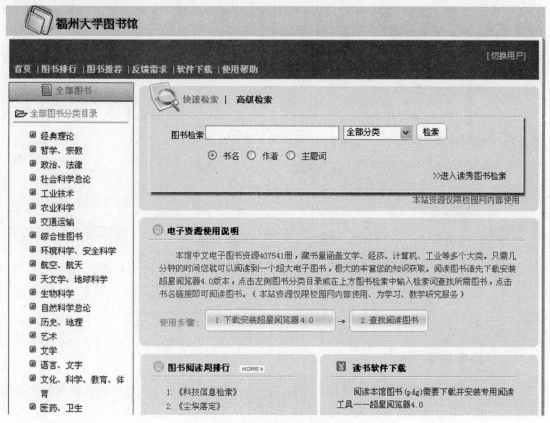

图 3.4-1 超星数字图书馆检索界面

一、检索方法

1. 分类检索

超星数字图书馆的分类检索是按照中图法将图书分为 22 大类，如图 3.4-1 左侧所示。层层点击目录，就可以进行逐层下位类目检索，页面的下方就会显示该类目所有图书的详细信息。

2. 初级检索

也叫快速检索，进入主页后，系统默认的就是快速检索方式。用户可以任意选择书名、作者、主题词这三种检索途径中任意一种进行单条件检索。

3. 高级检索

点击高级检索，检索界面如图 3.4-2 所示，用户在检索项中可以对书名、作者、主题词进行逻辑与、或组配从而实现多条件限制检索。高级检索同时还提供出版年代的范围选择，以及排序结果的选择。检索结果可选择按出版日期或书名，降序或升序排列，每页显示的记录数可选择 10、20 或 30。当鼠标指向"选择检索范围"处，自动出现分类框，可以对检索范围进行勾选限制。

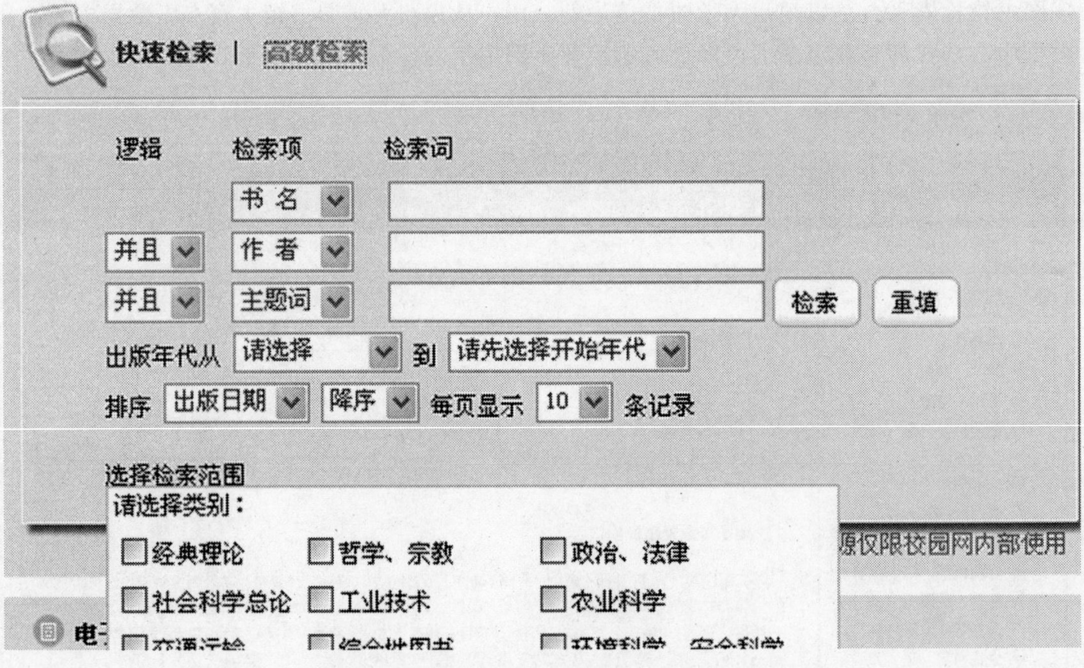

图 3.4-2　超星数字图书馆的高级检索界面

二、检索结果

超星数字图书的检索结果可以显示书名、作者、主题、分类、出版日期和图书简介等简单信息。用户单击检索结果列表中的书名，即可打开图书全文进行阅读、下载和打印。超星电子图是 PDG 格式，要阅读超星数字图书馆的电子图书必须要下载安装超星阅览器。超星阅览器（SSReader）是超星公司拥有自主知识产权的专门阅读器，是专门针对超星数字图书的阅览、下载、打印而研究开发的。目前最新的版本是超星 SSReader 4.0。可在超星数字图书馆网站主页点击"浏览器"下载，并进行安装程序，安装成功后可阅读超星电子图书，打开图书的界面如图 3.4-3 所示。

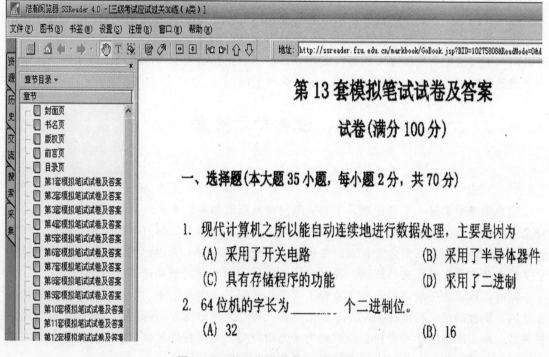

图 3.4-3　超星电子图书全文阅读界面

1. 阅读

页面左侧显示封面页、书名页、版权页、前言页、目录页和各个章节目录，页面右侧显示左侧具体分类页的详细内容。在屏幕上方工具栏或单击鼠标右键就可以提供各种逐页或者定位到指定页面进行浏览的功能。

2. 文字识别

点击工具栏中"选择图像进行文字识别"按钮 ，或者单击鼠标右键选择"文字识别"命令，然后按住鼠标左键任意选择一个矩形区域，在弹出窗口中就显示文字识别的结果，可对识别结果进行编辑、导入采集窗口或者保存为文档文件。

3. 图像截取

点击工具栏中"区域选择工具"按钮 ，然后按住鼠标左键任意选择一个矩形区域，放开左键即出现菜单，有"复制图像到剪粘板"或"图像另存为"或"剪粘图像到采集窗口"这三个命令可进行相应选择。

4. 添加书签

点击工具栏中"添加书签"按钮 ，弹出添加书签对话框，就可实现个人书签添加，这样可以保存阅读页码，便于下次继续阅读。

5. 标注

点击工具栏中"图书标注"按钮 ![按钮图标]，则弹出标注工具栏，可实现批注、超链接等功能。

6. 下载

选择"图书"下拉菜单或者单击鼠标右键，在下拉菜单或者功能菜单选择"下载"，确定存放路径，就可以直接下载到所指定的位置。下载时分为匿名用户下载与注册用户下载。匿名用户下载的图书只能在本机进行阅读，如果需要在其他机上阅读就得进行注册，注册用户下载的图书可以在本机或者复制到其他计算机上阅读。

3.5　读秀学术搜索

3.5.1　概况

读秀学术搜索是一个真正意义上的文献搜索及获取服务的平台，其后台建构在一个由海量全文数据及元数据组成的超大型数据库基础之上。能提供 260 多万种图书题录信息，其中包含 170 多万种中文图书全文，其以 6 亿页中文资料为基础，为用户提供深入内容的章节和全文检索及部分文献全文的试读，通过试读，用户能够清楚判断和选择图书。

同时，读秀的一站式检索模式实现了馆藏纸质图书、电子图书、学术文章等各种异构资源在同一平台的统一检索、获取。不论是学习、研究、写论文、做课题，读秀都能够为用户提供最全面、准确的学术资料。读秀致力于为用户提供全面特色的数字图书馆整体解决方案和资源功能整合服务，为广大读者打造一个获取知识资源的捷径。

3.5.2　检索平台

在限定的 IP 范围内，用户通过远程登录方式就可以进入读秀学术检索平台。以福州大学图书馆为例，用户从福州大学图书馆主页点击数据中心，从数据中心选择读秀知识库即进入读秀学术搜索的首面，如图 3.5-1 所示。读秀首页默认的检索方式是基本检索，默认的检索频道是"全文检索"，用户可以在读秀提供的知识、图书、期刊、报纸、学位论文、会议论文、视频等多个检索频道中任意选择中文文献搜索或者外文文献搜索进行检索。

一、图书检索

选择"图书"检索，读秀将在拥有 260 多万种图书的庞大数据资源中进行检索，检索界面如图 3.5-2 所示，提供简单检索、高级检索、二次检索三种检索方式。

1. 简单检索

如图 3.5-2 所示，有全部字段、书名、作者、主题词这四个检索项可以进行限制，同时可以选择"中文文献搜索"或者"外文文献搜索"。

2. 二次检索

为了使查找更方便，读秀针对简单检索，还提供了二次检索功能，如图 3.5-3 所示，用

知识 图书 期刊 报纸 学位论文 会议论文 视频 | 更多>>

使用帮助

中文文献搜索　外文文献搜索

新功能推荐：课程课件(专题馆)　　　文档文件(下载)

3.5-1　读秀学术搜索检索界面

知识 图书 期刊 报纸 学位论文 会议论文 视频 | 更多>>

高级检索
分类导航

◉全部字段　○书名　○作者　○主题词

中文文献搜索　外文文献搜索

3.5-2　读秀图书检索界面

知识 图书 期刊 报纸 学位论文 会议论文 视频 | 更多>>

现代信息检索　　　中文文献搜索　外文文献搜索　在结果中搜索

搜索：○全部字段 ◉书名 ○作者 ○主题词

3.5-3　二次检索界面

户可以再次对全部字段、书名、作者、主题词这四个检索项进行进一步限制，然后点击"在结果中搜索"，就可以重新进行新的检索。

3. 高级检索

如要精确其中一本书，可以进行高级检索，点击页面上的"高级检索"，进入所图 3.5-4 所示高极检索界面。高级检索中提供书名、作者、主题词、出版社、ISBN 等多个检索项进行准确检索。

图 3.5-4　高级检索界面

二、检索结果

选择相应检索方式，输入相应检索词点击检索后，即可进入搜索结果界面，如图 3.5-5 所示。在检索结果界面中，读秀提供多种方式处理检索结果。可以在全部字段、书名、作者和主题词这 4 个字段重新输入检索词对检索结果进行二次检索，进一步缩小检索范围。

3.5-5　读秀学术搜索的检索结果界面

读秀在左侧资源列表显示类型、年代、学科这样的选项，帮助用户在检索结果快速锁定目标文献。类型资源列表中显示的是本馆电子全文和本馆馆藏纸书命中的记录数。年代资源列表在每个年代阶段后显示命中记录数，如果选择任意一个年代阶段，检索将按照所选年代进行细化显示。学科资源列表显示的是每个学科类目命中的记录数。可展开 22 个学科类别及其子类别，选择任意一个类别或者子类别，检索结果就按照所选学科类别进行细化。

同时，读秀检索结果界面还显示跟检索词相关的其他资源选项，如其他网页、新闻、图片、论坛等等。读秀采用先进的知识点加工技术，将海量的图书资源还原成巨大的知识库，建立网络式的信息链接，锁定某一知识点，所有图书资源中涉及该知识点的信息将同步出现，由点及面，构建一个有机的系统化的知识网络。

点击具体一本书时，进入图书的详细信息页面，如图 3.5-6 所示。在图书的详细页面中，显示图书的传统书目信息，包括图书的作者、丛书名、出版社、ISBN 号、原书定价、参考文献、主题词、内容提要等基本信息。还提供封面页、版权页、前言页、目录页、正文 17 页的全文阅读。通过试读全文，读者能够清楚地判断是否是自己所需的图书，提高查准率和读者获得知识资源的效率。读秀支持 JPG 和 PDG 两种格式阅读。PDG 格式支持 OCR 文字识别、图像截取和打印。

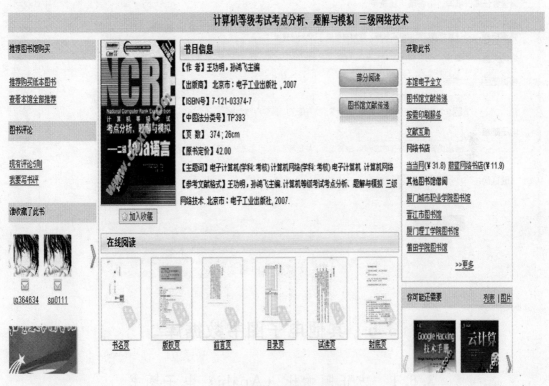

3.5-6　图书的详细信息页面

在页面的右侧显示是获取此书的多种途径：本馆电子全文、本馆馆藏纸书、图书馆文献传递、按需印刷服务、文献互助、网络书店购买和其他图书馆收藏情况。若本校已购买所查图书的电子图书或者纸质版本，页面上就可以直接选择本馆电子书或者本馆馆藏纸书进行直接资源链接查看。若本校图书馆没有购买所查图书的纸本或者电子图书，页面的右侧就显示可以推荐图书馆购买，用户可以直接点击推荐本馆购买或者用户还可以选择图书馆文献传递来索取全文。

在图书的详细信息页面或者原文试读页面中，点击"图书馆文献传递"，进入文献传递申请表单，如图 3.5-7 所示。用户在文献传递申请表单中填入所要图书的页码范围和正确有效的邮箱，读秀会将需要的资料以邮件方式回复给读者。不过每本图书单次咨询不超过 50 页，同一图书每周的咨询量不超过全书的 20％，并且所有咨询内容有效期为 20 天。

图书馆文献咨询服务 福州大学城区域图书馆

| 咨询表单 | 我的咨询 | 使用帮助 | 福州大学城区域图书馆 |

提示：参考咨询服务通过读者填写咨询申请表，咨询馆员将及时准确地把读者所咨询的文献资料或问题答案发送到读者的Email信箱

* 请读者仔细的填写以下咨询申请表单

咨询标题： 计算机等级考试考点分析、题解与模拟 三级网络技术 *

咨询类型： 图书

咨询范围： (提示：本书共有正文页374)

正文页 1 页至 50 页*

☐ 如需辅助页(版权页、前言页、目录页、附录页、插页)，请勾选

电子邮箱：

(特别提示：请填写有效的email邮箱地址，如填写有误，您将无法查收到所申请的内容!)

验证码： N KY C 看不清楚？换一张

确认提交

3.5-7 文献传递申请表单

3.6 其他电子图书数据库

3.6.1 方正阿帕比（Apabi）电子图书

一、概况

北京方正阿帕比技术有限公司（以下简称"方正阿帕比公司"www. apabi. cn）是方正集团旗下专业的数字出版技术及产品提供商。方正阿帕比公司自 2001 年起进入数字出版领

域，在继承并发展方正传统出版印刷技术优势的基础上，自主研发了数字出版技术及整体解决方案，已发展成为全球领先的数字出版技术提供商。方正阿帕比公司为出版社、报社、期刊社等新闻出版单位提供全面的数字出版和发行综合服务解决方案。中国 90% 以上的出版社在应用方正阿帕比（Apabi）技术及平台出版发行电子书，每年新出版电子书超过 12 万种，累计正版电子书近 60 万册，并与阿帕比共同推出了各类专业数据库产品；中国 90% 的报业集团、800 多种报刊正在采用方正数字报刊系统同步出版数字报纸。此外，全球 4500 多家学校、公共图书馆、教育城域网、政府、企事业单位等机构用户应用方正阿帕比数字资源及数字图书馆软件为读者提供网络阅读及专业知识检索服务。

Apabi 是由方正公司研制推出的用于阅读电子图书、电子公文等各式电子文档的浏览阅读工具，支持 CEB、XEB、PDF、HTML、TXT 多种文件格式。Apabi Reader 电子图书阅读器界面友好，在阅读电子图书的同时，能方便地在电子图书上作圈注、批注、画线、插入书签，还具备书架管理功能等。

二、检索平台

阿帕比电子图书的检索平台提供分类浏览、快速查询和高级检索三种方式检索。

1. 分类浏览

点击"分类浏览"按钮，页面左边出现按中图法分类的多级目录，逐级点击进入子目录。右侧将显示属此分类目录下的电子图书外表特征项，可选择在线浏览、借阅或下载、图书预约等功能。

2. 快速查询

快速查询有简单、全文和目录三种方式选择。简单查询提供书名、责任者、主题/关键词、摘要、出版社、出版日期、ISBN 这些限制的单字段查询。全文查询和目录查询也就是可以在全文或者目录中实现与检索词匹配查询。

3. 高级检索

高级检索可以输入比较复杂的检索条件，可在书名、责任者、主题/关键词、摘要、出版社、出版日期、ISBN 这些限制字段间进行"并且"或"或者"这样的逻辑组配检索。

经分类检索、快速检索或高级检索后，若检索结果很多，可使用"结果中查"在检索结果中反复多次进行二次检索。

3.6.2 书生之家数字图书馆

一、概况

书生之家数字图书馆由北京书生公司于 2000 年创办，是电子书门户网站。书生之家是一个全球性的中文书报刊网上开架交易平台，下设中华图书网、中华期刊网、中华报纸网等子网。书生之家的电子图书现有几十万种电子图书，且每年以六七万种的数量递增。电子图书内容分为书目、提要、全文三个层次，并提供全文、标题、主题词等十种数据库检索功能。书生电子图书的格式是 SEP 格式。在线阅读电子图书全文之前需安装书生阅读器并注册。书生网还提供在线书评、读书社区、作者专区、出版社专区、期刊社专区等服务。

二、书生之家的检索平台

书生之家数字图书馆系统软件系统平台提供了分类检索、简单检索、高级检索和全文检索等检索功能。

1. 分类检索

书生之家将全部电子图书按中图法分成 31 个大类，每一大类下又划分子类，共 4 级类目，用户可分类逐级检索。单击其中某类链接，即可显示该类下所有图书的列表，可以根据需要查阅图书。

2. 简单检索

书生之家的简单检索提供书名、出版机构、作者、丛书名、ISBN、主题、提要来分别检索所需要的图书。检索时，单击检索条件的下拉框，选择检索项，在右边的输入框中输入检索词，检索结果显示命中的记录数以及图书的出版机构、作者、开本大小等信息。

3. 高级检索

高级检索提供了图书名、ISBN、出版机构、作者、提要、丛书名这些检索条件的逻辑组合进行多条件限制检索，提高检索的精确度。

4. 全文检索

全文检索是根据检索内容中的关键词，在全文范围内进行检索。

3.6.3　中国数字图书馆电子图书

一、概况

中国数字图书馆有限责任公司充分依托中国国家图书馆丰富的馆藏资源和国家数字图书馆工程资源建设联盟成员的特色资源，借助遍布全国的信息组织与服务网络，组建了中国数字图书馆。该网站包括了至 2000 年年底分类齐全的 10 万多册数字化图书资源，内容涉及军事、政治、法律、医学等 20 多个方面，成为全球最大中文多媒体数字信息资源平台运营商。

二、检索平台

中国数字图书馆的检索平台提供分类检索、简单检索和高级检索。首次进入中国数字图书馆要下载 Adobe 阅读器和数字安全证书，其支持中国数字图书馆有限责任公司的所有格式电子资源，包括网页、专题数据库、数字图书等。

1. 分类检索

在资源目录下按中图法分成 18 大类，每一大类下又划分子类，用户可分类逐级检索。每点击一个类别，页面就显示这个类目下面的资源，每一条记录都有书名、作者、出版社、ISBN、出版日期和人气指数。

2. 简单检索

提供按书名的关键词匹配检索，检索命中的记录包含书名、作者、出版社、ISBN、出版日期和人气指数等。

3. 高级检索

高级检索就是对作者、ISBN、出版日期进行逻辑组配多条件检索。检索页面还提供了资源限制的检索，可以选择"电子图书"、"外文图书"进一步限制。

3.7 参考工具书

3.7.1 概况

参考工具书是作为工具使用的一种特殊的图书，它是用特定的编制方法，将大量分散在原始文献中的知识、理论、数据、图表等，用简明扼要的形式，全面系统地组织起来，供人们迅速查检资料线索和解决疑难问题。它有以下特点：在编纂的目的上，主要是供人们查考，而不是供人系统学习；在内容上广泛全面，及时更新；在编排体系上具有易检性。

参考工具书的类型很多，有辞典、百科全书、年鉴、手册、机构指南和人名录等。根据不同的特点和用途，正文编排的方法也不同，大体分为分类法、字顺法、时序法、地序法四类。而内容结构，编排体系及使用方法与检索工具甚为相似，一般由说明、正文、目次及索引和附录四个部分组成，以下对其进行介绍。

3.7.2 辞典

辞典或称词典，它是人们在生活、学习和工作中经常使用的一类工具书，以收集词汇为主，并加以解释，供人检索词义的工具书。一般说来，它是字或词的汇集，对所收集的字或词作出书写方法、注音、释义、用法等有关的说明和解释，并按照一定的规则，遵循一定的体例，把这些字或词编入一个便于查考的统一体系。

辞典以简单的方式，通过符号（字、词）进行知识文化的积累、传递，同时，它作为一种语言工具，确定字和词的含义和用法，从而促进了作为交流工具的语言的完善和规范化，它不仅可以提供有关字和词的写法、拼法、读音、涵义、用法，而且还能提供派生词、同义词、反义词、缩写词、方言、专门术语、外来语、成语、词源等方面的知识，它是人们使用最广而且也是一种最普遍的工具书。

3.7.3 百科全书

百科全书是汇集人类一切知识或某一门类知识的完善工具书，其特点是知识门类齐全。它完整、系统地概述了各种知识领域，将各学科领域中最有价值、最重要的基本概念，基本理论、原理、数据及新研究成果，用条目的形式编排起来，如：

一、《中国大百科全书》

它是我国第一部大型综合性百科全书，内容包括哲学、社会科学、文学艺术、文化教育、自然科学、工程技术等各个学科和领域，全书总卷数约为 80 卷，自 1980 年起各卷陆续问世。它搜集各科专门术语，重要的人名、物名、地名、事件名称等，分列条目，加以详细的叙述和说明，并附有参考书目（文献），以辞典形式编排的大型参考工具书。

《中国大百科全书》按学科分卷出版，不列卷次，每卷只标出学科名称。全书各学科的内容按各学科的体系、层次，以条目的形式编写。其索引有三种：

条目汉字笔画索引：该索引是供读者按条目标题的汉字笔画寻查条目。其检索方法与汉语词典中的笔画查索相似。

内容分析索引：该索引是全卷条目和条目内容的主题分析索引。索引主题按汉语拼音字母的顺序排列。其查索方法与汉语词典中的拼音检索相似。

条目外文索引：该索引是按条目的英文字母顺序排列。

二、《不列颠百科全书》（Encyclopaedia Britannica）

它是最著名、最老、最大的一部综合性百科全书，初版于 1768 年，原在英国出版，故被我国知识界称为《大英百科全书》。由于经济上的原因，1929 年该百科全书转移到美国出版，现由芝加哥的不列颠百科全书公司（Encyclopaedia，Britannica，Inc.）出版。

3.7.4　年鉴

年鉴一般可分为记事年鉴、综合性年鉴和统计年鉴三类，年鉴的特点是内容新颖，具有连贯性，有些年鉴则是百科全书的补充。综合性年鉴是对某一方面发展状况的综述汇编，反映当时的概况和水平，如《中国百科年鉴》。记事年鉴是记载当年度所发生的大事和取得的成就与进展，如《世界大百科年鉴》（1979 年）。统计年鉴是记载统计数字方面的资料，如《联合国统计年鉴》，它汇集截至出版当年为止，着重是最近一年的各方面或某一方面的统计资料，能及时总结政治、经济、文化、教育、科技、卫生等方面的经验与成就的连续出版物。以下对《中国百科年鉴》、《自然杂志年鉴》等作简单地介绍。

一、《中国百科年鉴》

该年鉴是对《中国大百科全书》的补充，它是一部综合性年鉴，由概况、百科、附录三部分构成，概况分中国概况，各省、市、自治区，各国、国际会议，国际组织等部类。百科分政治、军事、外交、法律、经济、工业、农业、交通、邮电、科学技术、哲学、社会科学、文学艺术、教育、文体、卫生等十六部类，报道上一年度各方面的进展和成就。本年鉴的索引是按条目的汉语拼音字母顺序排列。

二、《自然杂志年鉴》

这是我国第一本自然科学方面的年鉴，由自然杂志编辑部编，上海科学技术出版社出版。该年鉴内容主要分三部分：第一部分为专论，主要反映新中国成立三十年来自然科学各学科的进展情况。第二部分为进展，介绍物理学、技术科学、天文学、生物学、医学、化学、地学及海洋学近年来的进展。第三部分为参考资料，内容有科学大事、自然科学报刊简介等。

3.7.5　手册

手册是某一范围内基础知识和基本数据资料的汇编，它在撰写的文体上，多以图表为主，配以必要文字说明，具有类例分明、内容具体、叙述简练、实用性强的特点。它介绍一般性的或某种专业性知识，是一种可随时备查的工具书。根据收选内容的不同，一般可分为综合性和专科性两种。所谓综合性和专科性只是相对而言，综合性手册的内容通常包括多个专科手册的内容。

综合性手册内容比较广泛，包括许多领域的实用知识和资料，可供查考；专科性手册概括其专科的基本知识，如专业的发展简史、基本概念、基本理论、原理叙述、结构设计、物理化学性能、特征、方法、材料、元件、器件、仪器、辅助设备、公式、数据、图表及它们的使用说明和使用方法等，是其所概括范围内系统知识的高度浓缩叙述的直观化表现，文字简练，图表清晰、明确，极便于查考和使用。各种附录更是把关于某个细小范围的知识加以补充，提供了进一步运用手册的方法。手册的名称较多，也称为便览、要览、须知、大全、必备等。

3.7.6 机构指南和人名录

机构指南和人名录是人们常用的工具书，尤其对于出国进修或协作的人员更为有用。机构指南中的机构包括国际组织、政府机构、研究所、学校、学术团体、公司厂商，机构指南汇编了各类机构的名称、地址、历史、组织、管理机构、业务范围及人员情况等。人名录则汇编知名人士的简历、专长及其著作等。

4 中文期刊信息检索

4.1 中国知识资源总库

4.1.1 数据库概述

中国国家知识基础设施（China National Knowledge Infrastructure，简称 CNKI）的概念是 1998 年由世界银行提出的。CNKI 工程是以实现全社会知识资源传播共享与增值利用为目标的信息化建设项目，由清华大学、清华同方发起，始建于 1999 年 6 月。CNKI 工程集团经过多年努力，采用自主开发并具有国际领先水平的数字图书馆技术，建成了世界上全文信息量规模最大的 CNKI 数字图书馆，并正式启动建设中国知识资源总库及 CNKI 网格资源共享平台，通过产业化运作，为全社会知识资源高效共享提供最丰富的知识信息资源和最有效的知识传播与数字化学习平台。

中国知识资源总库以数字出版物超市进行运作，它集成并整合了各类型数据资源，形成了面向用户不同需求的文献出版总库，文献类型包括：学术期刊、博士学位论文、优秀硕士学位论文、工具书、重要会议论文、年鉴、专著、报纸、专利、标准、科技成果、知识元、哈佛商业评论数据库、古籍等；还可与德国 Springer 公司期刊库等外文资源统一检索。

下面介绍 3 种主要的全文数据库：

一、中国学术期刊全文数据库

该库是目前世界上最大的连续动态更新的中国学术期刊全文数据库，收录国内 7000 多种重要学术类期刊，以学术、技术、政策指导、高等科普及教育类期刊为主，其中核心期刊、重要评价性数据库来源期刊近 2700 种，内容覆盖自然科学、工程技术、农业、哲学、医学、人文社会科学等各个领域。至 2012 年 2 月，累积学术期刊文献总量 3000 多万篇。

产品分为十大专辑：理工 A（数学、物理、力学、天文、地球、生物）、理工 B（化学、化工、冶金、环境、矿业）、理工 C（机电、航空、交通、水利、建筑、能源）、农业、医药卫生、文史哲、政治军事与法律、教育与社会科学综合、电子技术及信息科学、经济与管理。十大专辑下分为 168 个专题文献数据库和近 3600 个子栏目。

收录年限最早可追溯至 1915 年。

二、中国优秀博硕士学位论文全文数据库

该库是目前国内相关资源最完备、高质量、连续动态更新的中国博硕士学位论文全文数据库，至 2012 年 2 月，累积博士学位论文全文 17 万多篇，硕士学位论文全文 134 万多篇。

产品同样分为十大专辑，其文献来自全国 402 家博士培养单位以及 610 多家硕士培养单

位。收录年限从 1999 年至今，并部分收录 1999 年以前的论文。

三、中国重要会议论文全文数据库

收录我国 1999 年以来国家二级以上学会、协会及高等院校、科研院所、学术机构等单位的论文集，至 2012 年 2 月，累积会议论文全文 165 万多篇。其文献来源于中国科协及国家二级以上学会、协会、研究会及科研院所、政府举办的重要学术会议、高校重要学术会议、在国内召开的国际会议。

产品分为十大专辑，收录年限从 1999 年至今，并部分收录 1999 年以前的文献。

CNKI 的用户遍及国内各高等院校，国外很多知名高等院校也通过该平台为研究中国专题的用户提供信息资源保障。访问中国知识资源总库可以有两种方式：

（1）访问商业网站（http：//www.cnki.net）。由此可以进入 CNKI 中心站点，如果不是合法用户，只能看到少量的免费信息。可通过网上包库、流量计费方式成为其合法的用户，查阅包括全文在内的所有信息。

（2）访问单位购买的镜像站点。这种访问方式通常需在镜像站点控制的 IP 地址范围内访问，可免费检索、下载全文。

4.1.2　检索方法

下面以中国学术期刊数据库为例介绍其镜像站点的使用方法。

图 4.1-1 所示为中国学术期刊数据库的默认检索界面，检索界面上提供完备的检索、检索控制功能，如初级检索、高级检索、专业检索、检索控制项、相关说明等。具体的检索方

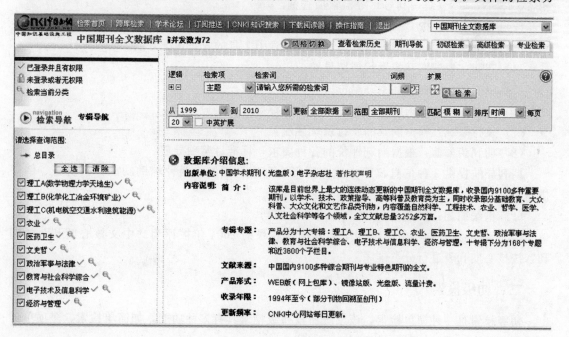

图 4.1-1　中国学术期刊数据库默认检索界面

式有导航检索、初级检索、高级检索、专业检索、跨库检索、二次检索。

一、导航检索

中国学术期刊数据库的导航检索主要有两种，即专辑导航和期刊导航。

1. 专辑导航

专辑导航即分类导航，是将各学科、各门类的知识分为十大专辑，并进一步细分为 168 个专题。逐级打开，可显示其下位类，并直接导出末级类目下的全部文献。

例如，查找有关"信息产业经济"方面的学术论文，其操作步骤为：依次点击经济与管理专栏目录→信息经济与邮政经济→信息产业经济，即可获取相关文献。

2. 期刊导航（图 4.1-2）

期刊导航中提供了多种导航方式，也可通过检索、浏览方式查找所需要的期刊。

图 4.1-2　期刊导航界面

（1）期刊检索：可从不确切刊名查找特定期刊，也可从刊名首字母浏览检索，还可选择刊名、ISSN、CN（统一刊号）等检索项查询。

（2）专辑导航：按 CNKI 专辑系列中的十大专辑导航。

（3）数据库刊源：根据国内外各种著名的索引工具的收录情况导航。

（4）刊期：根据期刊的发行周期导航。

（5）出版地：根据期刊主办单位所在的地区导航。

（6）主办单位：根据期刊的主办机构的名称导航。

（7）发行系统：根据期刊的发行系统导航。

（8）期刊荣誉榜：根据期刊评价的各种要求、标准、奖项导航。

期刊导航提供 3 种信息显示方式：图形、列表、详细；两种辅助功能：拼音正、倒序排序。

（9）世纪期刊：回溯 1994 年之前出版的期刊。

（10）核心期刊：将中国期刊全文数据库收录的 2004 年被评为"中文核心期刊"的期刊，按核心期刊表进行分类排序。

二、初级检索

初级检索是一种简单检索，该系统所设初级检索具有多种功能，如简单检索、多项单词逻辑组合检索、词频控制、最近词、词扩展。

多项单词逻辑组合检索中，多项是指可选择多个检索项，通过点击"逻辑"下方的增加一逻辑检索行；单词是指每个检索项中只可输入一个词；逻辑是指每一检索项之间可使用逻辑与、逻辑或、逻辑非进行项间组合。

最简单的检索只需输入检索词，点击检索按钮，则系统将在默认的"主题"（题名、关键词、摘要）项内进行检索，任一项中与检索条件匹配者均为命中记录。

1. 检索项介绍

该数据库检索项有 16 个，如表 4.1-1 所示。

表 4.1-1　中国学术期刊全文数据库检索项

检索项名	备　注
主题	在以下范围中检索：中英文篇名、中英文关键词、机标关键词、中英文摘要
篇名	在以下范围中检索：中文篇名、英文篇名
关键词	在以下范围中检索：中文关键词、英文关键词、机标关键词。机标关键词是由计算机根据文章内容，依据一定的算法自动赋予的关键词
摘要	在以下范围中检索：中文摘要、英文摘要
作者	在以下范围中检索：作者中文名、作者英文名。是指出现于文章中，由作者提供的中英文作者名称
第一作者	是指文章发表时，多个作者中排列于首位的作者
单位	是指文章发表时，作者所任职的机构。照录在文章中规定位置出现的机构名称
刊名	在以下范围检索：中文刊名和英文刊名。英文刊名中包括中文期刊的英文名称和英文期刊的名称。所有名称照录纸本期刊出版时中所用名称形式
参考文献	在文章后所列"参考文献"中综合检索，而不是按条目、题名、作者分别检索
全文	在文章的正文中检索
年	文章在某一期刊上发表时，该期刊的该刊期所在的年份。以阿拉伯数字表示，如 2005
期	文章在某一期刊发表时，所在的刊期。以两位字符表示，两位阿拉伯数字表示规则的刊期，如 01 表示第 1 期，12 表示第 12 期；增刊以"s"表示，如 s1 表示增刊 1，s2 表示增刊 2，以此类推；合刊以"z"表示，如 z1 表示某刊在某年度的第一次合刊，z2 表示某刊在某年度的第二次合刊
基金	用基金名称检索受各种基金项目资助的文章
中图分类号	可用《中国图书馆分类法》（原名《中国图书馆图书分类法》）分类号检索
ISSN	以 ISSN 原有形式进行检索，如 1000-2871。ISSN 是某一期刊所拥有的国际标准刊号
统一刊号	以统一刊号原有形式进行检索，如 31-1296/TQ。统一刊号是期刊所拥有的中国标准刊号

2. 检索控制项介绍

检索控制项有逻辑行、检索项选择、词频、最近词、词扩展、词间关系、数据更新、期刊范围、匹配、排序、每页。分别介绍如下：

（1）逻辑检索行。点击 ⊞ 增加一逻辑检索行，点击 ⊟ 减少一逻辑检索行。

（2）词频。指检索词在相应检索项中出现的频次，可从下拉列表中选择。词频为空，表示至少出现 1 次，如果为数字，例如 3，则表示至少出现 3 次，以此类推。

（3）最近词。在未输入任何检索词的情况下，点击图标 ，将弹出一个窗口，记录本次登录最近输入的 10 个检索词。点击所需要的检索词，则该检索词自动进入检索框中。

（4）词扩展。点击图标 ，将弹出一个窗口，显示以输入词为中心的相关词。相关词可以 3 种方式自动添加到检索框中：单词自动增加、多词自动增加、相关词取代原输入词。

（5）关系。指同一检索项中两个检索词的词间关系，可选择"或者"、"不包含"、"并且"逻辑运算以及"同句"、"同段"等关系。同句指两个标点符号之间，同段指 5 句之内。同句、同段功能只在高级检索中出现。

（6）更新。全部数据：数据库现有全部数据；最近 1 月：最近 1 月入库数据；最近 1 周：最近 1 周入库数据；最近 3 月：最近 3 个月入库的数据；最近半年：最近半年入库的数据。

（7）范围。仅在中国期刊全文数据库设有此项。全部期刊：库中收录的全部期刊；EI 来源期刊：库中收录的期刊中被 EI 收录的期刊；SCI 来源期刊：库中收录的期刊中被 SCI 收录的期刊；核心期刊：库中收录的期刊中被《中文核心期刊要目总览》中收录的期刊。

（8）匹配。匹配有精确和模糊两种方式，其对应于不同的检索项有不同的含义。当对应于与内容特征相关的检索项时，精确表示为词组检索，模糊则根据数据库的词表自动拆词进行检索。当对应于与外部特征相关的字段时，精确表示为检索结果完全等同或包含与检索字/词完全相同的词语，模糊表示为检索结果包含检索字/词或检索词中的词素。

（9）排序。时间：按文献入库时间逆序输出；无：按文献入库时间顺序输出；相关度：按词频、位置的相关程度从高到低顺序输出。

（10）每页。检索结果页面所要显示的记录条数，提供 5 种值供选择：10、20、30、40、50。

3. 初级检索实例（图 4.1-3）

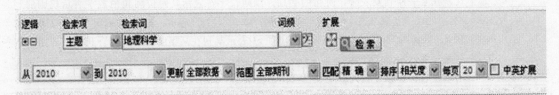

图 4.1-3 初级检索实例

检索 2009 年期刊中发表的有关"地理科学"的全部文献，操作步骤：

第一步：选择"中国期刊全文数据库"；

第二步：选择检索项"主题"；

第三步：输入检索词"地理科学"；

第四步：选择从"2009"到"2009"；

第五步：选择"更新"中的"全部数据"；

第六步：选择"范围"中的"全部期刊"；

第七步：选择"匹配"中的"精确"；

第八步：选择"排序"中的"相关度"；

第九步：选择"每页"中的"50"；

第十步：点击"检索"。

三、高级检索

1. 高级检索

高级检索是一种比初级检索要复杂一些的检索方式，但也可以进行简单检索。高级检索的特有功能有多项，如双词逻辑组合检索、双词频控制。

多项双词逻辑组合检索中，多项是指可选择多个检索项；双词是指一个检索项中可输入两个检索词（在两个输入框中输入），每个检索项中的两个词之间可进行 5 种组合：并且、或者、不包含、同句、同段，每个检索项中的两个检索词可分别使用词频、最近词、扩展词；逻辑是指每一检索项之间可使用逻辑与、逻辑或、逻辑非进行项间组合。

2. 高级检索实例（图 4.1-4）

检索 2009 年以来期刊中发表的有关"地理科学"领域的"进展"、"综述"类文章，操作步骤：

第一步：在专辑导航中点 **全选** ；

第二步：使用三行逻辑检索行，每行选择检索项"关键词"，输入检索词"地理科学"；

第三步：选择"关系"（同一检索项中另一检索词或项间检索词的词间关系）下的"并且"；

第四步：在三行中的第二检索词框中分别输入"进展"、"综述"；

第五步：选择三行的项间逻辑关系（检索项之间的逻辑关系）"或"；

第六步：选择检索控制条件，从 2009 到 2010；

第七步：点击检索。

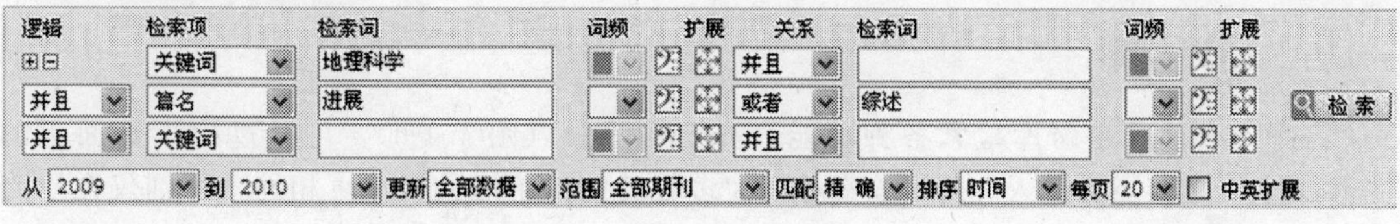

图 4.1-4　高级检索实例

四、专业检索

1. 专业检索

专业检索比高级检索功能更强大，但需要检索人员根据系统的检索语法编制检索式进行检索，适用于熟练掌握检索技术的专业检索人员。具体可分为单库专业检索和跨库专业检索两种，使用方法可参阅专业检索的说明。

专业检索可使用某一数据库的所有检索项构造检索式。专业检索式中可用检索项见检索框上方的"可检索字段"，构造检索式时采用"（）"前的检索项名称，而不要用"（）"括起来的名称。"（）"内的名称是在初级检索、高级检索的下拉检索框中出现的检索项名称。

2. 专业检索逻辑运算符

检索项的检索式使用逻辑算符"and"、"or"、"not"进行组合，3种逻辑算符的优先级相同，如要改变组合的顺序，使用半角圆括号"（）"将条件括起。

（1）字符。所有英文字母和符号，都必须使用半角；按真实字符（不按字节）计算字符数，即一个全角字符、一个半角字符均算一个字符。

（2）逻辑算符。逻辑算符"and"、"or"、"not"前后要空一个字。

（3）同句、同段、词频。使用"同句"、"同段"、"词频"时，注意：用一组西文单引号将多个检索词及其运算符括起，运算符前后需要空一个字，如′流体 ♯ 力学′。

3. 专业检索实例（图 4.1-5）

检索钱伟长在清华大学以外的机构工作期间所发表的题名中包含"流体"、"力学"的文章，操作步骤：

第一步：选择进入中国期刊全文数据库；

第二步：选择页面上方的专业检索；

第三步：在检索框中输入检索式；

题名=′流体 ♯ 力学′and（作者＝钱伟长 not 机构＝清华大学）；

第四步：点击"检索"。

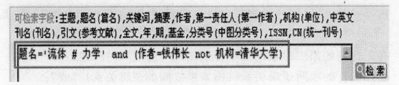

图 4.1-5　专业检索实例

五、跨库检索

跨库检索首页是跨库检索各种功能最齐备的页面（图 4.1-6），可通过检索页面上的"跨库检索"链接点击进入。跨库检索首页大多数功能与单库检索首页相同，区别仅在于跨库检索首页上提供了系统默认的跨库检索数据库。当然，用户也可以在此页面根据需要重新选择数据库。

1. 导航功能

跨库检索提供的导航功能更多，有期刊导航、基金导航、作者单位导航、内容分类导航、博硕士学位授予单位导航、会议主办单位导航、会议论文集导航、报纸导航、出版社导航等。

2. 初级检索（图 4.1-7）

跨库检索提供的检索项又称公共检索项，是与平台上各数据库检索项统一对应的结果，各数据库的内容不同，因此所建立的检索项对应关系可能存在差异，完全对应或者是部分对

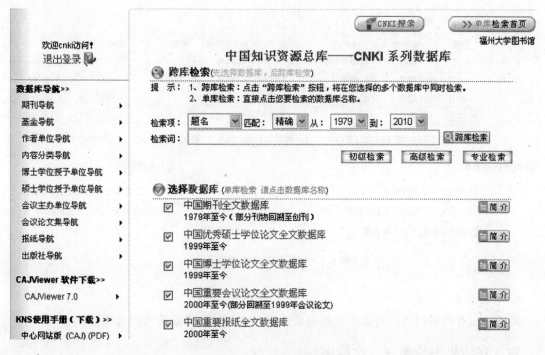

图 4.1-6　跨库检索界面

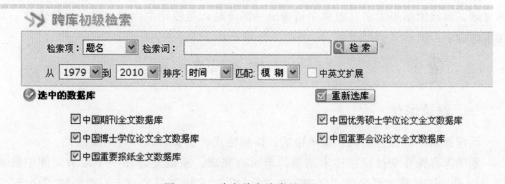

图 4.1-7　跨库单库检索界面

应，所以，通常会滤掉一些数据库的个性检索项。

在跨库检索中提供的基本检索项有 11 项：题名、关键词、摘要、全文、作者、第一责任人、单位、来源、主题、基金、参考文献。

跨库检索项为动态显示，是从所选数据库的检索项中汇集的共性检索项，选择不同数量的数据库，检索项数量和名称有可能不同。检索项名称在下拉列表中显示。

其余的使用方法与单库检索相似。

3. 高级检索

跨库高级检索的使用方法与单库高级检索相似，图 4.1-8 为其检索界面。

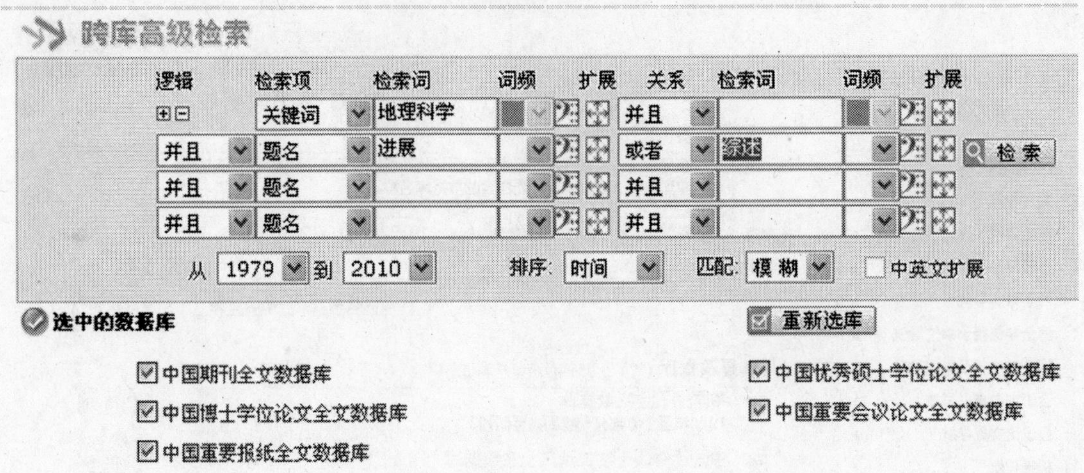

图 4.1-8 跨库高级检索界面

4. 专业检索

除检索项有所不同外，跨库专业检索的使用方法与单库专业检索方法相似。

六、在结果中检索（二次检索）

在结果中检索又称为二次检索，是在当前检索结果内进行的检索，主要作用是进一步精选文献。当检索结果太多，想从中精选出一部分时，可使用二次检索。二次检索这一功能设在实施检索后的检索结果页面。

4.1.3 检索结果处理

一、题录保存

系统提供 4 种保存格式：简单格式、详细格式、引文格式、自定义格式。

题录保存操作全过程在检索结果简单页面完成。系统允许在一个题录文件中最多保存50 条题录。选择题录可采取"全选"和"单选"。"全选"只要点击右页面的"全选"按钮，即可将当前页面的题录全部勾选；单选则是一一勾选所要保存的题录，系统允许在一次检索页面中连续勾选 50 条题录。

保存题录操作步骤：选择题录（全选、单选）—存盘—选择存盘格式（简单、详细、引文、自定义）—预览—打印（或复制保存）。

全选：点击 **全选** ，将当前页面上显示的文献记录全部选中，点击 **清除** ，将取消前次所选文献记录。

单选：在当前页分别勾选所要保存的文献记录，点击题名前的□。

存盘：点击 **存盘** ，系统弹出一个窗口将选中的文献记录以默认格式显示，并提供 4种格式供选择：简单、详细、引文格式、自定义。当选择"自定义"时，则系统提供以下信息项供选择：题名、作者、关键词、单位、摘要、基金、刊名、ISSN、年、期、第一责任人。

预览：点击不同的保存格式，再点击 **预览** ，可分别查看样式是否符合需求。

打印：点击 **打印** ，将所选中的题录保存格式输出到纸载体上；如要复制保存，则将页面复制另存文件。

清除设定：只是对"自定义"起作用。点击 **清除设定** ，将清除原来所选择的题录信息保存项，可重新勾选自定义信息项。

二、下载全文

点击题录格式中该论文前的磁盘状下载图标，或点击文摘格式中论文篇名后面的"CAJ原文下载"、"PDF 原文下载 "，就可选择在当前位置打开或保存到磁盘。

三、CAJ 浏览器的下载和使用

1. 浏览器下载

首次使用需下载 CNKI 全文浏览器 CAJViewer，在 CNKI 主页上有浏览器图标，可以点击下载。

2. 全文处理

打印：原版打印，保持文件原始版式。但打印机所连的主机上必须安装全文浏览器才可打印。

发送邮件：点击发送邮件，然后就可以把全文发送到指定的邮箱。

栏选：将电子版文章的文字信息提取出来进行编辑修改。点击栏选按钮 **T** ，选中待复制区域后，点击右键选择复制，就可以粘贴到文本编辑器中进行编辑。

截图：将文章中的图复制到文本编辑器中。先点击图像选择按钮 ，选中待复制图像，点击右键，就可以粘贴到文本编辑器。

OCR 识别：将扫描版文章的文字提取出来进行编辑修改。先点击图像选择按钮 ，选中要识别区域，点击文字识别按钮 ，程序自动将文字提取出来，结果可以复制到剪切板中，也可以保存为电子文档。

四、知网节

在检索结果页面上点击每一文献题名，即进入知网节，可获得文献的详细内容和相关文献信息链接（图 4.1-9）。

提供单篇文献的详细信息和扩展信息浏览的页面被称为"知网节"。它不仅包含了单篇文献的详细信息，如题名、作者、机构、来源、时间、摘要等，还是各种扩展信息的入口汇集点。这些扩展信息通过概念相关、事实相关等提示知识之间的关联关系，达到知识扩展的目的，有助于新知识的学习和发现，帮助实现知识获取、知识发现。

点击知网节中作者、导师、作者单位、关键词和网络投稿人中的某一字段，可以直接链

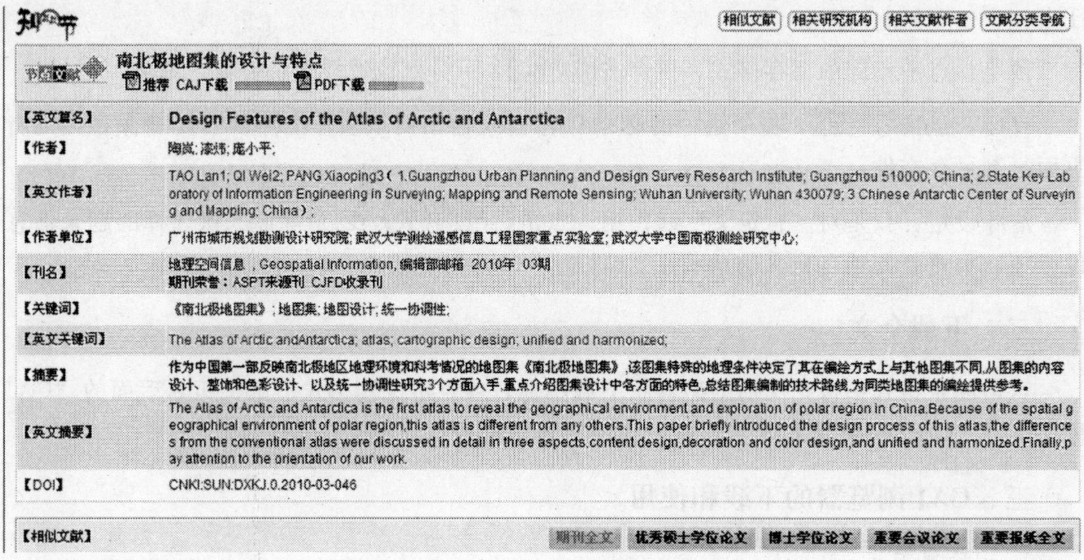

图 4.1-9　知网节

接到点击字段在中国学术期刊网络出版总库、中国博士学位论文全文数据库、中国优秀硕士学位论文全文数据库、中国重要会议论文全文数据库、国家科技成果数据库、中国专利数据库等数据库中包含的相关信息。

点击知网节文献出处中的期刊名称，可以链接到该期刊的详细信息页面；点击期刊年、期信息，可直接链接到该期刊的刊期列表页面；点击编辑部邮箱，可以向该编辑部发送邮件。

知网节页面以题录的方式显示参考文献、引证文献、二级引证文献、共引文献、同被引文献、相似文献、文献分类导航等，可通过这些链接获取到更多的相关文献。

参考文献：反映本文研究工作的背景和依据。

二级参考文献：本文参考文献的参考文献，进一步反映本文研究工作的背景和依据。

引证文献：引用本文的文献，是本文研究工作的继续、应用、发展或评价。

二级引证文献：本文引证文献的引证文献，更进一步反映本文研究的继续、发展或评价。

共引文献：与本文有相同参考文献的文献，反映与本文有共同研究工作的背景或依据。

同被引文献：与本文同时被作为参考文献引用的文献。

相似文献：与本文内容上较为接近的文献。

读者推荐文献：与本文同时被多数读者关注的文献。

文献分类导航：从导航的最底层可以看到与本文研究领域相同的文献，从上层导航可以浏览更多相关领域的文献。

4.1.4　CNKI 知识搜索

CNKI 知识搜索以 CNKI 总库资源为基础，涵盖中国学术期刊、博硕士论文、会议论文、报纸文献、专利标准等近 4000 多万篇专业学术文献。CNKI 知识搜索在 KBase 独有的搜索引擎技术上，采用了最新的文献排序技术、分组技术以及用户搜索意图智能分析技术，能够对用户一个简单的搜索请求做全方位的智能解析，在返回最相关最重要的文献基础上，对全部相关文献做立体化分析：提供专业的分组、全方位的排序、相关知识等服务，让用户对当前的搜索结果有一个全面的了解。

CNKI 知识搜索（图 4.1-10）目前提供的主要功能有：文献搜索、学术定义、数字搜索、学术趋势、翻译助手、图形搜索等。

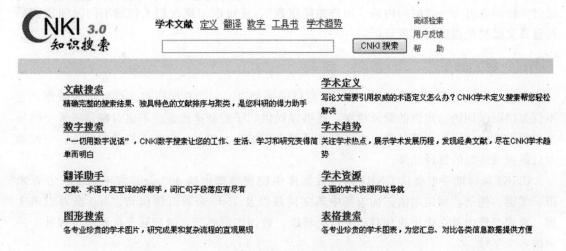

图 4.1-10　CNKI 知识搜索

一、文献搜索

CNKI 文献检索是基于对文献内容的深度标引，从任意位置搜索 CNKI 文献，包括标题、作者、摘要、全文等；从多角度展现搜索结果，包括引文、时间、作者、文献类型等；通过知识聚类协助用户完成搜索，包括词聚类与文章聚类；通过文献链接引领用户进入知识网络，包括引证文献、相似文献等链接。

二、学术定义

CNKI 学术定义搜索提供对学术定义的快速查询，内容全部来源于 CNKI 全文库，涵盖了文、史、哲、经济、数理科学、航天、建筑、工业技术、计算机等所有学科和行业。使用学术定义搜索可以得到想要查询词汇的准确学术定义，并且可直接查询定义出处。不同于一般的网页和文献搜索等参考型搜索引擎系统，CNKI 学术定义搜索是一部不断更新完善的学术定义词典，力求为用户提供最权威最准确的学术定义。

三、数字搜索

以"一切用数字说话"为理念，提供数字知识和统计数据搜索服务，是一个数字知识问答系统和统计搜索引擎。它能够从文献全文中搜索各种数据的数值，以数值知识元作为基本的搜索单元，可提供更精准的知识服务（如时间、长度、高度、重量、百分比、销售额、利润等的知识单元）。

四、学术趋势

CNKI学术趋势依托于中国知识资源总库中的海量文献和千万用户的使用情况提供的学术趋势分析服务。通过关键词在过去一段时间里的"学术关注指数"，可以知道您所在的研究领域随着时间的变化被学术界所关注的情况，有哪些经典文章在影响着学术发展的潮流；通过关键词在过去一段时间内的"用户关注指数"，还可以知道在相关领域不同时间段内哪些重要文献被最多的同行所研读。

五、翻译助手

不同于一般的英汉互译工具，CNKI翻译助手是以CNKI总库所有文献数据为依据，它不仅提供英汉词语、短语的翻译检索，还可以提供句子的翻译检索。不但对翻译需求中的每个词给出准确翻译和解释，给出大量与翻译请求在结构上相似、内容上相关的例句，方便参考后得到最恰当的翻译结果。

CNKI翻译助手汇集从CNKI系列数据库中挖掘整理出的800余万常用词汇、专业术语、成语、俚语、固定用法、词组等中英文词条以及1500余万双语例句、500余万双语文摘，形成海量中英在线词典和双语平行语料库。数据实时更新，内容涵盖自然科学和社会科学的各个领域。

六、图形搜索

CNKI图片搜索提供各个行业的图片数据，它不同于一般意义的图片、图表搜索，所有的图片数据都出自CNKI全文库收录的优秀的期刊、论文、报纸等，所以搜索结果更加专业、权威。只需简单的输入和点击操作，就可以得到想要查询的相关图片，并且可直接查询图片出处。

4.2 万方数据资源系统

4.2.1 数据库概述

万方数据资源系统是中国科技信息研究所、万方数据集团公司开发的网上数据库联机检索系统。它是一个以科技信息为主，涵盖经济、文化、教育等相关信息的综合性信息服务系统，主要包括中国学位论文全文数据库、中国会议论文全文数据库、中国数字化期刊群、中国标准全文数据库、科技信息子系统、商务信息子系统和外文文献数据库。

一、中国学位论文全文数据库

中国学位论文全文数据库的资源由国家法定学位论文收藏单位——中国科技信息研究所提供，并委托万方数据加工建库，收录了自1980年以来我国自然科学领域博士、博士后、硕士研究生论文全文，内容涵盖自然科学、数理化、天文、地球、生物、医药、卫生、工业技术、航空、环境、社会科学、人文地理等各学科领域。

二、中国学术会议论文全文数据库

中国学术会议论文全文数据库（中文版）是国内最具权威性的学术会议论文全文数据库，收录了 1998 以来年国家一级学会在国内组织召开的近 7000 余个全国性学术会议 45 万余篇论文全文，是掌握国内学术会议动态必不可少的权威资源。

中国学术会议论文全文数据库（英文版）主要收录在中国召开的国际会议的论文，论文内容多为英文。该库共收录自 1998 年以来的近 1000 余个会议 10 万余篇论文全文。

三、中国数字化期刊子系统

中国数字化期刊是国家"九五"科技攻关项目，目前集纳了理、工、农、医、哲学、人文、社会科学、经济管理与教科文艺等 8 大类 100 多个类目的近 5500 余种各学科领域核心期刊，实现全文上网及论文引文关联检索和指标统计。从 2001 年开始，数字化期刊已经囊括我国所有科技统计源期刊和重要社科类核心期刊。数字化期刊子系统采用国际通用 PDF 浏览格式，以电子版形式完全再现了期刊原貌。

四、中国标准全文数据库

中国标准全文数据库收录了国内外的大量标准，包括中国国家发布的全部标准、某些行业的行业标准以及电气和电子工程师技术标准；收录了国际标准数据库、美英德等的国家标准以及国际电工标准；还收录了某些国家的行业标准，如美国保险商实验所数据库、美国专业协会标准数据库、美国材料实验协会数据库、日本工业标准数据库等。

五、科技信息子系统

1. 概况

科技信息子系统是万方数据资源系统重要的组成部分，汇集了中国学位论文文摘、会议论文文摘、科技成果、专利技术、标准法规、各类科技文献、科技机构、科技名人等近百个数据库。

该子系统对资源进行合理调配，形成 5 个主要栏目的体系，这些栏目包括：

台湾类：内容为台湾地区的科技、经济、法规等相关信息。

科技文献类：涵盖了各类科技文献资源，收录来自于原机械部科技信息研究院、中国化工信息中心、中国农业科学院科技文献信息中心等权威专业部门的专业文献和中央各部委、省市自治区的综合文献，包括中国机械工程、中国农业科学、中国计算机及中国生物医学等 40 余个数据库。

机构：包括我国著名科研机构、高等院校、信息机构的信息。

中外标准：内容为国家技术监督局、原建设部情报所等提供的中国国家标准、建设标准、建材标准及行业标准，国际标准、国际电工标准、欧洲标准，美、英、德、法国国家标准和日本工业标准等。

成果专利：属动态性栏目，包括全国各类科技成果、专利技术以及国家科技计划信息。

2. 部分数据库介绍

（1）中国科技成果数据库（CSTAD）。该数据库由中国科技信息研究所、万方数据库公司自主研制开发，收录 1986 年以来自然科学、工业技术、航空航天、交通运输、环保等领域及部分社会科学领域新技术、新产品、新工艺、新材料、新设计等技术成果项目。数据来自历年各省市、部委鉴定后上报科技部的科技成果及星火科技成果。该数据库是科技部指定的新技术、新成果查新数据库。科技成果数据库不仅可用于成果查新和技术转让，还可以为技术咨询服务提供信息源，为技术改造、新产品开发以及革新工艺提供重要依据。

（2）中国发明专利数据库。该数据库由国家知识产权局提供，收录从 1985 年至今受理的全部专利数据信息，包含专利公开（公告）日、公开（公告）号、主分类号、分类号、申请（专利）号、申请日、优先权等。

（3）中国国家标准数据库。该数据库包含了国家技术监督局发布的全部标准。标准数据经过加工，包含中英文主题、中英文主题词等。

（4）中国科技论文统计分析数据库（CSTPC）。该数据库由中国科技信息研究所开发，收录 1989 年以来中国上千种科技类核心期刊，涵盖中国自然科学领域的各个专业。它集文献检索与论文统计分析于一体，主要功能有：查找国内发表的重要科技论文；了解历年来国内科技论文统计分析与排序结果；了解各地区、部门、单位、作者以及各学科及基金资助论文发表的详细情况。

（5）中国科技论文引文分析数据库（CSTPI）。该数据库由中国科技信息研究所开发，收录 1989 年以来中国自然科学统计源刊和主要社会科学类核心源刊，涵盖中国自然科学领域的各个专业。它集文献检索与论文统计分析于一体，既是科技人员查找有关参考文献的重要依据，又是各级科技管理部门和各科研机构、高等院校了解全国和各单位、各部门科技论文发表情报的重要工具，并提供开展科技论文的引文分析。

（6）中国科研机构数据库（CSI）。该数据库由中国科技信息研究所开发，收录了我国近 1 万家地、市级以上及大学所属主要科研机构的详细信息，包括机构名称、地址、邮编、负责人、电话、传真、成立年代、职工人数、科研成果、学科研究范围等，对查找我国科技单位的发展现状及科研成就有很大帮助。

（7）中国科技信息机构数据库（CSTII）。中国科技信息机构数据库是一个全面介绍我国各科技信息机构和高校图书情报单位业务状况的数据库。该数据库共收入我国各科技信息单位和高校图书情报单位 2000 多家，是各图书、信息单位之间沟通业务往来和促进业务合作所必备的检索查询媒体，也是我国各级科技部门和科技信息主管部门掌握与了解我国科技信息事业全貌的有效工具。

（8）中国机械工程文摘（JX）

该数据库由原机械部科技信息研究院开发，收录了全国机电、仪表行业各类期刊的专业文献及各种专题文献、会议论文、专利 750 种以上。

（9）管理科学文摘数据库（GL）

《管理科学文摘》是管理方面文献的检索刊物，为月刊，每期报导约 300 条。该刊物于 1981 年 1 月创刊，原刊名为《综合科技文摘：管理科学》，1983 年起改用现刊名。该数据库是由中国科技信息研究所开发。

（10）冶金自动化文献库（YJ）

该数据库由原冶金部信息研究所开发，收录60多种核心期刊中的相关文献。

（11）中国建材文献库（JC）

该数据库收录了水泥、玻璃、陶瓷、非金属矿等建材行业和与之相关的专业文献。

（12）中国有色金属文献（YS）

该数据库涉及地质与勘探、矿业工程、冶金（含冶金化工）、粉末冶金、材料科学与工程、理化检验、冶金环保7个类目。冶金和材料是重点报导的内容。收录的文献以外文为主（占70%），包括英、俄、日、德、法等语种；文献类型以期刊为主（占80%），其次是专刊、会议论文、专著和报告。

六、商务信息子系统

商务信息子系统是面向企业用户推出的，包含工商资讯、经贸信息、咨询服务、商贸活动等服务内容，其主要产品——中国企业、公司及产品数据库始建于1988年，由万方数据集团公司联合国内近百家信息机构共同开发。该系统现已收录96个行业的近20万家企业详尽信息，是国内外工商界了解中国市场的一条捷径。目前，其用户已经遍及北美、西欧、东南亚等地区的50多个国家，主要客户包括公司企业、信息机构、驻华商社、大学图书馆等。国际著名的美国DIALOG联机系统更将它定为中国首选的经济信息数据库，而收进其系统向全球数百万用户提供联机检索服务。该数据库记录包含30多个字段，对企业进行了全方位的立体描述。

访问万方数据资源系统有两种方式：

（1）访问商业网站（http://www.wanfangdata.com.cn），可免费检索题录文摘信息，下载全文需购买阅读卡。

（2）通过镜像站点访问，可检索、下载全文。

4.2.2 检索方法

一、浏览检索

系统提供多种浏览检索功能。跨库检索提供学科分类浏览，按照22个学科分类，逐层展开，可检索到每一级学科下的所有学术论文。单库的浏览功能依据不同论文库的特征有所不同，如学术期刊库提供刊名浏览功能，按照学科分类、地区分类、刊名字顺进行浏览检索。

二、跨库检索

可以选择多个数据库同时进行检索，并提供多种检索方式。

1. 简单检索

用户登录后可进入学术论文检索界面（图4.2-1），可对数据库中收录的所有论文进行跨库检索。

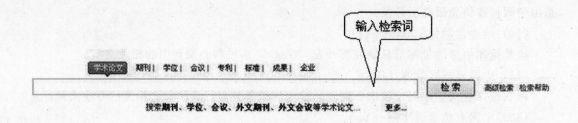

图 4.2-1　万方默认检索界面

2. 跨库检索

本界面上同时提供跨库检索功能，可以选择单个或多个数据库进行多字段、多检索词的复合检索。检索步骤如下：

（1）选择检索数据库。在所需数据库前的复选框中打钩（可勾选某一类数据库和一类数据库下的一个或多个数据库），系统自动将所选择的数据库添加到检索范围中。

可以在界面上输入检索条件进行检索，系统将对输入的检索条件，在选定的数据库中查找满足条件的记录（图 4.2-2）。

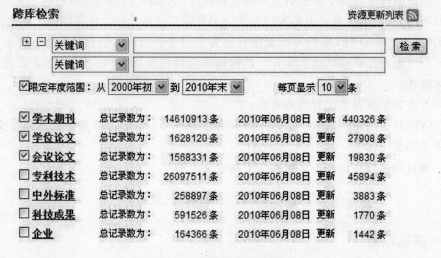

图 4.2-2　万方跨库检索界面

（2）添加检索条件

选择检索字段：可按下拉箭头选择字段，确定检索途径。若选择为"全部字段"，则检索词只要在任一记录的任意可检索字段中出现，都符合检索要求。

输入检索词：在文本框中输入所需的检索词，如计算机。

选择逻辑运算符：不同检索框的逻辑运算关系默认为"与"。

选择年限：勾选限定年限范围前的复选框，点击年限下拉列表框，选择起始年份，使其在限定的年份范围内检索（只有当数据库中有"年"这个字段时，选择年限的复选框才可用）。

执行检索：当所有的检索信息都填写完毕后，点击"检索"按钮，执行检索。

3. 高级检索

点击检索界面上的 **高级检索** ，进入高级检索界面（图 4.2-3）。

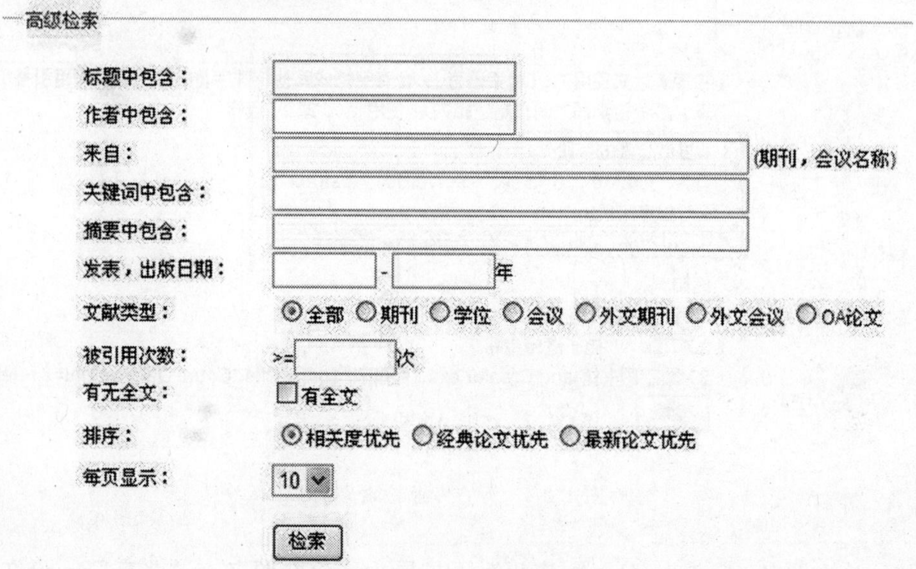

图 4.2-3　万方高级检索界面

高级检索功能与跨库检索相比，增加了"有无全文"、"排序"、"每页显示"功能。
"被引用次数"有助于查询更高质量的学术论文。

"排序"中提供了 3 种的排序方式：相关度优先、经典论文优先、最新论文优先。

4. 专业检索（图 4.2-4）

支持布尔检索、截断检索和位置检索等全文检索技术，具有较高的查全率和查准率。

在专业检索中涉及的检索符号主要有：

（1）检索词中含有空格或其他特殊字符的单个检索词，要用引号（"　"）括起来。

（2）关系运算符

＝：相当于模糊匹配，用于查找匹配一定条件的记录。例如，论文题名="计算机辅助设计研究"，表示查找论文题名是"计算机辅助设计研究"这个字符串或是包括"计算机辅助设计研究"的一串字符串。注意：只能在"计算机辅助设计研究"的前后插入字符，不能在"计算机辅助设计研究"字符串内插入任何字符。

exact：能精确匹配一串字符串。例如，作者 exact"王明"，是指查找作者是王明的记录。

all：当检索词中包含有多重分类时，它们分别可以被扩展成布尔运算符"and"的表达式。例如，论文题名 all"北京 上海 广州"，可扩展为：论文题名="北京"and 论文题名="上海"and 论文题名="广州"，表示查找论文题名中包括北京、上海、广州的记录。

any：当检索词中包含有多重分类时，它们分别可以被扩展成布尔运算符"or"的表达

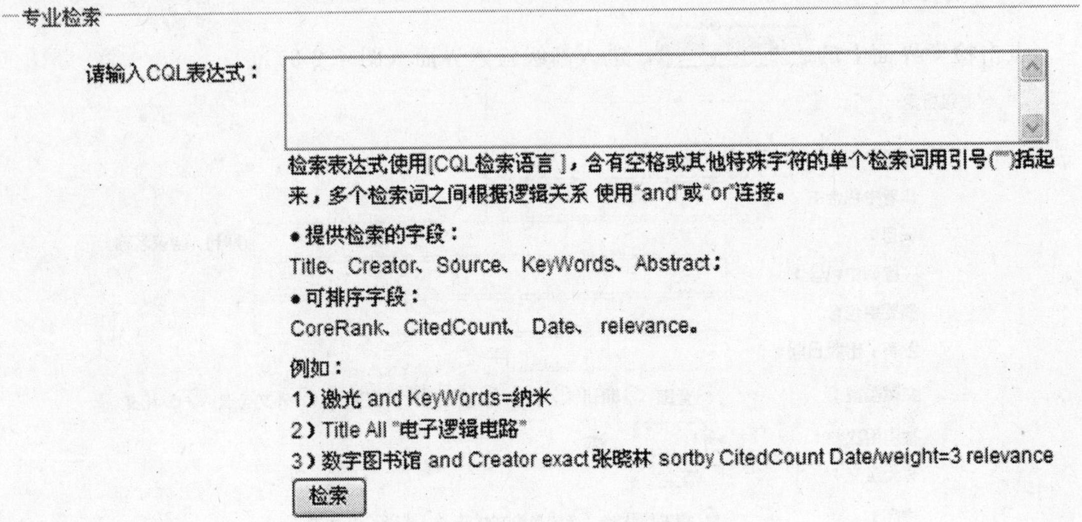

专业检索

请输入CQL表达式：

检索表达式使用[CQL检索语言]，含有空格或其他特殊字符的单个检索词用引号(" ")括起来，多个检索词之间根据逻辑关系 使用"and"或"or"连接。

● 提供检索的字段：

Title、Creator、Source、KeyWords、Abstract；

● 可排序字段：

CoreRank、CitedCount、Date、relevance。

例如：

1）激光 and KeyWords=纳米

2）Title All "电子逻辑电路"

3）数字图书馆 and Creator exact 张晓林 sortby CitedCount Date/weight=3 relevance

检索

图 4.2-4 万方专业检索界面

式。例如，论文题名 any "北京 上海 广州" 可扩展为：论文题名＝"北京" or 论文题名＝"上海" or 论文题名＝"广州"，表示查找论文题名中包括北京、上海、广州或其中之一的记录。

（3）关系修饰符

通配符 "＊"：表示匹配任意 0 个或多个字符。例如，计算机＊研究，表示查找包括计算机研究、计算机软件研究、计算机辅助设计研究等的记录。

定位符 "ˆ"：表示匹配输入字符串的开始或结束位置。例如，ˆ北京，表示查找以北京打头的记录；研究ˆ，表示查找以研究结尾的记录。

（4）布尔逻辑算符

and：用"与"组合检索项，表示查找包括这两项的记录。例如，北京 and 上海，表示查找包括北京和上海的记录。

or：用"或"组合检索项，表示查找包括这两项或仅其中任一项的记录。例如：北京 or 上海，表示查找包括北京和上海或其中之一的记录。

not：使用"非"查找包括某一项而非另一项的记录。例如，软件 not 硬件，表示查找包括软件但不包括硬件的记录。

三、单库检索

可以选择任意一个数据库进行检索，如选择学术期刊数据库进行检索（图 4.2-5）。

单库检索提供了导航检索、高级检索、专业检索等检索方式，其具体使用方法与跨库检索相同。

| 首页 | 学术期刊 | 学位论文 | 学术会议 | 中外专利 | 科技成果 | 中外标准 | 科技文献 |

多种中西文的科技人文和社会科学期刊随心浏览，期刊论文便捷检索和下载。　检索　高级检索 帮助
◉ 论文检索 ○ 刊名检索

学科分类

哲学政法

| 大学学报(哲学政法) | 党建 | 法律 | 逻辑伦理 | 马列主义理论 | 外交 |
| 心理学 | 哲学 | 政治 | 宗教 | | |

社会科学

| 大学学报(社会科学) | 地理 | 劳动与人才 | 历史 | 人口与民族 | 社会科学理论 |
| 社会生活 | 社会学 | | | | |

经济财政

| 大学学报(经济管理) | 工业经济 | 交通旅游经济 | 金融保险 | 经济学 | 经济与管理 |
| 贸易经济 | 农业经济 | 邮电经济 | | | |

教科文艺

| 大学学报(教科文艺) | 教育 | 科研管理 | 少儿教育 | 体育 | 图书情报档案 |
| 文化 | 文学 | 新闻出版 | 艺术 | 语言文字 | 中学生教育 |

基础科学

| 大学学报(自然科学) | 化学 | 力学 | 生物科学 | 数学 | 天文学、地球科学 |
| 物理学 | 中国鸟类 | 自然科学总论 | | | |

图 4.2-5　万方学术期刊数据库检索界面

4.2.3　检索结果处理

在检索结果显示页面（图 4.2-6）上，显示本次检索命中结果的题录、摘要信息，同时还提供了以下几种功能：

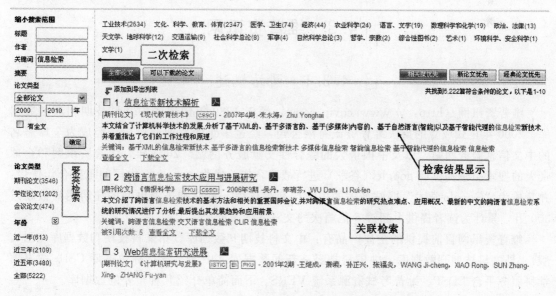

图 4.2-6　万方检索结果显示页面

一、二次检索

检索结果显示页面的左上方，有二次检索入口界面。二次检索是在已有检索结果范围内再一次输入检索条件，以便进一步缩小检索范围。

二、聚类检索

该页面同时提供聚类检索功能，可将检索结果按照学科、论文类型、发表年份、期刊类型进一步聚类浏览，获得更符合检索需求的结果。

三、关联检索

在检索结果的信息中，提供了一些"关联检索"入口，如文献来源、作者、关键词等，从这些入口可检索到与该信息相关的其他信息。

四、检索结果的显示与保存

点击篇名可进一步浏览这条记录的详细信息。检索结果的保存可以采取"全选"或逐条"勾选"方式，然后点击 ⊕导出 即可。

4.2.4　全文下载与处理

在检索结果显示页面上点击 人 即可查看、下载全文，万方的全文为 PDF 格式，须事先安装 PDF 格式的阅读器。

4.3　维普资讯网

4.3.1　网站概述

维普资讯网（http：//www.cqvip.com），源于 1989 年创建的中文科技期刊篇名数据库。2000 年正式成立的重庆维普资讯有限公司，经过多年的商业运营，已经成为全球著名的中文信息服务网站，以及中国最大的综合性文献服务网站。2005 年，维普资讯网和全球最大的搜索引擎提供商 google（谷歌）进行战略合作，成为 google 在中国的重要合作伙伴，并且成为"Google 学术"网站最大的中文内容提供商。目前维普资讯网的注册用户数超过 300 万，累计为读者提供了超过 5 亿篇次的文章阅读服务。

维普资讯网目前提供的主要产品有：中文科技期刊数据库、中文科技期刊数据库（引文版）、外文科技期刊数据库、中国科技经济新闻数据库、中国科学指标数据库 CSI、图书馆学科服务平台 LDSP、维普考试资源系统 VERS。下面简单介绍几种重要的数据库。

一、中文科技期刊数据库

中文科技期刊数据库收录文献最早可追溯至 1955 年，包含 8000 余种期刊刊载的 2000

余万篇文献，并以每年 150 万篇的速度递增。数据库按照《中国图书馆分类法》进行分类，所有文献被分为八大专辑：社会科学、自然科学、工程技术、农业科学、医药卫生、经济管理、教育科学和图书情报。八大专辑又细分为若干专题，见表 4.3-1。

表 4.3-1　中国科技期刊数据库专辑分类

工程技术	一般工业技术，矿业工程，石油，天然气工业，冶金工业，金属学与金属工艺，机械，仪表工业，武器工业，能源与动力工程，原子能技术，电工技术，无线电电子学，电信技术，自动化技术，计算机技术，化学工业，轻工业，手工业，建筑科学，水利工程，交通运输，航空，航天，环境科学，安全科学
医药卫生	预防医学，卫生学，中国医学，基础医学，临床医学，内科学，外科学，妇产科学，儿科学，肿瘤学，神经病学与精神病学，皮肤病学与性病学，耳鼻咽喉科学，眼科学，口腔科学，外国民族医学，特种医学，药学
农业科学	农业基础科学，农业工程，农学（农艺学），植物保护，农作物，园艺，林业，畜牧，动物医学，狩猎，蚕，蜂，水产，渔业
自然科学	自然科学总论，数理科学和化学，天文学，地球科学，生物科学
图书情报	文化理论，世界各国文化与文化事业，信息与知识传播，科学，科学研究
教育科学	教育，体育
经济管理	经济学，世界各国经济概况，经济史，经济地理，经济计划与管理，农业经济，工业经济，信息产业经济，交通运输经济，旅游经济，邮电经济，贸易经济，财政，金融
社会科学	马克思主义，列宁主义，毛泽东思想，邓小平理论，哲学，宗教，社会科学总论，政治，法律，军事，语言，文字，文学，艺术，历史，地理

二、中文科技期刊引文数据库

中文科技期刊数据库（引文版）是由重庆维普资讯有限公司在十几年的专业化数据库生产经验的基础上开发的又一产品。该库可查询论著引用与被引用情况、机构发文量、国家重点实验室和部门开放实验室发文量、科技期刊被引情况等，是科技文献检索、文献计量研究和科学活动定量分析评价的有力工具。

该数据库可以实现两种功能的检索：源文献的检索，即检索本数据库所收录的文献及其引用他人文献的情况；被引文献的检索，即检索该文献被别人引用的情况。

三、外文科技期刊数据库

该数据库提供 1992 年以来世界 30 余个国家的 11300 余种期刊的 800 余万条外文文摘题录信息，并对题录字段中刊名和关键词进行汉化，帮助检索者充分利用外文文献资源。该数据库还联合国内 20 余个图书情报机构提供方便快捷的原文传递服务。

四、中国科技经济新闻数据库

遴选国内 420 多种重要报纸和 12000 多种科技期刊的 305 余万条新闻资讯,包括各行各业的新产品、新技术、新动态和新法规的资讯。

该网站登陆的方式有两种:

(1) 在网站首页输入用户名和密码,点击"登录"按钮,系统在首页右上角给出"欢迎您:用户名"的提示,表明用户登录成功。

(2) 对于包库用户,网站提供绑定 IP 地址的登录方式,用户只要访问网站首页面,即可自动登录,首页左上角给出"欢迎您:用户名"提示,这种登录方式可以免去每次输用户名和密码的麻烦。

4.3.2 检索方法

下面以中文科技期刊数据库为例,介绍其使用方法。

一、期刊导航

用户登录该数据库首页,在数据库检索区,通过点击"期刊导航",即可进入期刊导航页面。期刊导航页面以 3 种搜索方式查看所需期刊。

1. 期刊搜索

如图 4.3-1 所示,用户如果知道准确的刊名或 ISSN 号,在输入框中输入刊名或 ISSN号,点击搜索,即可进入期刊名列表页,只需点击刊名,即可进入期刊内容页。

图 4.3-1 维普期刊搜索

2. 按字母顺序查

如图 4.3-2 所示,用户点击字母 A,即可列出以拼音字母 A 为首字母的所有期刊列表。

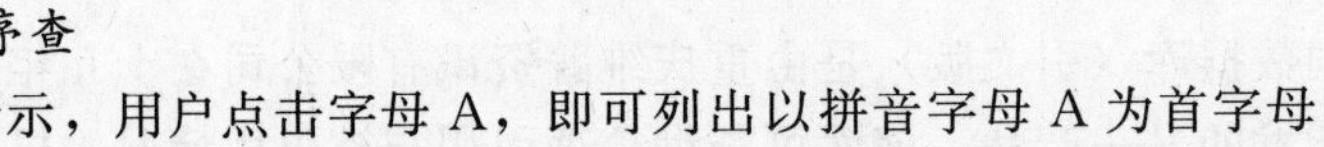

→ 按字顺查:A B C D E F G H I J

图 4.3-2 维普期刊刊名导航(字顺)

3. 按学科查

如图 4.3-3 所示,用户可以根据学科分类来查找需要的期刊。点击下面的学科分类,即可列出该学科分类下的所有期刊的刊名。

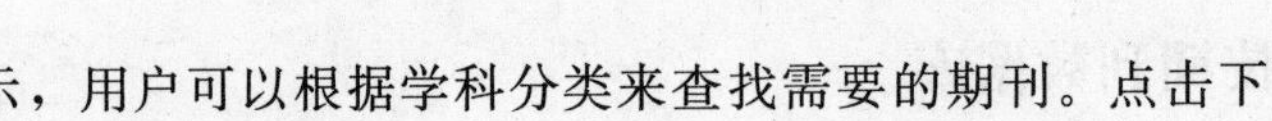

按学科查:○ 核心期刊 ⊙ 核心期刊和相关期刊

图 4.3-3 维普期刊刊名导航(学科)

二、分类检索

如图 4.3-4 所示，用户登录该数据库首页，在数据库检索区通过点击"分类检索"，即可进入分类检索页面。

分类检索页面相当于提前对搜索结果做个限制，用户在搜索前可以对文章所属性质做个限制，比如用户选择经济类，则在搜索栏中的文章都以经济类为基础。

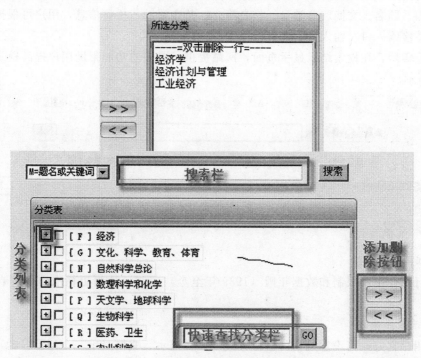

图 4.3-4　维普期刊分类检索

图中分类大项前的加号可以点击扩展，用户可以根据检索需要，勾取所需要的分类，点击添加删除按钮中的 >> ，即可将限制分类在搜索页中的"所选分类"中选取。

用户还可以使用双击或 << 来删除不需要的分类限制。如果想找分类，还可以使用快速查找分类：在输入栏中输入需要的分类，点击"GO"按钮，屏幕上就会以高亮显示该分类，便于用户快速查找分类。

用户在选定限制分类，并输入关键词检索后，页面自动跳转到搜索结果页，后面的检索操作同简单搜索页，用户可以点击查看。

注意：如果用户不勾选任何分类，则此次操作是搜索全部记录。

三、快速检索

在该数据库主页，用户直接在文本框中输入需要检索的内容，单击搜索，如图 4.3-5 所示，即可进入结果页面，显示检索到的文章列表，操作过程简单实用。

145

图 4.3-5　维普期刊快速检索

1. 选择检索入口

中文科技期刊数据库提供 12 种检索入口：题名或关键词、关键词、作者、第一作者、刊名、机构、题名、文摘、分类号、作者简介、基金资助、栏目信息，用户可根据自己的实际需求选择检索入口、输入检索式进行检索。

初步检索后，在检索结果显示页面，网站提供了更多的功能帮助用户提高检索效率，如图 4.3-6 所示。

图 4.3-6　维普高级检索

2. 限定检索范围

可进行期刊范围限制和数据年限（1989 年至今）限制，从而更精准地得到自己所需的数据。

3. 显示方式设定

根据用户喜好，可设置文章的显示方式（概要显示、文摘显示、全记录显示）和每页显示的篇数（10 条、20 条、50 条）。

4. 检索式和二次检索

用户直接输入关键词检索到的数据往往是比较多的，可能有些数据是不需要的，这就说明用户检索条件过宽，可以考虑二次检索。

二次检索是在一次检索的检索结果中运用"与"、"或"、"非"进行再限制检索，其目的是缩小检索范围，最终得到期望的检索结果。

四、传统检索

检索步骤：选择检索入口，限定检索范围，检索式或复合检索。

检索小技巧

1. 同义词

勾选页面左上角的同义词，如图 4.3-7 所示，输入检索式"土豆"，再点击"搜索"，即可找到和土豆同义或近似的词，用户可以选择同义词以获得更多的检索结果。

2. 同名作者

勾选页面左上角的同名作者，选择检索入口为作者，如输入检索式"张三"，点击搜索，

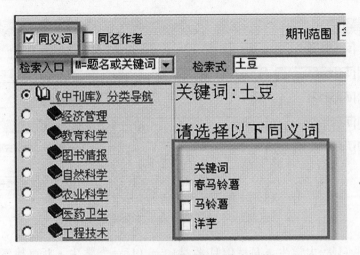

图 4.3-7 维普期刊同义词检索功能

即可找到以张三为作者名的作者单位列表，用户可以查找需要的信息以做进一步选择，如图 4.3-8 所示。

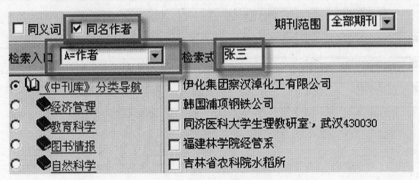

图 4.3-8 维普期刊同名作者检索功能

五、高级检索

用户登录维普资讯网首页，在数据库检索区通过点击"高级检索"，即可进入高级检索页面。高级检索提供了两种方式供读者选择：向导式检索和直接输入检索式检索。

1. 向导式检索（图 4.3-9）

向导式检索为读者提供分栏式检索词输入方法，可选择逻辑运算、检索项、匹配度外，还可以进行相应字段扩展信息的限定，最大限度地提高了检准率。

向导式检索的检索操作严格按照（图 4.3-9）由上到下的顺序进行，用户在检索时可根据检索需求进行检索字段的选择。

以图 4.3-9 为例进行检索规则的说明。图中显示的检索条件得到的检索结果为：（（U＝大学生＊U＝信息素养）＋U＝大学生）＊U＝检索能力，而不是（U＝大学生＊U＝信息素养）＋（U＝大学生＊U＝检索能力）。

图 4.3-9　维普期刊向导式检索界面

如果要实现（U＝大学生＊U＝信息素养）＋（U＝大学生＊U＝检索能力）的检索，可按图 4.3-10 所示输入，输入的检索条件用检索式表达为：U＝（大学生＊信息素养）＋U＝（大学生＊检索能力）。

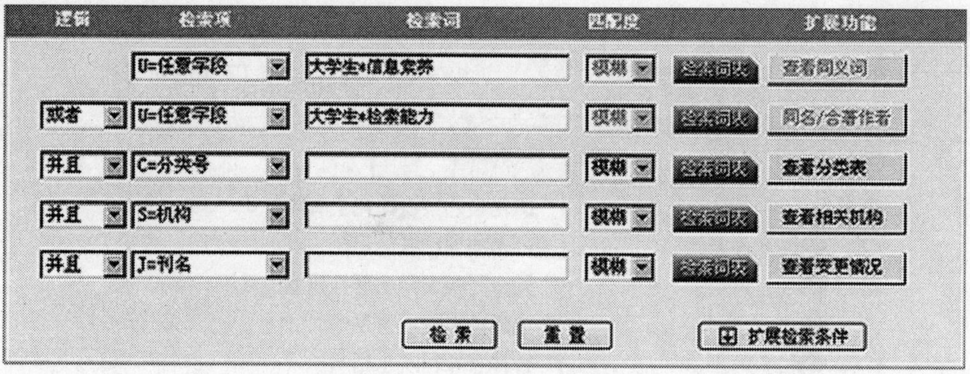

图 4.3-10　向导式检索实例

要实现（U＝大学生＊U＝信息素养）＋（U＝大学生＊U＝检索能力）的检索，也可用图 4.3-11 的输入方式，其输入的检索条件用检索式表达为：（U＝信息素养＋ U＝检索能

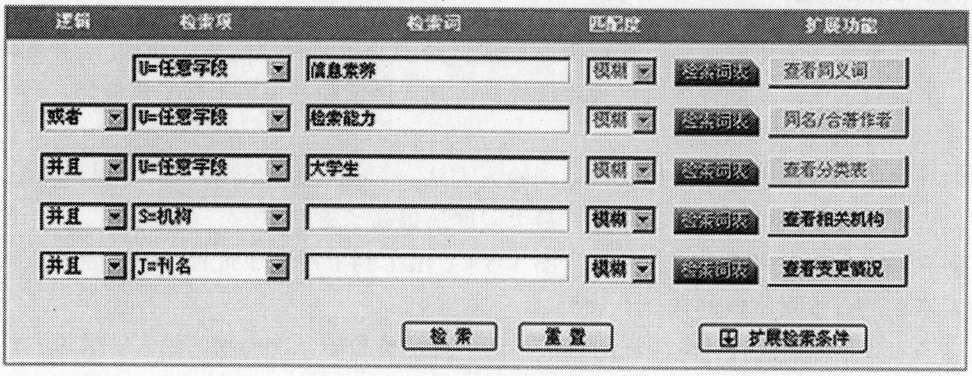

图 4.3-11　向导式检索实例

力）＊U＝大学生。

在检索表达式中，布尔逻辑算符（与、或、非）不能作为检索词进行检索，如果检索需求中包含有以上逻辑算符，应调整检索表达式，用多字段或多检索词的限制条件来替换逻辑算符号。例如，要检索 C＋＋，可以检索式（M＝程序设计＊K＝面向对象）＊K＝C 来得到相关结果。

向导式检索中检索式中的字段名可用字段代码表示，见表 4.3-2。

表 4.3-2　检索字段代码对照表

代　码	字　段	代　码	字　段
U	任意字段	S	机构
M	题名或关键词	J	刊名
K	关键词	F	第一作者
A	作者	T	题名
C	分类号	R	文摘

向导式检索提供了多种扩展功能，如图 4.3-12 所示。具体介绍如下：

图 4.3-12　多种扩展功能

（1）查看同义词。比如用户输入"土豆"，点击查看同义词，既可检索出土豆的同义词：春马铃薯、马铃薯、洋芋，用户可以全选，以扩大搜索范围。

（2）查看变更情况。比如读者可以输入刊名"移动信息"，点击查看变更情况，系统会显示出该期刊的创刊名"新能源"和曾用刊名"移动信息·新网络"，使用户可以获得更多的信息。注意：此处需要输入准确的刊名才能查看期刊的变更情况。

（3）查看分类表。用户可以直接点击按钮，会弹出分类表页，操作方法同分类检索。

（4）查看同名作者。比如用户可以输入"张三"，点击查看同名作者，既可以列表形式显示不同单位同名作者，用户可以选择作者单位来限制同名作者范围。为了保证检索操作的正常进行，系统对该项进行了一定的限制：最多勾选数据不超过 5 个。

（5）查看相关机构。比如用户可以输入"中华医学会"，点击查看相关机构，即可显示以中华医学会为主办（管）机构的所属期刊社列表。为了保证检索操作的正常进行，系统对该项进行了一定的限制：最多勾选数据不超过 5 个。

（6）检索词表。读者选择某一字段后，可查看对应字段的检索词表后返回检索词，如关键词对应的是主题词表，机构对应的是机构信息表，刊名对应的是期刊名列表。

（7）扩展检索条件。用户可以点击"扩展检索条件"，以进一步的减小搜索范围，获得更符合需求的检索结果。

用户还可以根据需要，以时间条件、专业限制、期刊范围进一步限制范围。

2. 直接输入检索式检索

用户也可在检索框中直接输入逻辑运算符、字段标识等，点击"扩展检索条件"并对相关检索条件进行限制后，点击"检索"按钮进行检索。

检索式输入有错时检索后会返回"查询表达式语法错误"的提示，看见此提示后使用浏览器的"后退"按钮返回检索界面，重新输入正确的检索表达式。

检索实例

实例一：K＝维普资讯＊A＝杨新莉

此检索式表示查找文献：关键词中含有"维普资讯"并且作者为杨新莉的文献。

实例二：(k＝（CAD＋CAM）＋T＝雷达）＊R＝机械－K＝模具

此检索式表示查找文献：文摘含有机械，并且关键词含有 CAD 或 CAM，或者题名含有"雷达"，但关键词不包含"模具"的文献。

此检索式也可以写为：

（（K＝（CAD＋CAM）＊R＝机械）＋（T＝雷达＊R＝机械））－K＝模具

或者（K＝（CAD＋CAM）＊R＝机械）＋（T＝雷达＊R＝机械）－K＝模具

4.3.3　检索结果处理

一、题录文摘输出方式

勾选命中检索结果前的"☑1"，然后点击方框上的"🖫 下载"，选择"概要显示"、"文摘显示"或"全部记录显示"等多种方式保存检索结果。

二、全文输出方式

单击题录栏里的全文链接即可选择打开或下载全文。但如果是首次使用，需下载维普全文浏览器，维普资讯网首页有浏览器图标，可以通过点击进行下载。

4.4　人大复印报刊资料全文数据库

4.1.1　数据库概述

中国人民大学复印报刊资料全文数据库收录了 1995 年以来印刷本《复印报刊资料》百余种专题刊物的全部原文，按专题分为教育、文史、经济、政治四大类，内容涵盖人文社会科学各个领域，近年还增加了数理化类文献。它是国内最权威的具有大型、集中、连续和灵活等特点的人文社科类的文献库。

访问人大复印报刊资料数据库有两种方式：

（1）访问商业网站（http：//ipub.zlzx.org），可免费检索题录文摘信息，下载全文需购买阅读卡。

（2）通过镜像站点访问，可检索、下载全文。

4.4.2　检索方法

该数据库按专题分类编辑，在每一个专题下又分为许多子专题，可点击具体的专辑浏览其收录的文献。

数据库的界面由：资源列表区、检索区、检索结果显示区、检索命令生成区四部分组成。

图 4.4-1 所示的是镜像站点的检索界面，该数据库提供简单检索和高级检索两种检索方式。

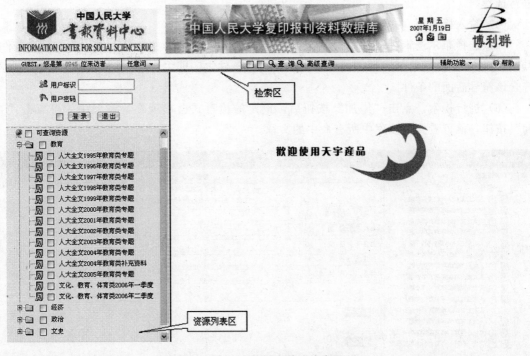

图 4.4-1　人大数据库默认检索界面

一、简单检索

（1）选择检索范围。在资源列表区中选择合适的检索范围，在要选择的库前方框内点击"√"。该数据库按专题分类编辑，分为教育、文史、经济、政治四大专题，在每一个专题下按年度又分为许多子专题（图 4.4-1）。在进行检索之前，必须先选择资源，在资源目录中显示的每一项资源前面都有一个空白框供选择。

（2）选择检索字段。在检索字段的下拉框中选择要检索的字段，包括"任意词"、"标题"、"正文"、"作者"、"分类名"、"分类号"、"关键词"字段，用户可根据需要进行选择。

（3）输入检索词。在文本框中输入检索词。

（4）进行检索。点击"查询"，即在库命中结果区列出检索结果，点击其中任一资源库，就可看到该库中所有命中的文章。

（5）二次查询。若想在查询的结果中，继续缩小范围进行检索，则可在"在结果范围内再检索"后的文本框中输入想要继续查询的词，并点击下"GO"按钮。

二、高级检索

（1）选择检索范围。同简单检索。

（2）选择检索方法。点击"高级查询"，进入图 4.4-2 所示的检索界面。

（3）选择检索字段。在检索字段的下拉框中选择要检索的字段，包括"任意词"、"标题"、"正文"、"作者"、"分类名"、"分类号"、"关键词"、"原文出处"等字段，可根据需要进行选择。

（4）输入检索词。在文本框中输入检索词。

（5）选择布尔逻辑算符。"并且"表示要检索结果同时符合"并且"操作符前后的条件；"或者"表示要检索结果满足"或者"操作符前后条件之一即可；"除了"表示是检索结果不符合该符号后面的条件。

（6）进行检索，点击"添加"按钮后，设定的检索式会出现在检索框中，再点击"查询"按钮，就可看到在该库中所有命中的文章。

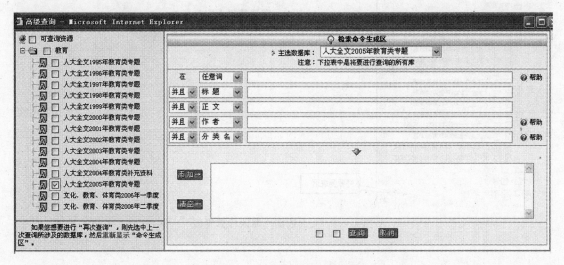

图 4.4-2　人大数据库高级检索界面

如果需要同时从多个资源中查询内容，可以在左边要选择的资源前打"√"，再点击"重新显示"，然后在显示字段中输入相应内容，点击"查询"，即可显示从多个资源中检索出来的信息。

4.4.3　检索结果处理

对检索结果的操作有全选、多篇显示、用户定制（标题定制、全文定制和排序），也可以通过点击"上页、下页、首页、末页、转到_页"进行翻页浏览，如图 4.4-3 所示。

图 4.4-3　人大数据库检索结果处理页面

一、单篇显示

在检索结果区中选择任意想要浏览的一篇点击标题即可浏览。在浏览过程中，可以点击控制面板上的"上一篇"或"下一篇"查看更多内容，也可以对一篇文章进行打印和另存。如果一篇文章过长，在屏幕中无法全部显示，可以通过点击"底部"或"顶部"直接转到文章的末端或顶部。

二、多篇显示

在结果显示区中对想要查看的标题前打"√"，选择完毕后再单击多篇显示，可以同时浏览多篇文章，多篇浏览有助于节省时间。

三、用户定制

（1）标题定制。一般系统默认只显示检索结果的标题，如果想要让检索区中显示更详细的内容，可在结果显示区的用户定制下拉表中点击标题定制，选择想要添加的字段并在其末端单击添加按钮，此时在右边的显示字段列表中就会显示出刚才添加的字段，再单击确定即可。如要图 4.4-4 中更多的内容，点击检索界面的"帮助"。

（2）全文定制。对检索出的每一篇文章，系统默认显示全部的字段名及内容，如果感到内容繁琐，想去掉一些不必要的字段名和内容，点击"用户定制"中的"全文定制"或"控制面板"中的"定制"，可以在右边显示字段列表中选择要删除的字段并点击"删除"。如果仅仅想删除字段的名称，而不想删除该字段的内容，可以在第一栏中的字段名称中进行选择后去掉后面的"√"即可。

四、排序

可以对检索出来的结果进行排序，也可以对查看的记录进行排序。点击结果显示区上的"排序"，则排序对话框打开，不同的数据库可以进行排序的字段是不同的，可以根据当前库中提供的字段对记录进行排序，选择任意一个字段可以进行上升或下降的排序。

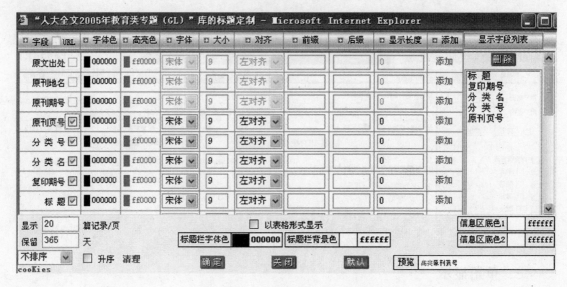

图 4.4-4　人大数据库用户定制功能

五、检索历史信息

　　该功能可以使我们看到自己的检索历史信息。点击辅助功能下的"检索历史",打开对话框,如图 4.4-5 所示。

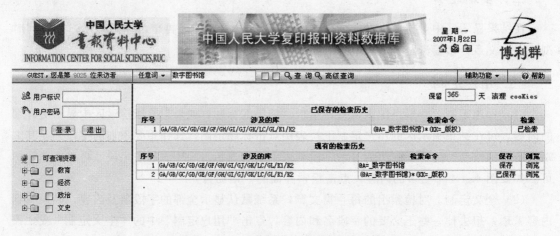

图 4.4-5　人大数据库检索历史保存功能

　　上半部的"已保存的检索历史"中显示的是以前保存下来的历史记录,下半部显示的是本次登录以来的检索信息。如果认为本次检索中的某个检索命令很重要,可在下半部的"现有的检索历史"中选择该检索命令并点击它后面的"保存",这样,该检索命令就被保存下来,并在"已保存的检索历史"中显示出来。如果想要查看已保存的检索命令,可在"已保存的检索历史"中选择该检索命令后点击"检索",则该命令就会在"现有的检索历史"中显示出来,点击该行后的"浏览",就可以看到上次检索的结果。

4.5　全国报刊索引数据库

4.5.1　数据库概述

全国报刊索引数据库原名为中文社科报刊篇名数据库（光盘版），是 1993 年文化部立项，上海图书馆承建的重大科技项目。全国报刊索引数据库基于书本式《全国报刊索引》，但在期刊的收录范围上比书本式有较大的扩充。2000 年起更名为全国报刊索引数据库·社科版，同时推出全国报刊索引数据库·科技版。

全国报刊索引数据库收录期刊 8000 种左右，报纸 200 余种，基本上覆盖了国内邮发和非邮发的报刊，内容涉及马列主义、毛泽东思想、哲学、社会科学、自然科学、综合性等各个学科。条目收录采取核心期刊全收、非核心期刊选收的原则。回溯数据从 1957 年至今，累积数据量已达到 800 余万条，并且年更新量在 50 万条左右。该库具有信息量大、学科门类齐全、报道时间最早、时间跨度最长的优势，它是目前国内特大型文献数据库之一。

4.5.2　检索方法

该检索系统采用 Web 界面，在浏览器中检索界面分为左功能区、右上功能区、右下功能区 3 个功能区，如图 4.5-1 所示。其中，左功能区用于输入检索式（以下称为检索区）、进行格式控制、浏览检索历史，右上功能区（以下称为简要信息区）用于浏览检索结果的简要信息，右下功能区（以下称为详细信息区）用于察看检索结果的详细信息。

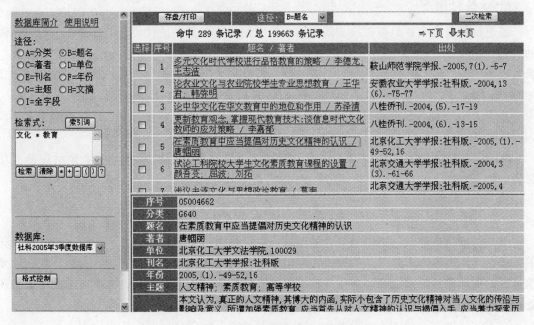

图 4.5-1　全国报刊索引数据库检索界面

该数据库有 8 个可检索字段，它们分别是分类、题名、著者、单位、刊名、年份、主题和文摘。其中题名和文摘两个字段支持全文检索，其余字段为整词索引字段，可输入检索词进行完全一致或前方一致检索，前方一致的标识符为"？"。此外，数据库还支持全字段检索，它是对上述 8 个可检索字段进行逻辑"或"运算。其检索方式主要有单字段检索、复合检索、二次检索。

一、单字段检索

要进行单字段检索，用户只需在检索途径中选择相应的字段，然后在检索式文本框中输入检索词。例如，要查找题名中有"文化"的文献，可先从检索途径中选择 B＝题名，从而将题名字段设置为当前检索字段，再输入检索式：文化。

单字段检索也可支持布尔逻辑算符，可首先在检索途径中选择某一字段作为当前字段，然后便可在检索式文本框内输入检索式。该检索式为布尔表达式，其中包含的检索词最多可达 15 个，检索式中的字符除汉字外皆为半角字符。该系统使用的逻辑算符有 3 个，即"－"、"＊"、"＋"，其中"－"代表逻辑非运算，"＊"代表逻辑与运算，"＋"代表逻辑或运算；"－"优先级最高，"＊"次之，"＋"最低。如果需要，可用小括号（ ）以类似算术表达式的方法来改变优先级。在检索式中，逻辑运算符的左右须各有一空格。逻辑运算符及小括号可由键盘输入，也可用鼠标点击检索式输入框下的相应按钮输入，若检索式中已含有小括号，须用相应的中括号代替。例如，要查找题名中有"文化"和"教育"的文献，可先将题名字段设置为当前检索字段，再输入检索式：文化 ＊ 教育。

二、复合检索

要进行复合检索，只需在检索式内的各检索词前冠以其字段代码（上述 9 个可检索字段的代码分别为 A、B、C、D、E、F、G、H、I）和等号。例如，要查找题名中有"文化"，著者姓"王"，年份为 2000 年及以后的文献，可输入以下检索式：B＝文化 ＊ C＝王？ ＊ F＝200？。

当某一字段为当前检索字段时，可省略其字段代码。对于以上检索式，若当前检索字段为"题名"，则可简化为：文化 ＊ C＝王？ ＊ F＝200？。

当检索式输入完毕后，点击"检索"按钮，系统立即进行检索并将结果显示在简要信息区。

三、二次检索

二次检索指在前次检索结果集合的范围内，通过追加限定条件，进一步缩小检索结果集的范围。具体操作方法如下：当检索命中结果后，可采用类似于上文所述的方法，先在简要信息区的顶部选择检索途径，并在文本框内输入检索词或布尔检索式，再点击二次检索按钮进行二次检索。

4.5.3 检索结果处理

该检索系统可显示的最大命中记录为 5000 条，当命中记录超过 5000 条时，仅显示前

5000 条记录。因此，当命中记录数较大时，为获得所需的查询结果，可采用较为专指的检索词或是布尔逻辑运算符检索，将检索命中记录数控制在 5000 以下。

一、检索结果浏览

（1）简要信息浏览。当检索命中结果后，其简要信息被显示在简要信息区，可通过点击首页、上页、下页、末页箭头进行浏览。

（2）详细信息查看。当要查看某条记录的信息记录时，可在简要信息区点击该条记录的题名，则该条记录的详细信息被显示在详细信息区。

二、检索结果的保存和打印

当要保存和打印某些记录时，可在简要信息区的选择栏先选中这些记录，然后再点击简要信息区左上角的"存盘/打印"按钮，则会弹出一个新的浏览器窗口，其中包含所选中记录的详细信息，这时便可用浏览器"文件"菜单中的"另存为"和"打印"菜单项来保存和打印检索结果。可保存和打印的最大记录为 200 条。

4.5.4 其他说明

一、索引词

该检索系统提供索引词列表。用户可在检索区点击"索引词"按钮，则在简要信息区出现索引词列表，选择列表框中适当的索引字段，以得到所希望的索引词列表，继而可在索引词输入框中输入一检索词，再点击"定位"按钮，系统即在索引中进行定位，并将结果显示在简要信息区，这时，可点击索引词前的按钮，将其添加到检索式中。

二、格式控制

用户可在检索区点击"格式控制"按钮，则在简要信息区出现题录库和刊名库的字段列表，可从中选择所需的字段用于显示、存盘或打印。同时还可将详细信息及存盘/打印的格式设定为字段方式或条目方式。

三、检索历史

该检索系统保留最近 20 次检索结果。

用户可在检索区点击"检索历史"按钮，则在简要信息区出现最近 20 次检索结果，用户可点击"浏览"超链接查看以前的检索结果。

4.6   中文科技期刊引文库

4.6.1 数据库简介

中文科技期刊数据库（引文版）是由重庆维普资讯有限公司在十几年的专业化数据库生

产经验基础上开发的又一新产品。该库可查询论著引用与被引情况、机构发文量、国家重点实验室和部门开放实验室发文量、科技期刊被引情况等，是科技文献检索、文献计量研究和科学活动定量分析评价的有效工具。

海量资源：1990 年至今公开出版的 5000 多种科技类期刊（其中包括《中文核心期刊要目总览》中的核心期刊 1500 余种），总共约 220 万篇文献。

覆盖范围：全面覆盖自然科学、工程技术、农业、医药卫生、经济、教育和图书情报等学科的信息资源。

分类体系：依照《中国图书馆分类法》，所有文献被分为 8 个专辑：社会科学、自然科学、工程技术、农业科学、医药卫生、经济管理、教育科学和图书情报。科学的分类体系符合人们的知识结构体系和科研习惯，便于检索利用。

著录标准：《中国图书馆分类法》、《检索期刊条目著录规则》、《文献主题标引规则》。

4.6.2　检索方法

本数据库可以实现两种功能的检索，在图 4.6-1 状态下实现源文献的检索，即检索本数据库所收录的文献及其引用他人文献的情况；点击图 4.6-1 左上角"切换到被引文献入口"按钮，转换到图 4.6-2 状态下实现被引文献的检索，即检索该文献被别人引用的情况。

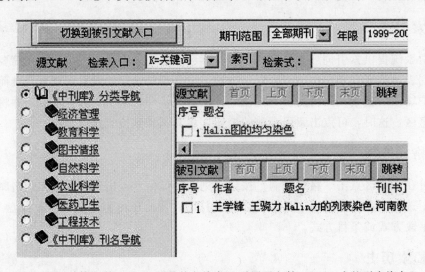

图 4.6-1　检索文献《Halin 图的均匀染色》引用了文献《Halin 力的列表染色》

一、源文献的检索

1. 选择检索入口

进入检索界面，点击下拉菜单，会看到如图 4.6-3 所示的窗口。里面有 8 种检索字段可供选择，包括"关键词、刊名、作者、第一作者、机构、题名、文摘、分类号"。选定某一检索字段后，可在检索式输入框输入检索词，点击"检索"按钮后，即实现相应的检索。字段名前的英文字母为检索途径代码，在复合检索中将要用到。这些代码可直接加在检索标识

切换到源文献入口

被引文献　检索入口：│I=题名 ▼│　索引│　检索式：│Halin

被引文献│首页│上页│下页│末页│跳转│　　　　　页　共检中：5条，1/1页

序号 作者　　　　　　题名

☐1 刘景发 李鸿祥　△（G）=3时的Halin图的边面全色数

☐2 张忠辅 吕新忠等　最大度△（Hg）≥7及△（Hg）=4，5，6的Halin图的边面全色数

☐3 李鸿祥 张忠辅等　Halin图的色性

☐4 王学锋 王骁力　　Halin力的列表染色

☐5 张忠辅 吕新忠等　最大度△（Hg）≥7及△（Hg）=4，5，6的Halin图的边面全色

源文献│首页│上页│下页│末页│跳转│　　　　　页　共检中：1条，1/1页

序号 题名　　　　　　作者　　　　刊名　　　出版年

☐1 Halin图的均匀染色 王骁力 李涛 南都学坛：自科版 1999，19（6）.-1-5

图 4.6-2　检索文献《Halin 力的列表染色》被文献《Halin 图的均匀染色》引用

前进行相应的字段限定，如"K＝线粒体"表示在关键词字段中检索"线粒体"。

2. 限定检索范围（导航树学科范围、年限、期刊范围）

学科分类导航是树形结构的，参考《中国图书资料分类法》进行分类。选中某学科类别后，任何检索都局限于此类别以下的数据。如选择根目录下的"自然科学"一级类，展开后再选"数理科学"二级类，那么检索范围就局限于"数理科学"类别的信息。直接点击最底层类别就可以在概览区域中直接显示出该类别的记录。

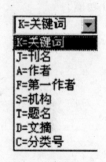

K=关键词 ▼
K=关键词
J=刊名
A=作者
F=第一作者
S=机构
T=题名
D=文摘
C=分类号

图 4.6-3　检索字段

期刊范围默认为全部期刊，可选择重要期刊或核心期刊。

注意：检索范围的限定功能（年限、期刊范围、所输入的检索式）在进行导航树学科范围浏览时始终生效，所以在概览区显示的文章篇数并不一定是该学科的文章记录总数。

3. 检索式和复合检索

简单检索请直接输入检索词，复合检索有两种方式。

（1）利用"二次检索"。在第一次结果的基础上再次检索。例如先选用"关键词"检索途径并输入"汽车"一词，点击"检索"；再选择"刊名"途径，输入"机械与电子"，在"与"、"或"、"非"的可选项中选择"与"，点击"二次检索"，然后输出的结果就是刊名为"机械与电子"，含关键词"汽车"的文献。二次检索可以多次应用，以实现复杂检索。

（2）直接输入复合检索式。例如输入"K＝汽车＊J＝机械与电子"，检索结果和以上 A 中的输出结果一样。检索词前面的英文字母是各入口途径的代码。本数据库检索符号的对应关系为"＊"＝与、"＋"＝或、"－"＝非，可按布尔运算的规则写复合检索式。例：输入检索式为"K＝（汽车＋GPS）＊J＝机械与电子"，检出结果等同于在检索入口中选择关键

词，在检索式中输入"汽车"检索后，输入"GPS"并选"或"选项进行二次检索，再在检索入口中选择刊名，在检索式中输入"机械与电子"并选"与"选项二次检索，共三步操作。

4. 索引

点击检索界面的"索引"，可以实现按"关键词"、"刊名"、"作者"、"第一作者"、"分类号"检索的统计功能。

二、被引文献的检索

1. 选择检索入口

进入检索界面，点击检索入口的下拉箭头，会看到图中所示的窗口，可以按"题名"、"刊名"、"作者"检索被引文献，如图 4.6-4 所示。

2. 检索式和复合检索

与"源文献的检索"方法类似。

3. 索引

与"源文献的检索"类似，可以实现按"刊名"、"作者"检索的统计功能。

图 4.6-4　检索入口

5 英文期刊信息检索

5.1 Elsevier Science Direct Online 全文数据库

5.1.1 数据库概述

Elsevier Science Direct Online，简称 SDOL，由荷兰爱思唯尔（Elsevier）出版集团出版。该集团创立于 1580 年，是全球最大的科技与医学文献出版发行商之一，ScienceDirect 系统是其核心产品，自 1999 年开始向读者提供电子出版物的全文在线服务，包括 Elsevier 出版集团所属的 2200 多种同行评议期刊和 2000 多种系列丛书、手册及参考书等，涉及物理学与工程、生命科学、健康科学、社会科学与人文科学四大学科领域。数据库收录全文文章已超过 856 万篇。

5.1.2 检索平台

ScienceDirect 的网址为 http：//www. Sciencedirect. com，任何用户均可访问并免费获取该数据库的文摘题录信息，正式用户可下载全文，机构用户采用 IP 地址控制使用权限。ScienceDirect 主页（图 5.1-1）提供了浏览、检索、个性化服务等。

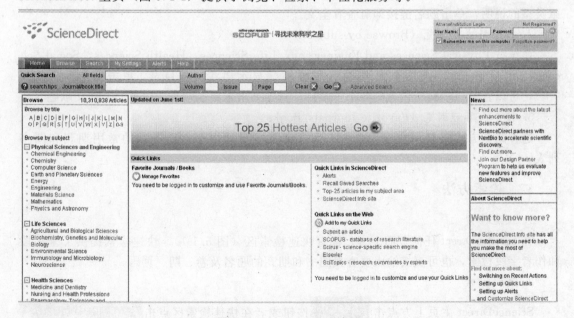

图 5.1-1 ScienceDirect 主页

一、浏览

点击 Browse 按钮，进入期刊和图书浏览界面。系统提供 3 种浏览方式，如图 5.1-2 所示。

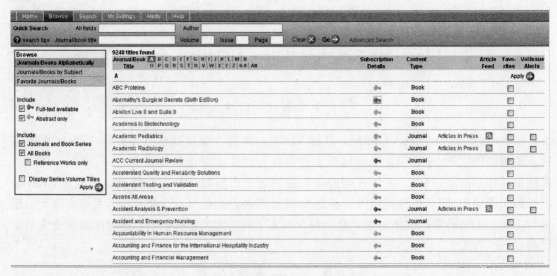

图 5.1-2　ScienceDirect 浏览界面

1. **按题名字顺浏览**（Browse by title 或 Journals/Books Alphabetically）

系统按题名字顺浏览列出所有的期刊和图书，每一种文献题名都列出资源订购类型和文献类型的说明，单击题名链接即可查看全文。

2. **按学科主题浏览**（Browse by subject）

系统按 Physical Sciences and Engineering，Life Sciences，Health Sciences，Social Sciences and Humanities 等四个大类 24 个学科主题显示树状结构目录，单击每个学科前的"＋"，可以查看该学科所包含的各个子学科，直到列出末层子学科所包含的全部文献题名。

3. **按个人喜好浏览**（Favorite Journals/Books）

这种浏览方式需要用户登录，个人爱好浏览才会列出个人已保存的常用期刊和图书列表。

二、检索方法

1. **快速检索**

在 ScienceDirect 任何页面上方，都有快速检索区（图 5.1-1）。快速检索提供了全字段和作者字段检索，也可直接输入要查找图书和期刊的题名及卷、期、页码。

2. **高级检索**

ScienceDirect 主页上方点击 **Search** 按钮或者在快速检索区点击 **Advanced Search** 按钮，进入高级检索界面（图 5.1-3）。高级检索有两个检索框，在检索框中可输入单词、词组并使用布尔逻辑运算符构建检索式，通过下拉菜单选择检索字段和逻辑运算符，可选择的字段有全字段、文摘/题名/关键词、作者、出版物、作者单位、ISBN、ISSN、全文等。在检索框下方依次可对文献类型、来源、学科领域、出版时间进行限定。

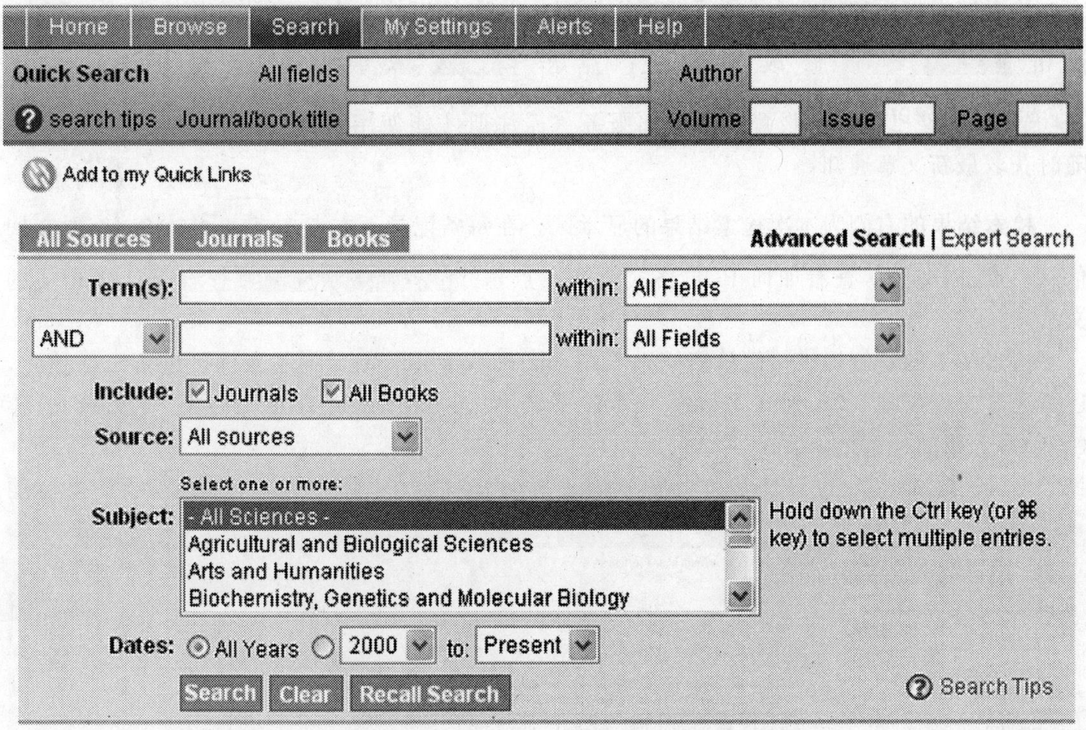

图 5.1-3　ScienceDirect 高级检索界面

3. 专家检索

在高级检索界面中，点击 Expert Search 进入专家检索界面。专家检索界面只提供一个输入框，输入框支持较为复杂的布尔逻辑运算式。其检索的限制项与高级检索页面相同。

4. 检索使用的主要符号

（1）布尔逻辑运算符。在同一检索字段中，可以用逻辑运算符 AND（与）、OR（或）、NOT（非）来确定检索词之间的关系。系统默认各检索词之间的逻辑运算符为 AND。

（2）截词符。截词符 * 表示无限截词，用于取代单词中的任意个字母，如输入 transplant * ，可以检索到 transplant，transplanted，transplanting……截词符? 用于取代单词中的 1 个字母，如输入 wom? n，可以检索到 woman，women。

（3）位置算符。位置算符 W/n，表示两词相隔不超过 n 个词，且词序可以任意，如 quick w/3 response，位置算符 PRE/n，表示两词相隔不超过 n 个词，词序不能互换，如 quick pre/2 response。

（4）精确短语检索。使用 ""，如输入 "information integration"，表示 "" 内的短语作为一个整体检索。

（5）优先处理运算符：使用 ()，系统将优先处理括号内的运算。

三、检索结果处理

检索结果界面如图 5.1-4 所示，界面上显示本次检索的命中的记录数及检索式。其中，点击 Edit Search 修改检索式；点击 Save Search 保存检索式；点击 Save as Search Alert 设置检索通知服务（需注册才能使用）；点击 RSS Feed 订阅，随时获取最新文章通知。

检索结果的右侧为本次检索结果的显示区。在每条记录下方点击 Preview 查看文摘信息；点击 PDF 查看如何 PDF 格式全文；点击 Related Articles 查看与记录相关的文献。

检索结果的左侧提供精简检索结果。在 Search Within Results 输入框可进行二次检索，还可通过内容类型（Content Type）、刊名/书名（Journal/Book Title）、主题（Topic）、年（Year）等精简检索结果。

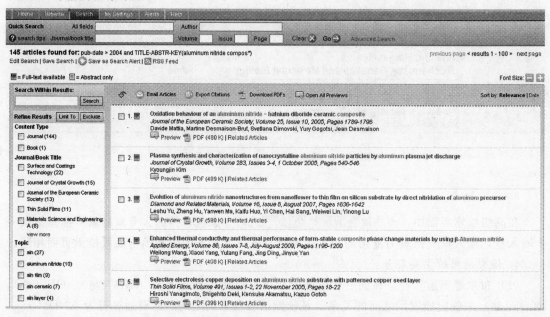

图 5.1-4　检索结果界面

四、个性化服务

Elsevier SDOL 提供了多角度、多层次的个性化服务功能，用户需注册才能使用。Elsevier SDOL 提供的个性化服务有：保存检索式、收藏喜好期刊、RSS 订阅、定制和管理专题通报（Alerts）、历史追踪（检索历史和操作历史）等。

5.2 Springer Link 全文数据库

5.2.1 数据库概述

Springer-Verlag（施普林格）是德国的世界著名科技出版集团，提供期刊、丛书、图书和参考工具书等 4 种类型文献，约 80％的刊物被著名的二次文献服务收录，在 ISI 的 SCI 里具有很高的影响因子。

Kluwer Academic Publisher 是荷兰的具有国际性声誉的学术出版商，Kluwer Online 是 Kluwer 出版的学术期刊的网络版，专门提供 Kluwer 电子期刊的查询、阅览服务。自 2005 年起，Kluwer Online 合并到 Springer Link，Kluwer Online 不再更新。新的 Springer Link 共收录 1200 余种期刊，可以检索到原 Kluwer Online 和原 Springer Link 所有内容，涉及生命科学、医学、数学、化学、计算机科学、环境科学、地球科学、工程学、物理学与天文学、行为科学、商业及经济学、人文科学、社会科学及法律等 13 个学科。

5.2.2 检索平台

国内用户可通过 http：//springerlink. lib. tsinghua. cn 或 http：//springerlink. com 访问 Springer Link 主页（图 5.2-1），Springer Link 提供有浏览、检索和个性化服务等。

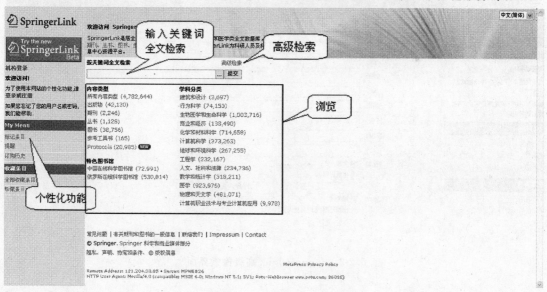

图 5.2-1 Springer Link 主页

一、浏览

（1）按内容类型浏览分为所有文献类型、出版物、期刊、丛书、图书、参考工具书和 Protocols。其中 Protocols 是 Springer Link 新推出的服务，是全球最大的经同行评议的在线实验室指南库，也是全球引用量最高的在线实验室指南库，包含生物化学、生物信息学、生物工艺学、癌症研究、细胞生物学、遗传/基因、成像/放射医学、免疫学、传染性疾病、微生物学、分子医学、神经系统科学、药理学/毒物学、植物科学、蛋白质科学 15 个学科。

（2）按学科浏览分为建筑和设计、行为科学、生物医学和生命科学、商业和经济、化学和材料科学、计算机科学、地球和环境科学、工程学、人文社会和法律、数学和统计学、医学、物理和天文学、计算机职业技术与专业计算机应用。

Springer Link 两个特色图书馆分别为中国在线科学图书馆和俄罗斯在线科学图书馆。

二、检索方法

1. 按关键词全文检索

在 Springer Link 主页提供"按关键词全文检索"输入框，可直接输入检索词进行检索，也可使用输入框旁的检索表达式构建对话框 ⋯ 定制检索表达式。

2. 高级检索

高级检索（图 5.2-2）提供全文、标题、摘要、作者、编辑、ISSN、ISBN、DOI（Digital Object Identifier，数字对象标识符）等检索字段，检索结果可按照相关度或出版时间排列。

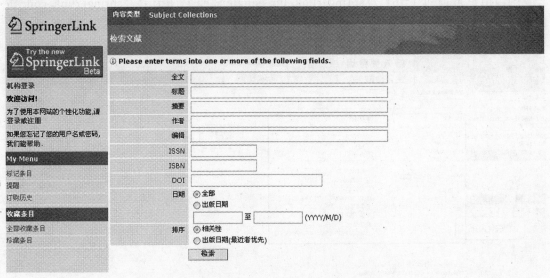

5.2-2　Springer Link 高级检索界面

3. 检索使用的主要符号

（1）布尔逻辑运算符。逻辑运算符有 and（与）、or（或）、not（非）、and not（不包括）。

（2）截词符。截词符为"*"，用于检索词的中间或末尾，表示中截断或后截断。

（3）精确运算符。精确运算符为""，表示其中的检索词是一个不可拆分的整体。

（4）优先级运算符。优先级运算符为（），将优先处理括号内的运算。

三、检索结果处理

检索结果（图 5.2-3）有详细列表和简要列表两种显示方式。点击 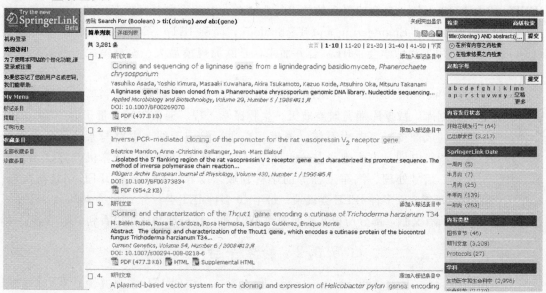 下载当前列表，点击 提供 RSS 服务，点击 用电子邮件发送当前列表，点击 保存当前列表，点击 PDF 查看全文。

5.2-3　Springer Link 检索结果

在检索结果页面的右边，可以重新检索或利用导航栏精检当前检索结果。

（1）输入检索词，选择在所有内容之内检索或在检索结果之内检索。

（2）输入字母、字符，然后点击 提交 按钮，或直接点击字母、字符，即可浏览题名以该字母、字符为起始部分的记录。

（3）按内容的发行状态，即开始在线发行和已出版发行，查阅当前检索结果中不同发行状态的文献。

（4）可按不同入库时间、内容类型、学科、语种、版权年份、出版物、作者，分别浏览当前检索结果中的记录。

四、个性化服务

在 Springer Link 提供个性化服务主要有回顾检索历史、在系统中保存检索结果、个人收藏夹、电子通知服务等。要使用该项功能，需要先行注册。

5.3 IEEE/IET Electronic Library (IEL) 全文数据库

5.3.1 数据库概述

美国电气电子工程师学会（Institute of Electrical and Electronics Engineers，简称 IEEE）成立于 1884 年，是全球最大的技术行业协会，总部设在美国新泽西州。英国工程技术学会（Institution of Engineering and Technology，简称 IET）系由英国电气工程师学会（IEE）和英国应用工程师学会（IIE）合并而来，是欧洲规模最大、全球第二大的国际专业工程学会。

IEEE/IET Electronic Library (IEL) 是由美国电气电子工程师学会和英国工程技术学会共同创建的数据库，数据库涵盖航空航天、生物医学工程、通信工程、量子电子学、海洋工程、纳米技术、成像技术、电力系统、遥感、交通运输、天线、电路与系统、光学、能源、信息技术、智能电网、电力电子技术、半导体、机器人自动化、计算机软件、无线通讯、计算机硬件、信号处理、汽车工程等的学科领域。内容包括 149 种 IEEE 期刊与杂志；23 种 IET 期刊；每年 900 多种 IEEE 会议录；每年 40 多种 IET 会议录；超过 2000 种 IEEE 标准；1988 年以后所有文献，部分历史文献回溯到 1893 年，部分期刊还可以看到预印本全文。

5.3.2 检索平台

用户可通过 http：//ieeexplore.ieee.org（图 5.3-1），访问 IEL 主页并免费获取该数据库文摘题录信息，正式用户可以下载全文，机构用户采用 IP 地址控制使用权限。在 IEL 主页上提供了浏览和检索两种检索方式。

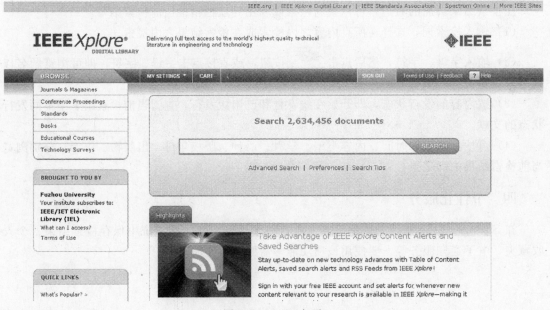

图 5.3-1 IEL 主页

一、浏览

IEL 提供的浏览方式有期刊/杂志（Journals & Magazines）、会议录（Conference Proceedings）、标准（Standards）、图书（Books）、教育课程（Educational Courses）、技术调查（Technology Surveys）等。每一种浏览方式又可分为的按名称（Title）和学科（Subject）进行浏览，其中名称又可按字顺浏览（Browse Alphabetically）和按关键词浏览（Browse by Keyword）。以期刊/杂志（Journals & Magazines）浏览为例，浏览页面如图 5.3-2 所示，可按字顺浏览或直接输入刊名关键词查询浏览，如输入"power"一词，包含"power"的所有期刊/杂志全部命中。

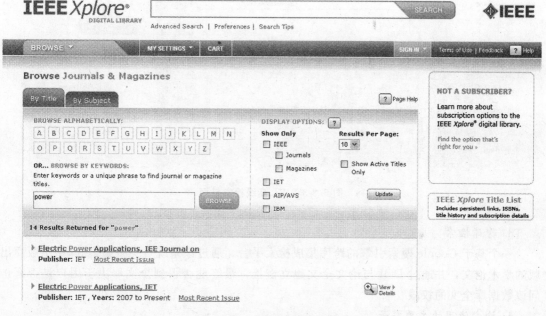

图 5.3-2　IEL 期刊浏览界面

二、检索方法

1. 基本检索

在 IEL 主页上有一个基本检索的检索框，在检索框中输入检索词将在全字段（All Fields）中查询。此种检索方法查全率高，但查准率低。

2. 高级检索

检索页面如图 5.3-3 所示，在页面下方可分别对出版商、出版物类型、学科和检索年代范围进行限定。在检索输入框中可输入检索词，并通过下拉菜单选择检索字段和布尔逻辑运算符。可选择检索字段有全字段、全文、题名、作者、刊名、摘要等，布尔逻辑运算符有 AND、OR、NOT。在输入框下方点击 ＋Add New Line ，可增加逻辑检索行。

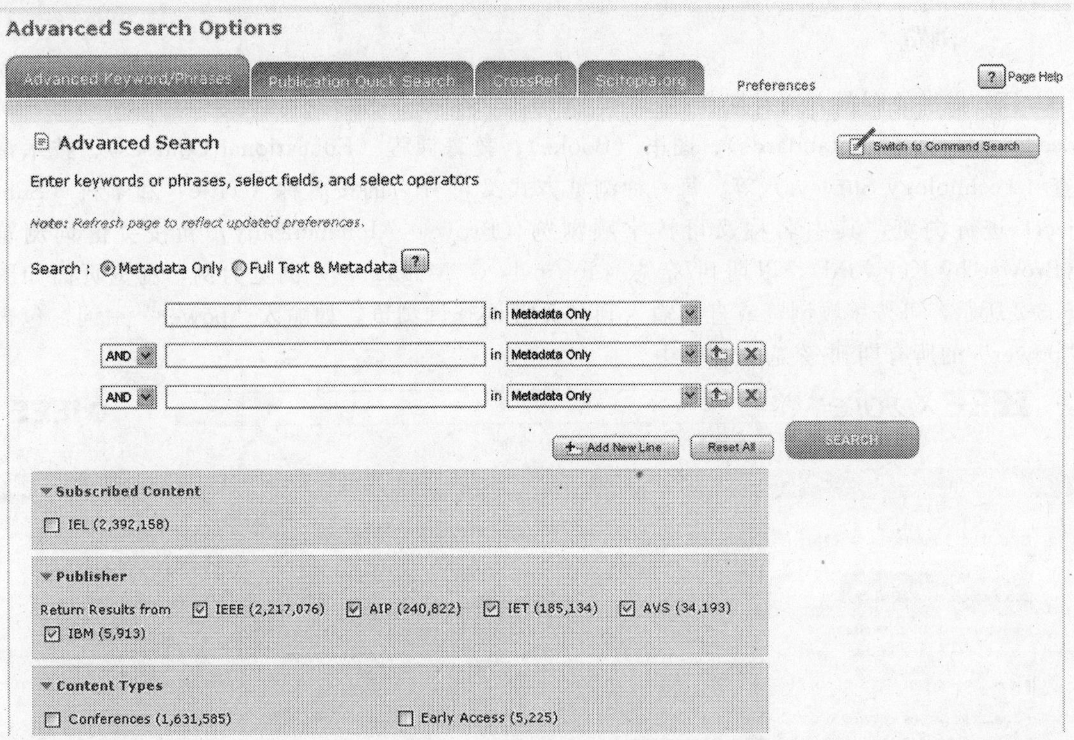

Advanced Search Options

图 5.3-3　IEL 高级检索界面

3. 跨库检索

一个基于 Google 搜索引擎的跨库集成检索平台，通过该系统可免费检索 35 家出版商出版的学术论文，并通过 DOI 与论文全文建立链接，最终能否得到全文取决于用户是否有访问该数据库全文的权限。

4. 检索使用的主要符号

（1）布尔逻辑运算符。逻辑运算符有 and（与）、or（或）、not（非）。

（2）截词符。截词符为"＊"，可以代表任意一个或者多个字符，可用在一个单词前面、中间、后面。

（3）精确运算符。精确运算符为""，表示其中的检索词是一个不可拆分的整体。

三、检索结果处理

检索结果页面如图 5.3-4 所示，可通过每个单独记录旁的复选框做标志选择想要的记录，通过点击 Save This Search 保存检索式，点击 Download Citations 下载题录，点击 Email Selected Results 通过电子邮件发送检索结果，点击 Print 打印检索结果，点击检索结果记录下方的 AbstractPlus 查看文摘，点击 Full Text: PDF 查看全文。

在检索结果页面的左侧，可通过输入框输入检索词精简检索结果，也可通过文献类型（Content Type）、出版发行时间（Publication Year）、作者（Author）、机构（Affiliation）、出版名称（Publication Title）、出版商（Publisher）、学科（Subject）、会议国（Conference Country）、会议地址（Conference Location）等精简检索结果。

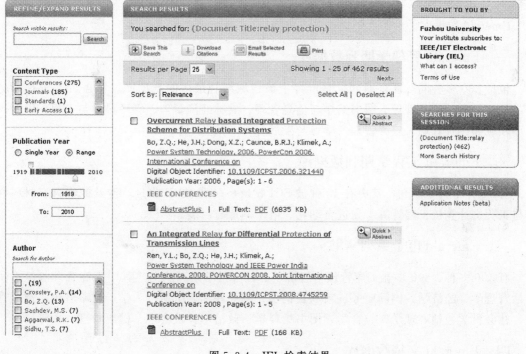

图 5.3-4　IEL 检索结果

四、个性化服务

IEL 数据库提供个性化服务主要有保存检索式、定制专题、电子通知服务及 RSS 等。要使用该项功能，需要先行注册。

5.4　Emerald 全文数据库

5.4.1　数据库概况

Emerald 于 1967 年由世界著名百强商学院之一的布拉德福商学院（Bradford University Management Center）的学者建立，从出版唯一一本期刊开始，到至今成为世界管理学期刊的最大出版社之一。40 多年间，Emerald 一直致力于管理学、图书馆学、工程学以及人文社会科学图书的出版。从建社以来，Emerald 一直秉承理论联系实际并应用于实践的出版理念。其总部位于英国，但所有期刊的主编、作者遍布世界各地，并且在世界许多国家建立了代表处，使 Emerald 成为真正意义的国际化出版机构之一。

Emerald 全文数据库覆盖以下学科：会计金融和法律、经济和社会政策、健康护理管理、工业管理、企业创新、国际商务、管理科学及研究、人力管理、质量管理、市场学、营运与后勤管理、组织发展与变化管理、财产与不动产、策略和通用管理、培训与发展、教育管理、图书馆管理与研究、信息和知识管理、先进自动化、电子制造和包装、材料科学与工程。

Emerald 数据库平台上主要提供以下内容：

一、Emerald 管理学期刊数据库

包括 230 多种同行评审期刊，是世界上该领域期刊最多的数据库，覆盖五大管理学分支：工商管理、公共管理、图书馆学与信息管理、农林经济管理、管理科学与工程，以及泛管理领域如建筑管理、旅游管理、学习与发展等。

二、Emerald 工程学期刊数据库

有 17 种工程学期刊，其中有 15 种被 SCI 收录，14 种被 EI 收录。涉及的学科有材料科学与工程、计算机工程计算、先进自动化、电子制造与封装。

三、Emerald 电子系列丛书

有 100 多种、800 多卷工商管理与经济学、社会科学系列丛书，其中工商管理与经济学包括管理学、经济学、国际商务、市场营销学、领导科学、组织行为学、战略管理、健康管理，社会科学包括心理学、教育学、图书馆科学、政治学、社会学、健康护理、残障研究。

四、Emerald 文摘数据库

包括管理学评论文摘库（EMR）、土木工程文摘库（ICEA）、国际计算机文摘库（CAID）、计算机和通讯安全文摘库（CCSA）、图书馆和信息管理文摘库（CAA）等。

5.4.2 检索平台

用户可通过 http：//www.emeraldinsight.com 访问 Emerald 主页（如图 5.4-1），该主页提供浏览、检索、辅助资源及个性化服务。

一、浏览（Browse）

在首页可选择期刊、电子图书浏览或文摘浏览。点击 Browse 下面的 Books & Journals，进入期刊、电子图书浏览界面，如图 5.4-2 所示，在 View: Both | Just Journals | Just Books 上选择单独浏览期刊或电子书，在 Show: All content | Just my subscriptions 上选择所有内容或已授权的内容进行浏览，在页面的右侧可选择按首字母顺序浏览或按学科顺序浏览。

在首页点击 Browse 下面 Bibliographic Databases，进入 Emerald 文摘浏览界面，如图 5.4-3 所示，界面上提供管理学评论、计算机与安全文摘库、计算机文摘库、图书馆学文摘库、土木工程文摘库等 5 个可供选择的文摘数据库。每个文摘库再按照内容进行分类，为读者提供该领域最新的信息以及研究成果。

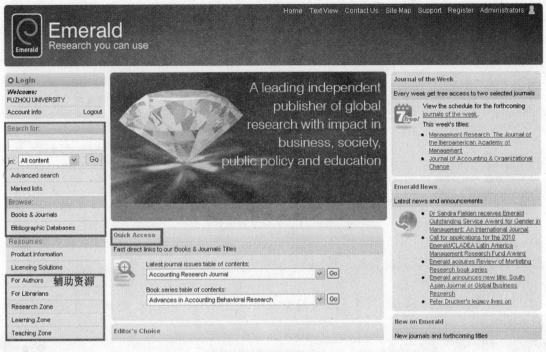

图 5.4-1　Emerald 主页

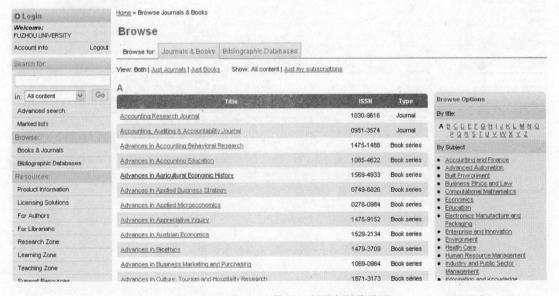

图 5.4-2　Emerald 期刊、电子书浏览界面

二、检索方法

1. 快速检索

在首页进行可直接进行快速检索，用户直接输入检索词即可。在快速检索中用户可选择

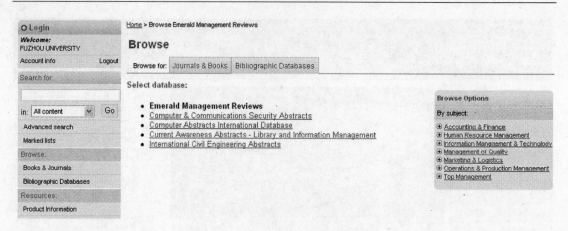

图 5.4-3　Emerald 文摘浏览界面

期刊、图书、文摘以及辅助资源 4 类不同的检索结果，如图 5.4-1 所示。

2. 高级检索

点击"Advanced Search"进入高级检索页面，如图 5.4-4 所示，高级检索提供更详细的检索信息。

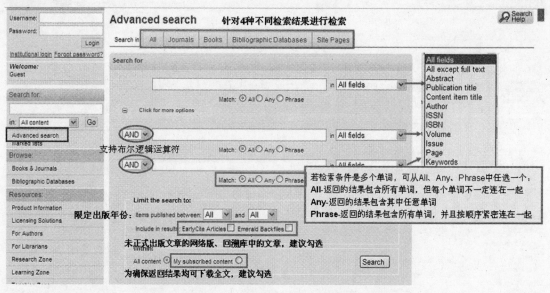

图 5.4-4　Emerald 高级检索界面

三、辅助资源

辅助资源可帮助特定用户获得更多帮助信息：For Authors（作者专栏），提供作者详尽的投稿信息；For Librarians（图书馆员专栏），提供图书馆员更多的期刊信息和图书馆学研究热点和会议信息；Research Zone（学者园地），提供研究基金项目、申请基金指南、项目管理、研究方法指南、国际同行联系平台和国际会议信息；Learning Zone（学习园地），提供管理技巧、学习技巧、MP3 格式的学习资源等。

四、检索结果处理

检索结果如图 5.4-5 所示，可选择所有文献、期刊、图书、文摘以及辅助资源等不同检索结果；可修改、保存检索条件，把自己喜欢的文章加入收藏夹；点击 Abstract 进入文献文摘页面，系统提供文献标题、作者、文摘、关键词等信息；点击 View HTML 或 View PDF 可分别选择 HTML 或 PDF 全文格式进行阅读。

图 5.4-5　Emerald 检索结果界面

五、个性化服务

个性化服务可帮助用户建立属于自己的文献系统，管理文献资源，并辅助用户进行学术研究。

要使用平台的个性化功能，需要注册，设定自己的用户名和密码。在主页右上方点击 Register 即可进行注册。个性化服务提供以下的功能：

（1）收藏夹功能。可创建多个收藏夹，并将喜爱或需要引用的文章链接添加其中。

（2）添加期刊或图书。添加自己喜爱的期刊或图书，在"Your Favourites"版块浏览该期刊或图书最新文章的内容。

（3）订阅文摘和时事通讯。订阅"Digests and newsletters"，可免费获得每周最新出版物的文摘以及感兴趣领域的时事通讯。

（4）保存检索条件。免费获得所保存检索条件的最新检索结果内容。

（5）期刊新增内容提醒。选择感兴趣的期刊，免费获得该期刊新增内容提醒。

5.5 美国化学学会数据库

5.5.1 数据库概况

美国化学学会（American Chemical Society，简称 ACS）成立于 1876 年，是世界上最大的科技协会，其会员数超过 16.3 万。ACS 一直致力于为全球化学研究机构、企业及个人提供高品质的文献资讯及服务，已成为享誉全球的科技出版机构。

ACS 出版的 38 种期刊，被 ISI 的 Journal Citation Report（JCR）评为：化学领域中被引用次数最多的化学期刊。其内容涵盖以下领域：农业、生化研究方法、生化和分子生物学、生物技术和应用微生物学、分析化学、应用化学、无机化学、核化学、药物化学、晶体化学、有机化学、普通化学、物理化学、环境科学、材料科学、聚合物科学、植物学、毒物学、食品科学、工程化学、化学信息学、化学多学科应用、燃料与能源、药理与制药学、化学教育等。

5.5.2 检索平台

ACS Web 版除具有一般的检索、浏览等功能外，还可在第一时间内查阅到被作者授权发布、尚未正式出版的最新文章（Articles ASAPsm）；用户也可定制 E-mail 通知服务，以了解最新的文章收录情况；ACS 的 Article References 可直接链接到 Chemical Abstracts Services（CAS）的资料记录，也可与 PubMed、Medline、GenBank、Protein Data Bank 等数据库相链接；具有增强图形功能，含 3D 彩色分子结构图、动画、图表等；全文具有 HTML 和 PDF 格式可供选择。

一、浏览

在 ACS 的主页（图 5.5-1），点击右边的 Publications A - Z 按钮，就能看到 ACS 的所有的期刊名称。点击所需要查看的期刊名称，能看到该期刊的最新一期的目录。点击所需要的文章条目下的 Abstract，能看到该文章的摘要，点击 HTML 或 PDF 能分别以 html 或 pdf 两种形式查看全文。

从 ACS 主页上方的 Browse Our Journals 选择按期刊名称字母顺序或学科显示的期刊，在显示栏内双击感兴趣的期刊，就可直接跳转到该期刊的主页进行浏览。

访问归档期刊时，在感兴趣的期刊主页的右边上，在 Browse By Issue 的下拉菜单中选择想要浏览的 Decade、Volume 和 Issue Number。完成选择后，点击 Go 按钮，所选择的该期期刊目录就会显示出来。还可以利用页面上部的 Previous Issue 和 Next Issue 按钮来浏览前期和后期的期刊。

二、检索方法

1. 快速检索

在 ACS 主页右上方的 Search 栏中输入关键词，可以在 Title（题名）、Author（作者）、

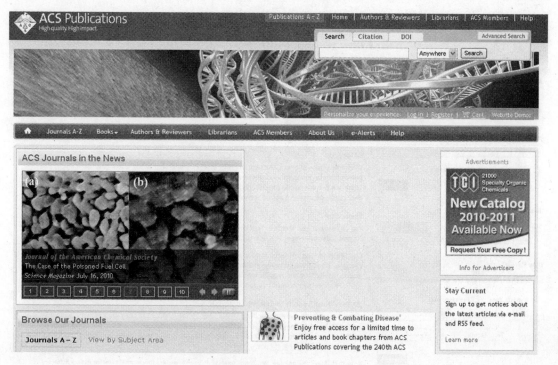

图 5.5-1 ACS 主页

Abstract（摘要）、Anywhere（全文）5 个字段中进行论文的快速检索。

2. 高级检索

在 ACS 主页点击右上角的 Advanced Search 按钮，就可进入高级检索界面，如图 5.5-2 所示。系统提供 5 个字段检索框，分别为全文、题名、作者、摘要和图表说明。检索框中可输入单词、词组或使用布尔逻辑运算符构建检索式，检索框之间默认为 AND 的逻辑组配。系统默认支持词干和词根检索，在 Enable stemming (include root terms) 勾选取消词干和词根检索功能。检索框下方依次对检索范围和时间进行限定。

3. 引用检索

如果知道原文的引用信息，可以使用引用检索功能来快速找到该原文。引用检索的功能在主页的右上方（图 5.5-1）。

使用引用检索功能有两种方式：

（1）如果知道原文的期刊名、卷号和开始页。点击主页上的 Citation 按钮，然后将期刊名、卷号和开始页输入到相对应的栏目内，再点击 Go 按钮。

（2）如果知道原文的数字目标标识符（DOI），点击主页上的 DOI 按钮，然后将 DOI 号码输入到对应栏目内，然后点击 Go 按钮。

三、检索结果处理

检索结果如图 5.5-3 所示。点击每条记录右边的 Abstract ，即可查看该论文的摘要信息；

Anywhere in Content/Website:

Title:

Author:

Abstract:

Figure/Table Captions:

☐ Enable stemming (include root terms)

SEARCH

Journals and Book Series

Search within: Modify Selection

> All ACS Journals and Book Series

Date Range

☐ Search only Articles ASAP and Just Accepted Manuscripts

◉ Web Pub. Date   ○ Print Pub. Date

From: Month ▾   Year ▾

To: Month ▾   Year ▾

SEARCH

Boolean Search

Within all of the search fields, the Boolean Operators AND (also + or &), OR, and NOT (also -) allow you to perform searches that specify logical relationships between terms. By default, an AND relationship between each of the terms you enter is established **except for the Author field** (see Author Searching below).

Author Searching

To search for multiple authors, separate each author name with either AND or OR. Using AND will search for content that has been co-authored by the authors. Using OR will search for content that has been authored by either of the authors.

Phrases

To bypass the default use of the AND relationship between the terms you enter, wrap your terms in quotes. This will create a search for the specific phrase you have enclosed in quotes.

Wildcards

Wildcards allow you to construct a query with approximate search terms. Use a question mark (?) in a search term to represent any one character and use an asterisk (*) to represent zero or more characters. There are two limitations of wildcards: (1) they cannot be used at the beginning of a search term and (2) they cannot be used in a phrase enclosed in quotation marks.

Stemming

You can expand your search by enabling stemming. Simply check the checkbox that appears just before the Journal Titles heading in your Search Criteria. [Show me the stemming option in the Search Criteria]

Enabling stemming will automatically include the root terms of the words you have used in your search. For example, if you have stemming enabled and are searching for the word "nanotubes", your search will also include results from the singular form of the word "nanotube", as well as other words using the root term "nano" such as "nanoscience", "nanoscale", etc.

Narrow Your Search to Specific Journals

If you want to search within specific journals, click on the "Modify Selection" button in the Journal Titles section. A box displaying all of the ACS Publications journals will appear, and you can select which journals you'd like to use. When you are finished selecting journals, make sure to click on "Update" button to finalize your selection. [Show me the Journal Selector section in the Search Criteria]

Note that if you do not have JavaScript enabled in your browser, the journal selector uses a different

图 5.5-2　高级检索界面

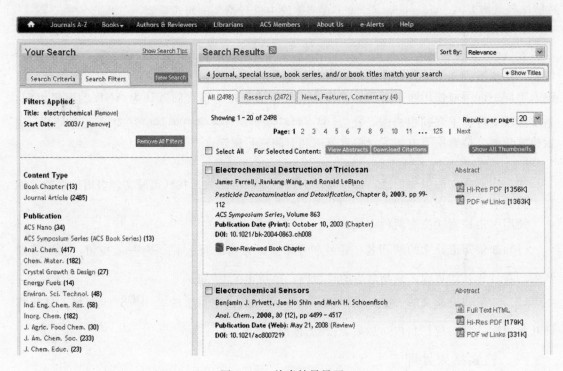

图 5.5-3　检索结果界面

点击  或 ，可分别查看 HTML 或 PDF 格式的全文。

精简检索结果时，在检索结果页面的左侧，可通过文献类型（Content Type）、出版物（Publication）、论文类型（Manuscript Type）、作者（Author）、出版时间段（Date Range）等精简检索结果。

四、个性化服务

用户通过注册获得个人账号，即可使用个性化服务功能：保存检索式、收藏文章、最新期刊目录信息通知（TOC）、最新在线出版文章信息（ASAP）、RSS 订阅等。

5.6 美国化学文摘数据库

5.6.1 数据库概况

CA on CD 光盘数据库由美国化学学会制作，文摘内容对应于书本式《化学文摘》（Chemical abstract，简称 CA）。该数据库收录世界范围内有关生物化学、物理化学、无机与有机化学等众多化学及化工方面的科技文献，年文献量达 773000 条，其中约 123000 条专利。文献来源包括科技期刊、专利、技术报告、学位论文、会议录以及图书。数据库检索软件为 Windows 版本，用户需进入图书馆光盘系统才能使用。

5.6.2 检索平台

进入 CA 光盘数据库，出现如图 5.6-1 所示的窗口。

图 5.6-1 CA on CD 检索界面

在检索菜单状态下，点击图标或打开工具栏中的菜单进入相应检索路径。

Browse——索引浏览式检索，Search——词条检索

Subst——化学物质等级名称检索，Form——分子式检索，Help——联机帮助

一、索引浏览式检索

在检索菜单窗口，用鼠标点击 Browse 或在 Search 命令菜单中选择 Browse 命令，即可进入索引浏览格式检索。

窗口中 Index 字段的缺省值为 Word。用户可点击索引框中的箭头拉开索引菜单，选择所需索引字段。索引字段有 Word（自由词，包括出现在文献题目、文摘、关键词表、普通主题等中所有可检索词汇）、CAS RN（CAS 登记号）、Author（作者及发明者姓名）、General Subject（普通主题）、Patent Number（专利号）、Formula（分子式）、Compound（化

合物名称）、CAN（CA 文摘号）、Organization（组织机构、团体作者、专利局）、Journal（刊物名称）、Language（原始文献的语种）、Year（文摘出版年份）、Document Type（文献类型）、CA Section（CA 分类）、Update（文献更新时间或书本式《化学文摘》的卷、期号。）

输入检索词的前几个字符或用鼠标键滚动屏幕，将光标定位于所选检索词处。点击 Search 键或回车，开始检索。

在索引浏览窗口，可用 Edit/Copy 和 Edit/Paste，将选定的索引条目转移到词条检索窗口进行检索。

二、词条检索

点击 Search 或在 Search 命令菜单中选择 Word Search 命令（图 5.6-2）

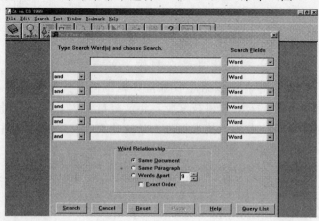

如图 5.6-2　词条检索界面

（1）在屏幕中部的检索词输入方框中输入检索词（词间可用逻辑组配）。

（2）在右边字段设定方框中选定相应检索词的字段。缺省为"Word"。左边选项方框中选择词间的关系组配符，此处缺省为"AND"。逻辑运算符为 AND、OR、NOT。

（3）设定各检索词在文献记录中的位置关系即位置算符（Word Relationship）。

Same Document——检索词在同一记录中出现，Same Paragraph——检索词在同一字段中出现，Word Apart——检索词间允许的最大间隔词数 0～9，Exact Order——精确检索。

（4）用鼠标点击 Search 键，开始检索。检索完毕后，屏幕出现检索结果，显示检中的文献题目。对检索词的输入，系统允许使用代字符"?"及截词符"＊"。每一个"?"代表一个字符，如 Base? 代表检索词可为 Bases 或 Based；"＊"符号表示单词前方一致。另外，还可以在同一字框内使用逻辑运算符"OR"连接成简单检索式，如 Strength or toughness。

三、化合物等级名称检索

CA on CD 的化学物质等级名称索引与书本式的化学物质索引基本相同，是按化学物质的母体名称进行检索的，有各种副标题及取代基。

在检索窗口中，用鼠标点击 Subs 或从 Search 命令菜单中选择 Substance Hierachy 命令，系统即进入化学物质等级名称检索窗口，屏幕显示物质第一层次名即母体化合物名称索引正文。无下层等级名的化合物条目中直接给出相关文献记录数，有下层名称的物质前则出现"＋"符号。用户双击选中索引，将等级索引表一层层打开，再用鼠标双点击该物质条目即可进行检索。检索完毕后，屏幕给出相关文献检索结果。

四、分子式检索

分子式索引由 A－Z 顺序排列，检索过程与化合物等级名称检索相似。

五、其他检索途径

在显示结果后，可用鼠标定位在所有字段中需要的任何词上，然后双击，系统会对所选词在所属的字段中重新检索。或选定后，从 Search 菜单中选择 Search for election 命令，系统即对所选词条进行检索，检索完毕显示命中结果。如果想从记录中选择 CAS 登记号进行检索，点击该登记号显示其物质记录，或在记录显示窗口点击 NextLink，光标将出现在该记录的第一个 CAS 登记号处，再点击 NextLink，光标将移到下一个 CAS 登记号，用 GotoLink 来显示其物质记录。可在物质记录中点击 CA 索引名称查询该物质名称的文献。

六、检索结果处理

检索结果如图 5.6-3 所示，对感兴趣的文献可将光标条停在文献标题上，用 Mark 键进行标注，或用 Unmark 键取消标注。点击 SaveMk 存储所标注的检索结果，点击 Save 存储当

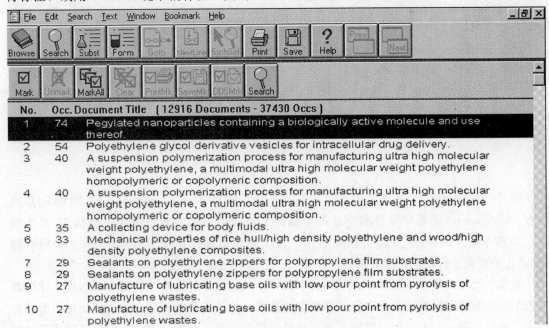

图 5.6-3　检索结果标题界面

前屏幕显示的内容。点击 PrintMk 可选打印格式来输出检索结果，点击 Print 打印当前屏幕显示的内容。

　　双击文献标题，可查看文献摘要，文献摘要界面如图 5.6-4 所示。点击工具栏上 Bookmark 选择 add，系统自动将文献标题作为文件名存档，以便日后调用。

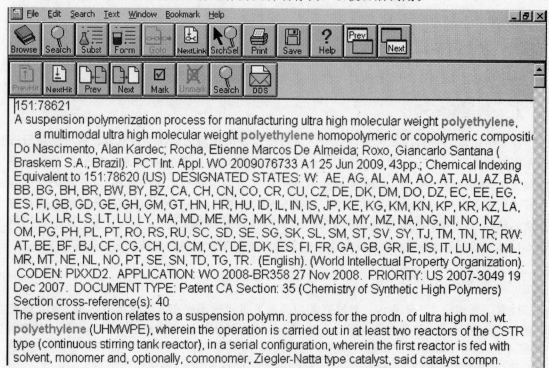

图 5.6-4　检索结果文摘界面

5.7　美国工程索引数据库

5.7.1　数据库概况

　　Ei Compendex Web 是著名的美国《工程索引》（The Engineering Index，简称 EI）网络版。Compendex 数据库是目前全球最全面的工程检索二次文献数据库，包括 50 多个国家、20 多个语种的 5000 多种工程类期刊、会议论文集和技术报告（其中 2000 多种有摘要），几乎覆盖了所有工程技术领域。

　　数据库涵盖工程和应用科学领域的各学科，涉及核技术、生物工程、交通运输、化学和工艺工程、照明和光学技术、农业工程和食品技术、计算机和数据处理、应用物理、电子和通信、控制工程、土木工程、机械工程、材料工程及石油、宇航、汽车工程以及这些领域的子学科与其他主要的工程领域。

　　网上可以检索到 1970 年至今的文献，数据库每年增加选自超过 175 个学科和工程专业的大约 250000 条新记录；数据库每周更新数据，以确保用户可以跟踪其所在领域的最新进展。

5.7.2 检索平台

Ei Compendex Web 分为简易检索、快速检索和高级检索 3 种方式（图 5.7-1）。系统默认的检索方式是快速检索，点击界面上的提示条可在 3 种方式之间进行切换。

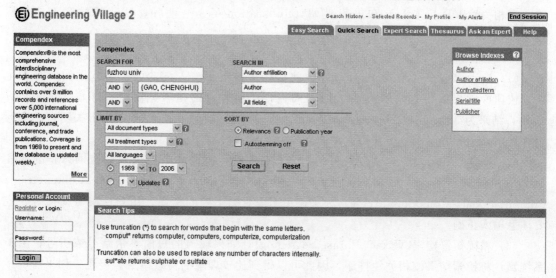

图 5.7-1 Ei Compendex Web 检索界面

一、简易检索

简易检索是一种最简单的检索方法。在单个检索框中输入检索词，可以没有限制地检索数据库中所有内容。

二、快速检索

1. 检索框

系统提供了 3 个检索条件输入框，每个检索框可以输入单词或词组进行检索。3 个检索框之间的逻辑关系可以通过下拉菜单来限定，系统支持"AND"、"OR"、"NOT"布尔逻辑运算。当 3 个文本框中均有输入，总是先合并检索前两个文本框中的词，然后再检索第三个文本框中的词（图 5.7-1）。

2. 检索字段

在快速检索界面，可检索所有字段（All Fields）、主题词/标题/摘要（Subject/Title/Abstract）、摘要（Abstract）、作者（Author）、作者单位（Author Affiliation）、题目（Title）、Ei 分类号（Ei Classification Code）、图书馆所藏文献和书刊的分类编号（CODEN）、会议信息（Conference Information）、会议代码（Conference Code）、国际标准期刊编号（ISSN）、Ei 主标题词（Ei Main Heading）、出版商（Publisher）、刊名（Serial Title）、Ei

受控词（Ei Controlled Terms）。所有字段（All Fields）为检索 Compendex 数据库时的默认值。

3. 检索限定

检索限定包括文件类型（Document Type）限定、处理类型（Treatment Type）限定、语言（Language）限定、按日期限定（Limit By Date）和最近四次更新（Last Four Updates），是一种有效的检索技巧，使用此方法，用户可得到更为精确的检索结果。

4. 检索结果排序

有相关性（Relevance）和出版日期（Publication Year）两种，默认的排序为相关性排序。

5. 检索小技巧

（1）自动取词根（Autostemming）。此功能将检索所输入词的词根为基础的所有派生词。快速检索界面将自动取所输入词的词根，在作者栏的检索词除外，如输入 Management，结果为 Managing，Managed，Manager，Manage，Managers 等。点击关闭自动取词根（Autostemming Off）可禁用此功能。

（2）截词（Truncation）星号（＊）。为右截词符，截词命令检索到以截词符止的前几个字母相同的所有词，如输入 Comput＊得到 Computer，Computerized，Computation，Computational，Computability 等。为了避免出现意想不到的结果，用户使用截词符时一定要注意输入正确。

（3）精确短语检索（Exact Phrase Searching）。如果输入的短语不带括号或引号，由于系统默认将检索结果按相关性排序，因此可以得到比较理想的检索结果。但是，如果需要做精确匹配检索，就应使用引号或括号，如"International Space Station"，{Solar Energy}。

（4）连接词（Stop Words）。如果检索的短语中包含连接词（And，Or，Not，Near），则需将此短语放入引号或括号中，如 {Block And Tackle}。

三、高级检索

高级检索提供更强大而灵活的功能，此界面只有一个检索输入框，如图 5.7-2 所示。用户可以使用运算符 Within 与字段标识符组合，对检索字段进行限制。也可以使用布尔逻辑运算符、字段检索、位量运算符、截词符等构建一个复杂的检索表达式。在高级检索模式，系统不会自动进行词根运算，如果输入的检索式不加运算符，检索出的文献将严格与输入的检索词匹配。

高级检索方式中的其他项目，诸如按日期限定、最近四次更新、检索结果排序、浏览索引等方式与快速检索方式一致。

1. 运算符"Wn"（Within 的缩写）

检索所有字段（All Fields）时，不必加 Wn ALL。当对不同字段进行检索时，需要用 Wn 算符与字段标识符结合构成检索式，如（Lossless Compression）AND（Image Wn TI）、（（Solar Cycle）Wn AB）OR（（Diurnal Variation）Wn AB）。

2. 布尔逻辑运算符

在高级检索方式下构建检索式，仍然可以采用 And、Or、Not 等逻辑运算符，用法同快速检索一样。采用括号及嵌套可以改变逻辑运算的优先级。

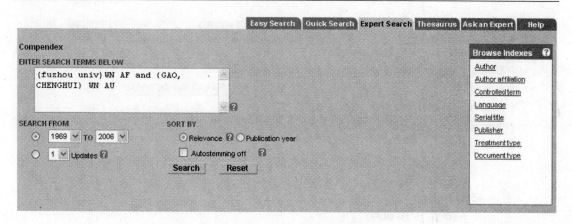

图 5.7-2 Ei Compendex Web 高级检索界面

3. 通配符"*"

用在单词中间（前面至少有 3 个确定的字母）或词尾，可实现对一簇词的检索，如 Op-tic*将检索出包含 Optic、Optics、Optical 等词的记录。

4. 位置运算符"Near"

要求检出的文献要同时包含"Near"算符所连接的两个词，且两个词之间的距离不超过 100 个单词，词序不限，如 Bridge NEAR Piling*。

5. 词根运算符"$"

检索出该词根具有同样语意的词。如 $ Manager 将检出 Managers，Managerial 和 Man-agement 等词

四、浏览索引

主页提供浏览索引，可帮助用户选择合适的检索词。快速检索界面提供作者、作者单位、刊名、出版商和 Ei 受控词的浏览索引。选择所想用的索引，相应的索引则会出现在如图 5.7-3 所示的浏览索引界面。

五、检索结果处理

无论执行简易检索或基本检索还是高级检索，系统返回的检索结果格式都是题录格式，如图 5.7-4 所示。

1. 摘要格式和详细格式

若想浏览摘要格式或详细格式的记录，可点击某条文献下的超级链接 Abstract/Links 或 Detailed Record/Links。

2. 选择记录

如果想选择某条记录，可以采取下列 3 种方法：第一可以在每个单独记录框旁边的复选框做标记；第二可以点击超级链接短语"Select All On Page"（选中一页中的 25 条记录）；第三输入要选择记录段的第一条记录和最后一条记录的序号，然后点击 GO 按钮。选择输出格式（Selecting An Output Format）时，选定所需要的记录以后，用户需要选择要浏览的格

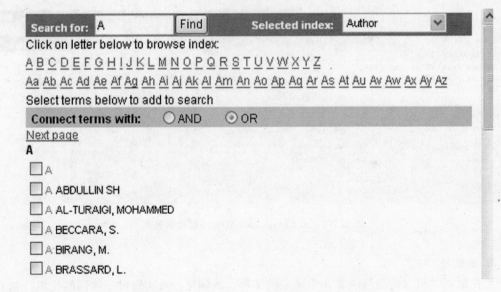

图 5.7-3　Ei Compendex Web 浏览索引界面

Engineering Village 2

Refine Search | New Search

Results Manager

Select all on page - Select range: [　　] to [　　] 💿 - Clear all on page - Clear all selections

❓ **Choose format:** ○ Citation　○ Abstract　○ Detailed record　☑ Clear selected records on new search

View Selections | E-Mail | Print | Download | Save to Folder

Search Results

5 records in Compendex for 1969-2006　Save Search - Create Alert - RSS ❓

+(fuzhou univ)WN AF and {GAO, CHENGHUI} WN AU

Sort by:　▼ Relevance　Date　Author　Source　Publisher

☐ 1. **Effect of die surface roughness on friction character of plate drawn component**

Huang, Minchun (Fuzhou Univ.); Gao, Chenghui; Huang, Luguan **Source:** *Jixie Gongcheng Xuebao/Chinese Journal of Mechanical Engineering,* v 40, n 2, February, 2004, p 177-180 **Language:** Chinese

Database: Compendex
Abstract - Detailed

☐ 2. **Tribological characteristics of Fe-Ni-P alloy coating against different materials under boundary lubrication**

Gao, Chenghui (Fuzhou Univ); Zhao, Yuan; Zhang, Xushou; Lei, Tianjue **Source:** *Mocaxue Xuebao/Tribology,* v 17, n 2, June, 1997, p 122-128 **Language:** Chinese

Database: Compendex
Abstract - Detailed

☐ 3. **Effects of heat treatment temperature on hardness and wear resistance of electrodeposited amorphous Fe-Ni-P alloy coating**

Gao, Chenghui (Fuzhou Univ) **Source:** *Mocaxue Xuebao/Tribology,* v 17, n 4, 1997, p 302-307 **Language:** Chinese

Database: Compendex
Abstract - Detailed

图 5.7-4　Ei Compendex Web 检索结果界面

式（Citation、Abstract 或 Detailed Records），然后就可选择选定内容的输出方式：View Selections（查看）、E-Mail（电子邮件）、Print（打印）、Download（下载）、Save（保存）。

3. 检索历史

在工具条中有一个检索历史，记录所进行的每一次检索，即检索的次数、每次检索是在简易检索或快速检索还是高级检索方式下进行、检索式、自动取词根的开关状态、所检索记录的数量以及在哪个数据库中进行检索。

五、个性化服务

用户注册了其个人帐户后，就可保存检索记录和检索式，以及创建文件夹和接收电子邮件专题服务。

1. 帐户注册（Account Registration）

注册时，首先需要填写个人帐户登记表，用户需要填写其姓名、电子邮件地址以及选择和确认一个 6～16 位的密码。

2. 保存检索式（Saved Searches）

若已创建个人帐户，可用两种方法保存其检索式：一种方式登陆到其个人帐户，只需点击检索历史中的所要保存的检索式旁的保存按钮，此按钮就会自动变为已保存；第二种方式还未登陆到其个人帐户，点击保存按钮时，将弹出一对话框，提示用户登陆或注册其个人帐户，然后自动保存用户的检索式。

3. 电子邮件专题服务（E-Mail Alerts）

检索历史中用户可设置电子邮件专题服务，最多可设定 15 个电子邮件专题服务，用户设定好专题服务后，所选择的数据库在每次更新时将自动检索出用户设定好的内容，并通过电子邮件发送给用户。

4. 创建文件夹（Create Folder）

输出选择按钮时，如果用户已登陆到其个人帐户，将弹出一个保存记录对话框，让用户选择创建文件夹、创建一个新的文件夹或从已创建的 3 个文件夹中选择其一，然后系统会提示用户将记录保存到所创建的或选定的文件夹中。

5. 我的文件夹（My Folders）

点击界面顶部导航条上我的文件夹的图标，可编辑用户的个人文件夹。可做的编辑操作有：查看/更改保存过的检索策略；查看/更改电子邮件专题服务；查看/更改文件夹；编辑/修改个人帐户。

5.8 其他外文全文数据库

5.8.1 Wiley

约翰威立父子出版公司（John Wiley & Sons Inc.）创立于 1807 年，是全球历史最悠久、最知名的学术出版商之一，享有世界第一大独立的学术图书出版商和第三大学术期刊出版商的美誉。Wiley InterScience 是 John Wiley & Sons Inc 的学术出版物在线平台，该平台提供全文电子期刊、电子图书和电子参考工具书等服务，涵盖的领域有化学化工、生命科学、医学、高分子及材料学、工程学、数学及统计学、物理及天文学、地球及环境科学、计算机科学、工商管理、法律、教育学、心理学、社会学等。

　　该数据库提供浏览、基本检索和高级检索方式，支持布尔逻辑运算、截词检索、位置检索和精确短语检索等检索技术。任何用户均可访问并免费检索和获取该数据库的文摘题录信息，正式用户可下载全文。其主页如图 5.8-1 所示。

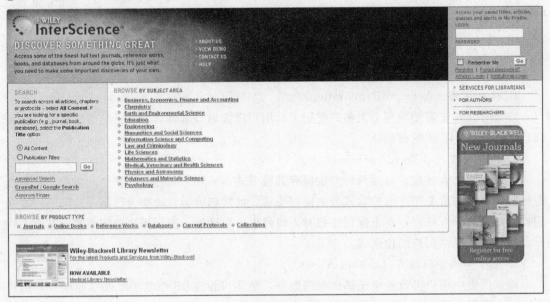

图 5.8-1　Wiley 主页

5.8.2　ASCE（美国土木工程师学会）数据库

　　ASCE（The American Society of Civil Engineers），成立于 1852 年，至今已有 150 多年的悠久历史。目前，ASCE 已和其他国家的 65 个土木工程学会有合作协议，所服务的会员来自 159 个国家超过 13 万名专业人员。ASCE 也是全球最大的土木工程出版机构，每年有 5 万多页的出版物面世，目前有 30 种技术和专业期刊，以及各种图书、会议录、委员会报告、实践手册、标准和专论等。其中 31 种专业技术期刊是土木工程学科的主要核心期刊，主要由专业的非赢利性学协会出版，学术性强，大部分被 SCI、EI 收录，最早可回溯到 1983 年。

　　该数据库提供浏览、基本检索和高级检索方式，还提供 RSS feeds 、Table of Contents Alerts 邮件目录推送服务及 My Scitation 个性化服务。其主页如图 5.8-2 所示。

5.8.3　ASME（美国机械工程师学会）数据库

　　ASME（American Society of Mechanical Engineers）成立于 1880 年，在世界各地建有分部，是一个具有权威性和影响力的国际学术组织。ASME 拥有超过 12 万会员，管理着全世界最大的技术出版署，每年主持 30 个技术会议、200 个专业发展课程，并制订了许多工业和制造标准。由于工程领域和各个学科间的交叉性不断增多，ASME 出版的期刊也相应

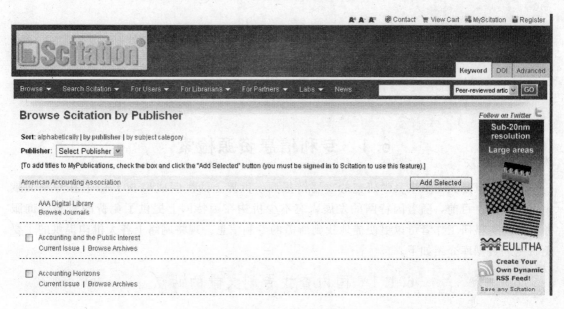

图 5.8-2　ASCE 主页

提供了跨学科的前沿科技资讯，内容涉及基本工程、能量资源、环境与运输、制造业等诸多学科。

　　该数据库提供浏览、基本检索和高级检索方式，还提供 RSS feeds 、Table of Contents Alerts 邮件目录推送服务及 My Scitation 等个性化服务。

6 特种文献信息资源检索

6.1 专利信息资源检索

专利文献是人们从事科学研究的重要情报源，世界上的发明成果 90％以上在专利文献中可以找到。目前，随着因特网的发展，有不少机构在因特网上提供了免费的专利查询服务，这使得科研工作者可以更便捷地找到所需的专利信息。现将网络上各大机构提供的主要免费专利数据库介绍如下。

6.1.1 国内查找专利文献的站点

一、中华人民共和国国家知识产权局（http：//www.sipo.gov.cn）

该网站由中华人民共和国国家知识产权局主办，提供专利检索、专利申请、专利审查、专利保护、专利代理等多项服务。其中专利检索数据库收录了 1985 年 9 月 10 日以来公布的全部中国专利信息，包括发明、实用新型和外观设计三种专利的著录项目及摘要，并可浏览到各种说明书全文及外观设计图形。

1. 检索方式

该信息检索系统提供的检索方式有简单检索、高级检索和 IPC 分类检索，支持布尔逻辑"与"、"或"、"非"的检索，检索符号分别为"＊"、"＋"、"-"，可实现模糊检索，检索符号为"％"。

（1）简单检索（图 6.1-1）只能提供一个检索入口进行检索，检索界面简单实用，在一个简单的对话框内即可完成，系统默认提供"逻辑与"的运算检索。

图 6.1-1　SIPO 简单检索界面

（2）高级检索（图 6.1-2）提供十六个检索入口，用户可选择其中一个或多个填写相应的检索式，并允许对各个检索式的检索结果进行复杂的逻辑运算。检索入口分别为申请号、发明名称、摘要、分类号、主分类号、公开/公告号、公开/公告日、发明人、申请人、地址、申请日、颁证日、专利代理机构、代理人、优先权。

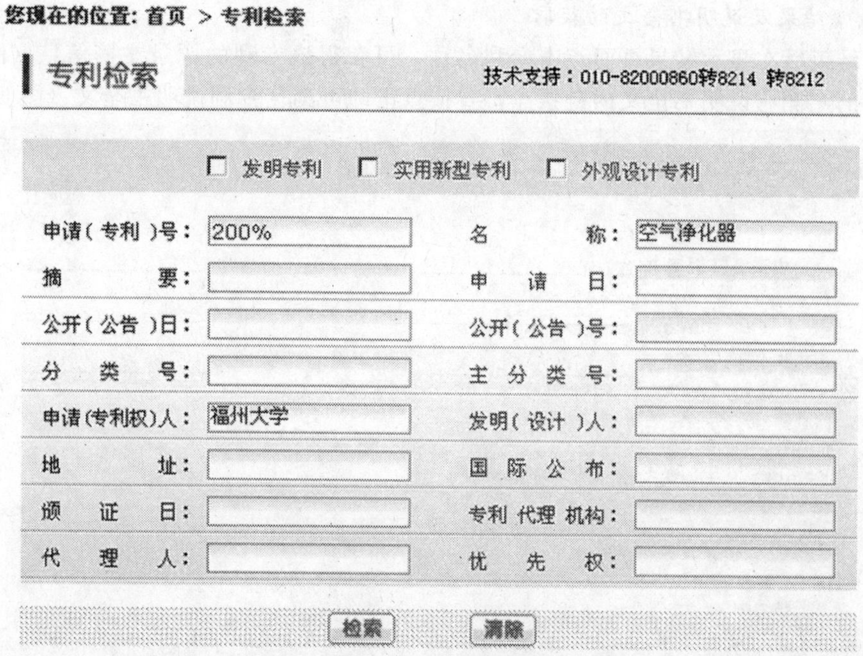
您现在的位置：首页 > 专利检索
专利检索
技术支持：010-82000860转8214 转8212
发明专利
实用新型专利
外观设计专利
申请（专利）号：
200%
名称：
空气净化器
摘要：
申请日：
公开（公告）日：
公开（公告）号：
分类号：
主分类号：
申请(专利权)人：
福州大学
发明（设计）人：
地址：
国际公布：
颁证日：
专利代理机构：
代理人：
优先权：
检索
清除

图 6.1-2 SIPO 高级检索界面

(3) IPC 分类检索（图 6.1-3）在高级检索页面的右边，提供分类检索的入口。通过点击分类表可了解某一类目下的专利，也可结合高级检索进行查询。

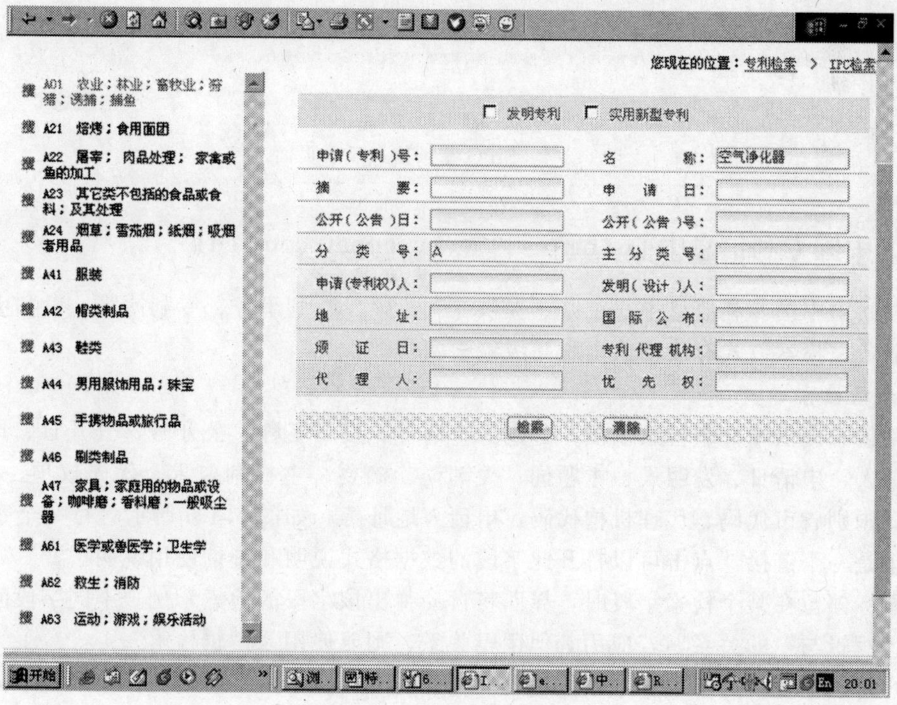
您现在的位置：专利检索 > IPC检索
A21 焙烤；食用面团
A22 屠宰；肉品处理；家禽或鱼的加工
A23 其它类不包括的食品或食料；及其处理
A24 烟草；雪茄烟；纸烟；吸烟者用品
A41 服装
A42 帽类制品
A43 鞋类
A44 男用服饰用品；珠宝
A45 手携物品或旅行品
A46 刷类制品
A47 家具；家庭用的物品或设备；咖啡磨；香料磨；一般吸尘器
A61 医学或兽医学；卫生学
A62 救生；消防
A63 运动；游戏；娱乐活动
发明专利
实用新型专利
名称：
空气净化器
分类号：
A
检索
清除
开始
20:01

图 6.1-3 IPC 分类检索界面

2. 检索结果及说明书全文的获取

检索结束后在显示结果页面点击专利名称，可获得该专利的题录文摘信息（图6.1-4）。题录信息的左侧有说明书全文的链接点，直接点击即可浏览专利说明书全文（图6.1-5）。

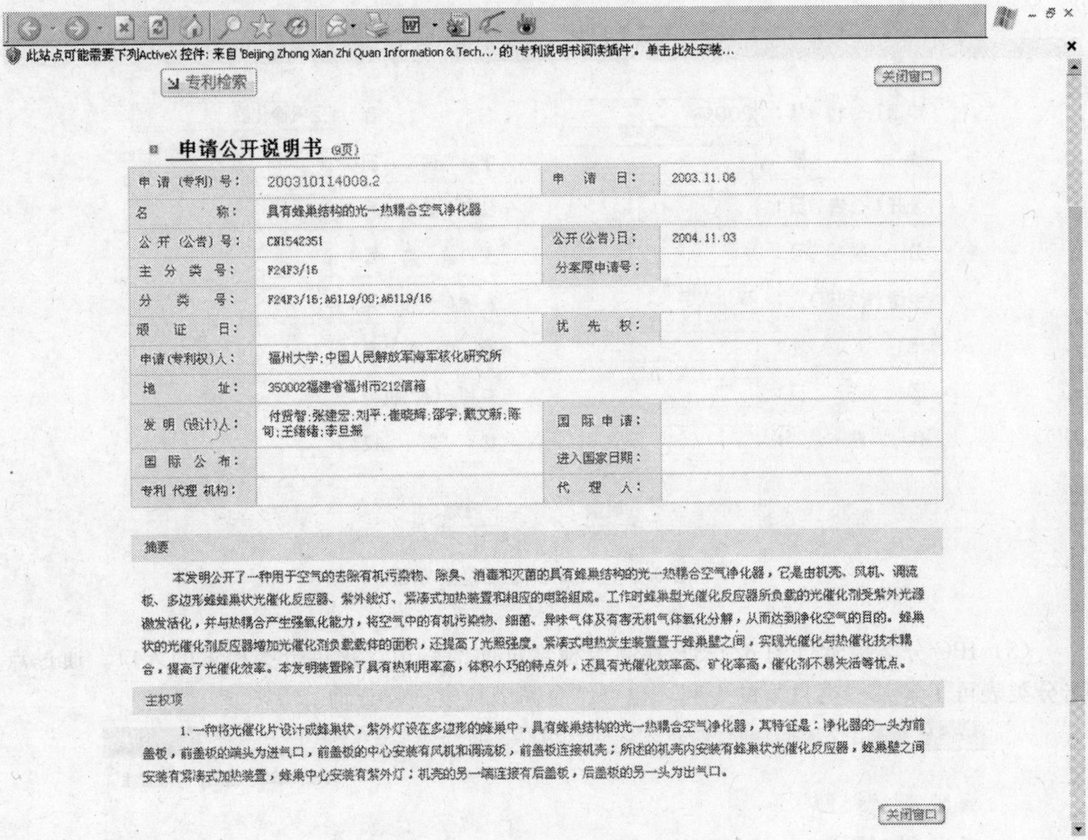

图 6.1-4　SIPO 题录信息显示页面

二、中国专利信息中心 (http：//www.cnpat.com.cn)

该网站由中国专利信息中心主办，提供专利检索、专利事务、专利博览、专利申请在内的综合服务。检索方式有表格检索和高级检索两种。

1. 表格检索

表格检索提供十九个检索字段，分别为申请号、发明名称、公开号、公开日、IPC分类号、申请人、申请日、发明人、主题词、关键词、摘要、主权利要求、优先权项、公告号、公告日、国别省市代码、代理机构代码、申请人地址等，如图6.1-6所示。每一个字段的名称本身也是一个链接，点击可以打开此字段的数据格式说明和查询使用说明。

当鼠标停留在某个检索字段时，界面将自动弹出该字段的检索示例。不同字段间的检索默认为"逻辑与"的关系，若应用其他逻辑关系，则要使用"逻辑检索"。

用户可以在至少一个或多个字段输入框输入内容，在一个字段输入框输入检索内容，称做单字段检索，在多于一个的输入框中输入相应的检索内容，称为多字段联合检索，也称为

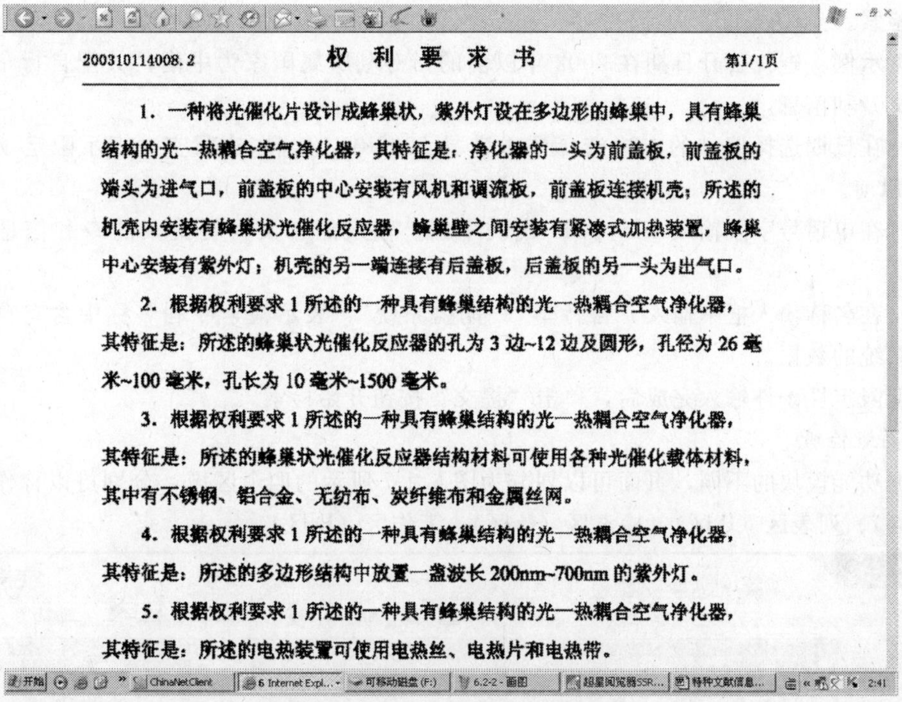

200310114008.2　　　　　　权 利 要 求 书　　　　　　第1/1页

1. 一种将光催化片设计成蜂巢状，紫外灯设在多边形的蜂巢中，具有蜂巢结构的光—热耦合空气净化器，其特征是：净化器的一头为前盖板，前盖板的端头为进气口，前盖板的中心安装有风机和调流板，前盖板连接机壳；所述的机壳内安装有蜂巢状光催化反应器，蜂巢壁之间安装有紧凑式加热装置，蜂巢中心安装有紫外灯；机壳的另一端连接有后盖板，后盖板的另一头为出气口。

2. 根据权利要求1所述的一种具有蜂巢结构的光—热耦合空气净化器，其特征是：所述的蜂巢状光催化反应器的孔为3边~12边及圆形，孔径为26毫米~100毫米，孔长为10毫米~1500毫米。

3. 根据权利要求1所述的一种具有蜂巢结构的光—热耦合空气净化器，其特征是：所述的蜂巢状光催化反应器结构材料可使用各种光催化载体材料，其中有不锈钢、铝合金、无纺布、炭纤维布和金属丝网。

4. 根据权利要求1所述的一种具有蜂巢结构的光—热耦合空气净化器，其特征是：所述的多边形结构中放置一盏波长 200nm~700nm 的紫外灯。

5. 根据权利要求1所述的一种具有蜂巢结构的光—热耦合空气净化器，其特征是：所述的电热装置可使用电热丝、电热片和电热带。

图 6.1-5　SIPO 专利说明书全文

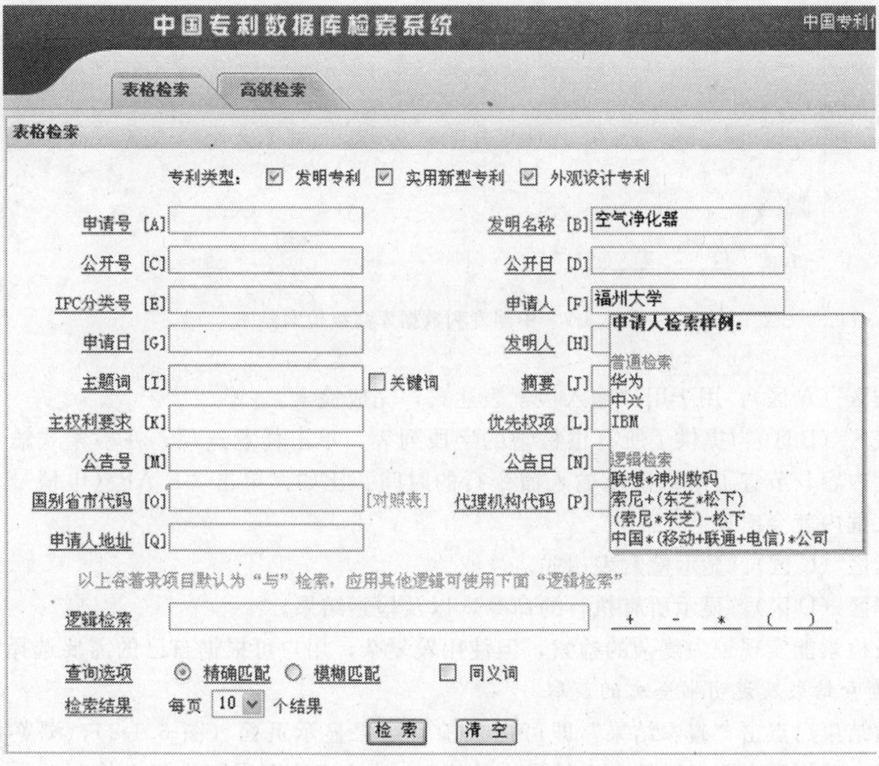

图 6.1-6　中国专利数据库表格检索界面

多字段检索。

检索示例：查找公开日期在 2002 年以前的，专利所属国家为中国，关于自行车防盗系统的中文专利信息。

（1）在日期选择控件的右边选择框中选择 2002-01-01，左边留空。表示限定了日期为2002 年以前。

（2）在申请号字段输入 CH，CH 代表中国，输入的含义为要检索的专利信息国别为中国。

（3）在名称输入框中输入"自行车 ＊ 防盗系统"，表示检索专利名称中含有自行车以及防盗系统的数据。

（4）限定性条件输入完成后，单击"提交"按钮开始检索。

2. 高级检索

根据功能模块的不同，页面可以划分为图 6.1-7 所示的四个区域，分别可以称作：操作区（A 区）、列表区（B 区）、检索区（C 区）、工作区（D 区）。

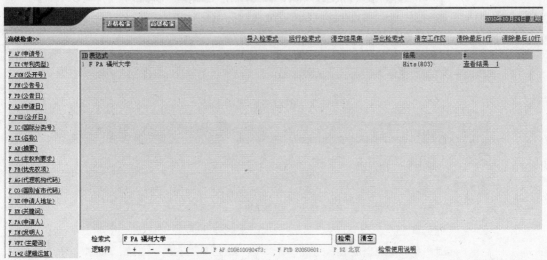

图 6.1-7　中国专利数据库高级检索界面

操作区（A 区）：用于用户输入检索表达式，完成检索。

列表区（B 区）：提供了所有供检索的字段列表，单击任意选项，在检索式输入框内即出现相应内容，节省了用户重复输入命令行的时间。比如：单击"F AP（申请号）"，在检索式输入框内就会出现"F AP"。

检索区（C 区）：显示检索表达式。

工作区（D 区）：显示所有执行的命令，以及检索结果。

高级检索能实现较为复杂的检索，但使用较复杂，用户可根据自己的需要选择使用。

3. 检索结果及说明书全文的获取

检索结束后点击"查看结果"即可进入检索结果显示页面（图 6.1-8），浏览相应的题录信息。在该页面上可以进行"在结果中检索"、对检索结果进行排序、检索结果分类统计等操作。

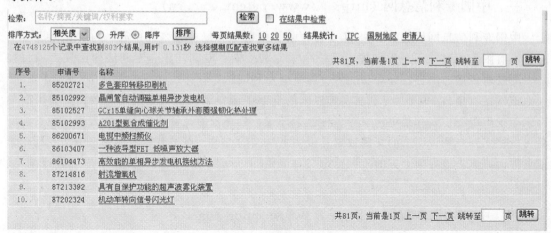

图 6.1-8 中国专利数据库检索结果显示界面

点击其中一条记录可进入详细信息显示页面（图 6.1-9），可浏览到包括申请号、公告号、申请日、公告日法律状态、权项、文摘在内的详细信息；还可以保存本专利，或查看该专利的主附图以及公开说明书全文。需要说明的是要查看说明书的全文要安装 AlternaTiffx 控件。

中国专利信息中心		中国专利数据库检索系统	
[保存本专利] [主附图] [公开说明书]		下一条　最后一条	
申请号：	85202721	申请日：	1985/06/29
公开号：		公告号：	
授权日：	1987-2-12	授权公告日：	1987-5-6
专利类别：	新型	国别省市代码：	35[中国|福建]
代理机构代码：	35100[对照表]	代理人：	吴建生 陈敏
发明名称：	多色套印转移印刷机		
国际分类号：	B41F 1/16;B41F 17/00		
范畴分类号：	29B		
发明人：	林名勋;张梅莉;陈玉锁;黄彦耕;陈永木		
申请人：	福州大学机械厂		
申请人地址：	福建省福州市		
邮编：			

文摘：

多色套印转移印刷机. 可在金属、塑料、皮革、玻璃、尼龙、胶木、陶瓷等各种材料制品的凹凸平面、曲面以及凹凸曲表面上精确地印刷各种图案. 本印刷机由机座（1）、机身（2）、输送带（9）、工作台（3）、升降台（4）、施印部件（5）、凹版上墨装置（6）等组成. 通过电子、气动和机械元件配合驱动两个以上的硅胶等（7）在凹版（38）与被印刷表面之间的运动，完成对工件的印刷，装夹工作的转位滑块（12）采用精密方销定位，重复定位精度高，以实现对工件的多色精确套印.

主权利要求：

由机座（1）、机身（2）、后工作台（3）、升降台（4）、施印部件（5）、凹版上墨装置（6）等组成的转移印刷机，通过电子、气动和机械元件的配合，驱动硅胶头在凹版与被印刷工件表面之间的运动. 完成对工件的印刷，本发明的特征在

图 6.1-9 中国专利数据库详细信息显示界面

三、中国专利信息网（http：//www.patent.com.cn）

中国专利信息网始建于 1998 年 5 月，由"中国专利局检索咨询中心"与"长通飞华信息技术有限公司"共同开发创建，是一个集专利检索、专利知识、专利法律法规、项目推广、高技术传播、广告服务等功能为一体专业专利网站。

该网站收集自 1985 年专利法实施以来的全部中国专利文摘数据及全文数据，提供简单检索、逻辑组配检索和菜单检索等多种检索方式，具有较为完备的检索功能。用户免费注册后可以检索到专利说明书的文摘数据及说明书全文的首页。点击专利名称弹出中文专利题录信息界面，点击该界面上方的"浏览全文"按钮即可调出该专利的全文，用户可进行浏览、打印。

四、中国知识产权网（http：//www.cnipr.com）

该网站是由中国国家知识产权局知识产权出版社主办的，全面提供中国专利（包括中国发明、中国实用新型、中国外观设计、中国发明授权、中国失效专利及中国香港、中国台湾专利）及国外专利（包括美国、日本、英国、德国、法国、加拿大、瑞士、欧洲专用局（EPO）、世界知识产权组织（WIPO）等 91 个国家和组织）的专利数据服务。可免费提供题录信息以及专利说明书的全文。

其主要特点有：

（1）检索功能：包括中外专利混合检索（在原平台基础上，检索功能新增跨语言检索、语义检索、相似性检索、公司代码检索、相关概念推荐等）、行业分类导航检索、IPC（国际专利分类）导航检索、中国专利法律状态检索、中国药物专利检索。检索方式除了表格检索、逻辑检索外，还提供二次检索、过滤检索、同义词检索等辅助检索手段。

（2）机器翻译功能：针对英文专利，特别开发了机器翻译模块，能对检索到的英文专利进行即时翻译，帮助用户理解专利内容，方便用户检索。需要说明的是，平台上集成的机器翻译是由无人工介入的英译中工具软件完成，翻译结果仅供参考，无法与专业人员的翻译相提并论。

（3）分析和预警功能：本平台开发了专利信息分析和预警功能，对专利数据进行深度加工及挖掘，并分析整理出其所蕴含的统计信息或潜在知识，以直观易懂的图或表等形式展现出来。这样，专利数据升值为专利情报，便于用户全面深入地挖掘专利资料的战略信息，制定和实施企业发展的专利战略，促进产业技术的进步和升级。

（4）个性化服务功能：包括用户自建专题库、用户专题库导航检索、用户的专利管理等功能。

五、万方数据资源系统的专利数据库（http：//www.wanfangdata.com）

这一专利数据库是由国家知识产权局出版社提供的，收录了从 1985 年至今受理的全部专利数据信息，包含专利公开（公告）日、公开（公告）号、主分类号、分类号、申请（专利）号、申请日、优先权等数据项。用户可通过万方数据公司的网站免费查看题录信息，要查看专利说明书的全文则需购买阅读卡。

六、其他站点

（1）专利搜索引擎：http：//www. soopat. com。

（2）CNKI 中国专利数据库 http：//www. cnki. net。

（3）香港特别行政区政府知识产权署 http：//info. gov. hk/ipd/b5/index. html。

（4）台湾亚太智慧财产权基金会 http：//www. apipa. org. tw。

6.1.2　国外查找专利文献的站点

一、世界知识产权组织的 IPDL (http：//www. wipo. int/portal/index. html. en)

IPDL（intellectual property digital library）是世界知识产权国际局建立的电子图书馆，提供世界各国的专利数据库检索服务。包括：PCT（专利合作条约）国际专利数据库、美国专利数据库、欧洲专利数据库、中国专利英文数据库等。其中的 PCT 国际专利数据库收录了 1997 年 1 月 1 日至今的 PCT 国际专利，仅提供专利的题录信息与摘要、图形，数据每周更新一次。

使用步骤如下：

（1）在 WIPO 主页单击导航栏中的 **IP SERVICES** 。

（2）单击页面左边的"**Database Search**"。

（3）进入检索界面（图 6.1-10），提供四种检索方式：简单检索（Simple Search）、高级检索（Advanced Search）、结构化检索（Structured Search）和浏览。点击菜单栏上的"Search"按钮可进行检索方式的切换。

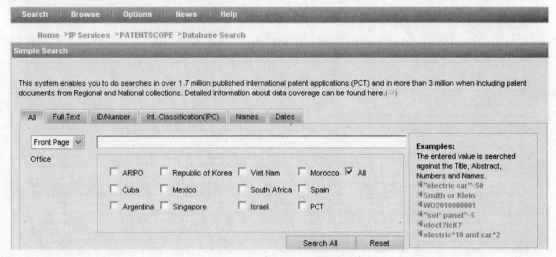

图 6.1-10　IPDL 检索界面

（4）检索结果以列表方式显示（图 6.1-11），点击名称，可查看其详细信息（图 6.1-12），分别点击页面上的"PCT Biblio. Data"、"Description"、"Claims"、"National

Phase"、"Notices"、"Documents",可依次显示著录项目数、文本格式说明书、文本格式权利要求书、进入国家阶段的情况、相关的通报以及国际初审报告等文献。

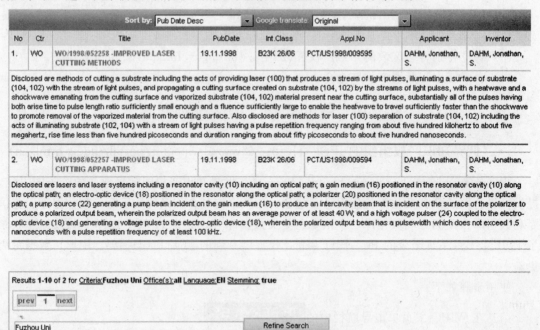

图 6.1-11 IPDL 减速结果显示界面

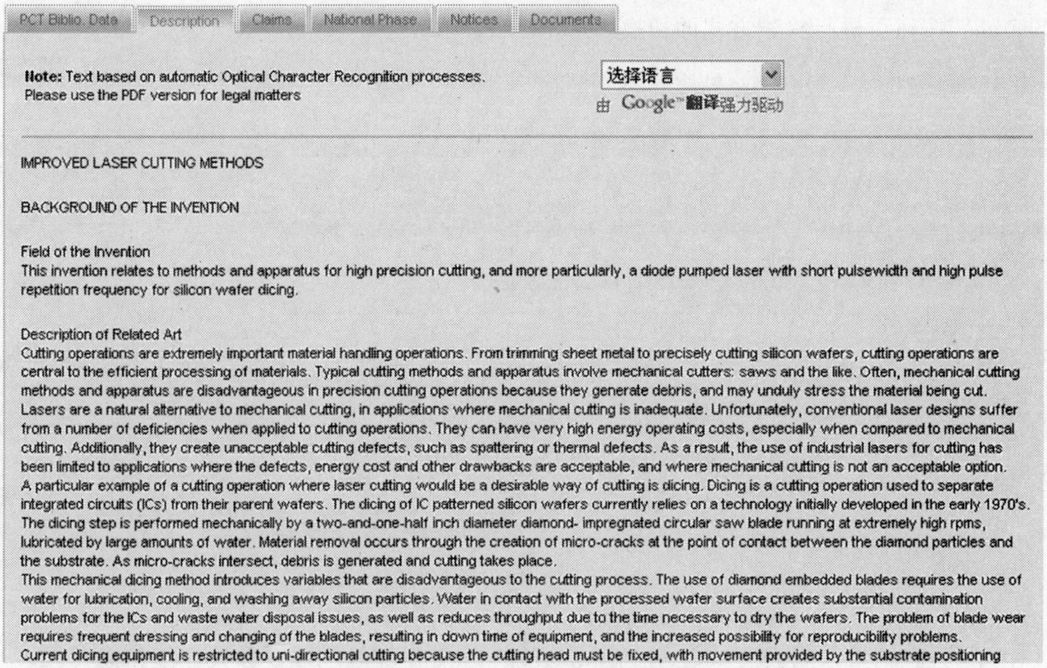

图 6.1-12 IPDL 详细信息显示界面

二、espacenet 欧洲专利局 　（http：//gb. espacenet. com）

欧洲专利数据库为免费全文数据库，该数据库由欧洲专利局（The European Patent Office，即 EPO）、世界知识产权组织（The World Intellectual Property Organization，即 WIPO）的专利及世界范围内的专利（The Worldwide，包含 3000 万件）。其中的 EPO 包括欧洲专利（EP）及英国、德国、法国、奥地利、比利时、意大利、芬兰、丹麦、西班牙、瑞典、瑞士等 19 个欧洲国家的专利。该数据库更新较快，一般能检索到当年当月的专利文献。欧洲专利数据库有 3 个版本，英文版、法文版、德文版，可任意选用。

1. 检索方式

本检索系统提供了快速检索、专利号检索、高级检索三种检索方式，同时还提供欧洲专利分类表的检索。支持布尔逻辑检索符号，但只支持 "AND"、"OR"，而不支持 "＊"、"＋"。如果用关键词词组，则必须用双引号括起，表示词组不能分割开。

（1）快速检索：快速检索可任意选择其中一个数据库，检索入口有关键词途径和申请人、专利权人途径。

（2）高级检索（图 6.1-13）：每个专利数据库都提供专利名称（Title）、专利号（Publication number）、申请号（Application number）、优先权号（Priority number）、出版日期（Publication number）、申请人（Applicant）、发明人（Inventor）、IPC 分类号等 8 个途径的复杂检索。这些检索途径可以单独使用，也可以组合使用。

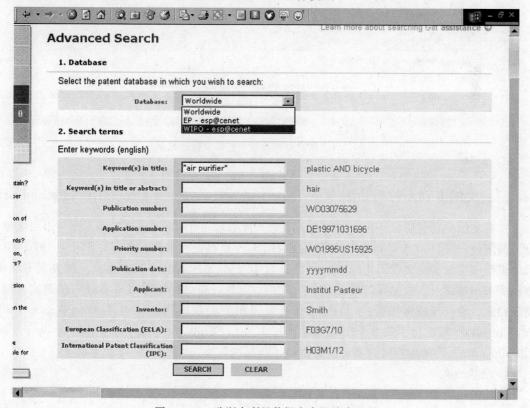

图 6.1-13　欧洲专利局数据库高级检索界面

（3）专利号检索：通过已知的专利号可以检索到该项专利的所有相关信息。

2. 检索结果的显示及专利说明书全文的获取

无论哪一种检索方式，点击检索结果中的专利名称都可以得到该专利的题录信息（图6.1-14）。点击题录页面中的"Original document"按钮，则以 PDF 格式显示专利说明书的全文。

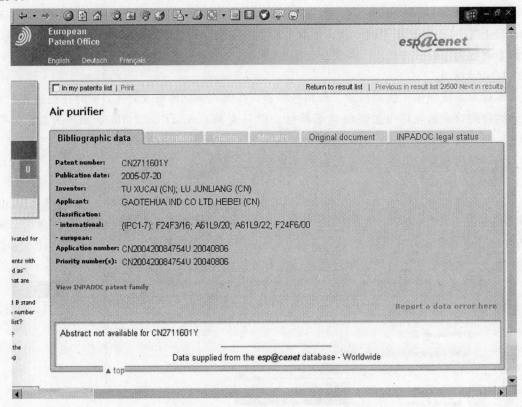

图 6.1-14　欧洲专利局的专利题录信息显示

三、美国专利商标局检索系统 (http：//www. uspto. gov/patft/index. html)

这是美国专利与商标局建立的网站，该数据库收录了 1976 年至今的美国专利书目数据，分为两部分：①1790 年以来出版的所有授权的美国专利说明书扫描图形，其中，1976 年以后的说明书实现了全文代码化；②2001 年 3 月 15 日以来所有公开（未授权）的美国专利申请说明书扫描图形。数据库每周公开日（周二）更新。提供的检索方式有：布尔逻辑检索、高级检索、专利号检索。通过"HELP"可获得相关的帮助信息；"How to Access Full-Page Images"则提供了获取全文图像的详细方法；"Tools to Help in Searching by Patent Classification"为使用专利分类号检索提供了详尽的帮助。

1. 检索方式

（1）快速检索（Quick Search）：该检索界面简单直观，可在"term1"、"term2"字段中分别输入一个检索词进行字段间与、或、非的逻辑检索，提供有发明名称、摘要、申请人、申请日期、USPC、IPC 等三十个检索人口，还可限定检索的年度。例如，要检索有关 1996-2002 年间我国申请的机器人方面的专利，可在"Term1"中输入"Robot"，选择"Title"字段，在"Term2"中输入"CN"，选择"Inventor Country"字段，年度选择"1996-2002"。

（2）高级检索（Advanced Search）：高级检索适用于复杂的专利检索，使用灵活，可获得更精确的检索结果。用户可以在检索框内编辑复杂的检索策略，词与词之间可以进行逻辑运算、截断、相邻运算、单词修正运算。如："TLL/ROBOT AND ICN/CN"表示检索发明人是我国的有关机器人方面的专利。其中"TLL"是"TITLE"字段的缩写，"ICN"是"Inventor Country"字段的缩写。各字段的标识符在检索页面的下方有说明。

（3）专利号检索（Patent Number Search）：如果已知专利号可以通过"专利号检索"迅速查找到相关的专利信息。

2. 检索结果及专利说明书的获取

不论采用何种方法进行检索，检索结束后都会显示相关的检索结果，一次显示 50 条。点击专利名称可看到该专利的详细信息，包括专利号、国际专利分类号、美国专利分类号、申请日、参考专利、审查员及专利文摘等等。点击题录信息页面上方或底部的"IMAGE"可免费浏览到该项专利的全文及图像，但必须安装浏览 TIFF 格式图像的软件，该软件下载的连接点在 http：//www. uspto. gov/patft/images. html 页面上。

四、日本特许厅网站专利数据库（http：//www. jpo. go. jp）

日本特许厅网站专利数据库，是把原日本工业产权资料馆（IPDL）等公众阅览室里的文献，通过因特网和检索系统无偿地向读者提供的，旨在使更多的读者便捷、高效地得到日本专利、商标及其他文献。日文页面可在日文界面上检索日本专利文献及浏览全文说明书，该网页上提供的数据库有八类，分别是：①发明、实用新型；②外观设计；③商标；④外国专利；⑤复审；⑥法律状态；⑦其他文献；⑧文献范围。

五、加拿大专利数据库检索系统（http：//opic. gc. ca）

该网站由加拿大知识产权局提供，收录了 1920 年至今的 140 多万件加拿大专利，包括专利全文文本和图形。

6.1.3 专利说明书全文的获取

（1）通过网站获取。有的专利网站，如中华人民共和国国家知识产权局、欧洲专利局的网站提供免费下载专利说明书全文的服务，可以充分利用这些网站的资源。还有一些网站的说明书全文则要付费提供。

（2）可利用查找到的相关线索，如专利授权公告号、专利名称等，通过国家知识产权局专利局文献服务中心获取。

（3）通过情报机构提供的馆际互借和文献传递方式获取。

6.2 标准信息资源

标准信息是工农业生产中的重要参考源，随着因特网的发展，有不少机构在网上提供了标准信息的查询服务，但大多数网站只提供题录信息的免费检索，下面介绍其中几个代表性站点。

6.2.1 国内查找标准文献的站点

一、中国标准服务网 (http://www.cssn.net.cn)

中国标准服务网是国家级标准信息服务门户，是世界标准服务网（www.wssn.net.cn）的中国站点。依托中国标准化研究院，拥有 50 多万册的标准文本和信息资料，可提供 ISO（国际标准）、IEC（国际电工标准）、ANSI（美国标准）、GB（国际）、HB（行业标准）等 15 个标准数据库的检索。免费注册后可以检索到相关标准的题录信息。

1. 检索方式

本系统提供的检索项有：标准号、中文标题、英文标题、中文关键词、英文关键词、被代替标准、采用关系，这些检索项中只输入检索词时默认为"前后模糊匹配"；提供的逻辑运算符有：＊和＋。提供的检索方式有：标准模糊检索、标准分类检索和标准高级检索。

（1）标准模糊检索（图 6.2-1）。标准模糊检索功能是简单的模糊检索方式，提供用户按标准号或按关键词对标准信息数据库进行方便快捷的检索。

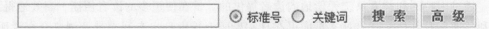

图 6.2-1　CSSN 模糊检索界面

按"标准号"检索仅对标准号一个字段进行查询，按"关键词"检索可同时对中文标题、英文标题、中文关键词、英文关键词等字段进行查询。

（2）标准分类检索。标准分类检索又分为按"国际标准分类"和"中国标准分类"两种。用户可点击自己感兴趣的分类，点击后页面会显示当前类别下的明细分类，直到显示该分类下的所有标准列表。

如查找标准"文献著录总则"，则应依次点击国际标准分类表下的"01 综合、术语学、标准化、文献　01.140信息学、出版　01.140.20信息学"，得到如图 6.2-2 所示的检索结果。

（3）标准高级检索。与前两种检索方式相比，标准高级检索提供了可输入多种条件、不同条件进行组合的检索方式，用户能够更准确地查找所需的标准。检索页面如图 6.2-3。

2. 检索结果的处理

通过标准模糊检索和标准高级检索得到的检索结果均为现行有效标准，出现在标题中的检索词以红色表示。

检索结果页面右边显示该结果按标准品种进行聚类统计的信息列表（简称"聚类列

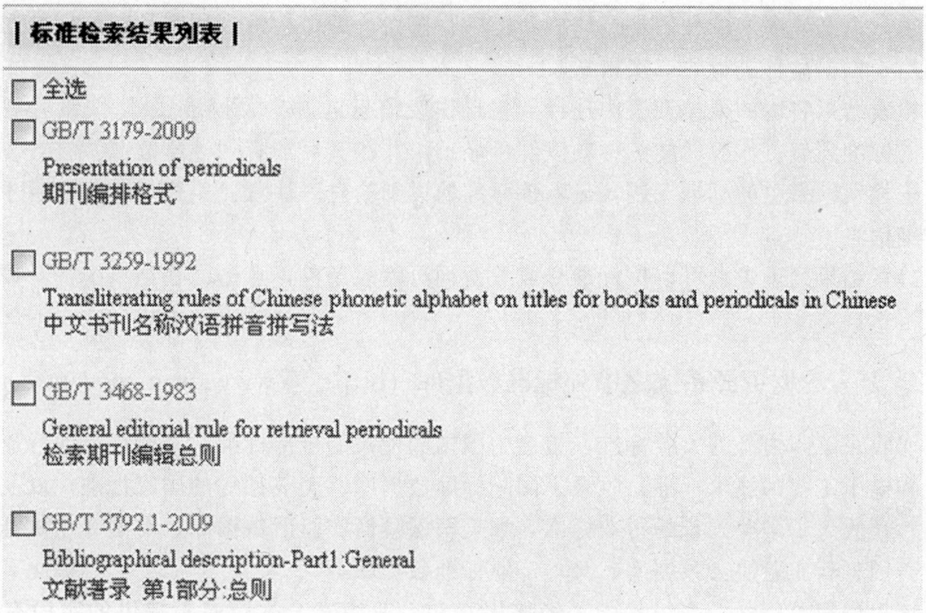

|标准检索结果列表|

☐ 全选

☐ GB/T 3179-2009

Presentation of periodicals
期刊编排格式

☐ GB/T 3259-1992

Transliterating rules of Chinese phonetic alphabet on titles for books and periodicals in Chinese
中文书刊名称汉语拼音拼写法

☐ GB/T 3468-1983

General editorial rule for retrieval periodicals
检索期刊编辑总则

☐ GB/T 3792.1-2009

Bibliographical description-Part1:General
文献著录 第1部分:总则

图 6.2-2　CSSN 分类检索界面

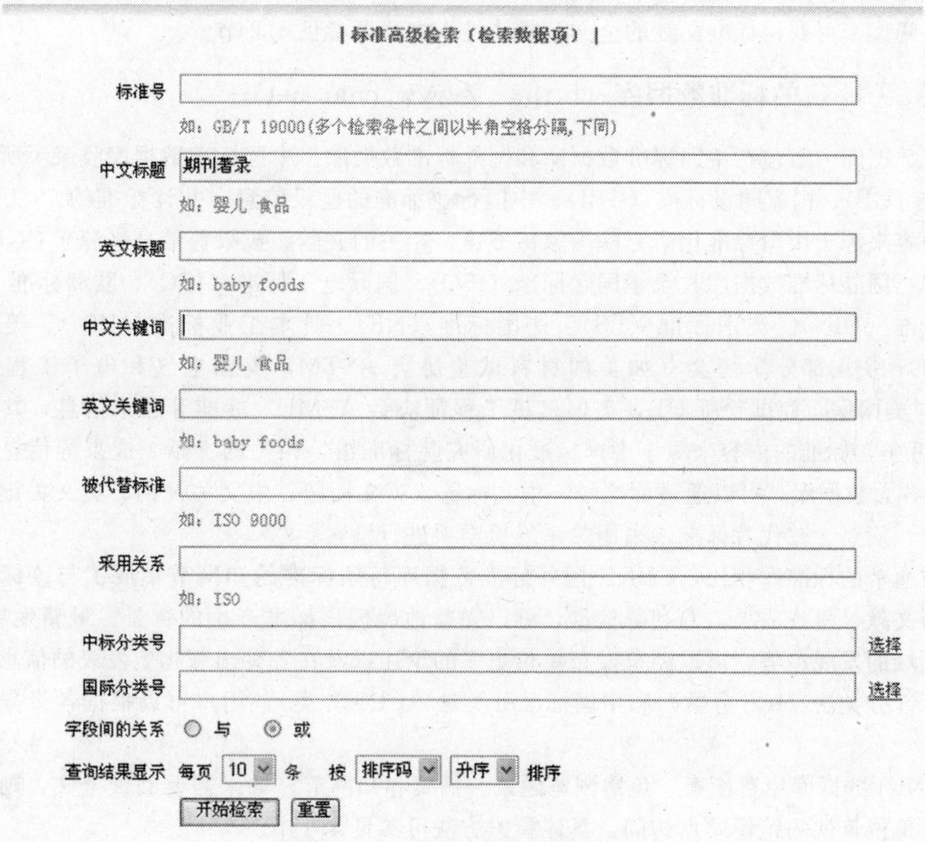

|标准高级检索（检索数据项）|

标准号	
	如：GB/T 19000(多个检索条件之间以半角空格分隔,下同)
中文标题	期刊著录
	如：婴儿 食品
英文标题	
	如: baby foods
中文关键词	
	如：婴儿 食品
英文关键词	
	如: baby foods
被代替标准	
	如: ISO 9000
采用关系	
	如: ISO
中标分类号	选择
国际分类号	选择

字段间的关系　○ 与　　◉ 或

查询结果显示　每页 10 ∨ 条　按 排序码 ∨ 升序 ∨ 排序

开始检索　重置

图 6.2-3　CSSN 高级检索界面

表"），用户可选择多个品种，再按"刷新记录"按钮，即可检索到所需品种的标准列表。此功能相当于根据品种进行的二次检索。

在检索结果右边的聚类列表中选择"包含作废信息"，按"刷新记录"按钮后显示现行和作废的标准列表。作废标准的标题以红色显示，并在其后加有"［作废］"字样。

点击检索结果中的标准标题，显示该标准的详细信息。注意：用户只有登录后才能查看标准详细信息。

在检索结果列表中，可以按标准号或关键词再输入条件，点击"在结果中找"按钮，进行二次检索。

二、万方数据资源系统之中外标准数据库 (http：//www.wanfangdata.com.cn)

本库收录了国内外的大量标准，包括中国国家发布的全部标准、某些行业的行业标准以及电气和电子工程师技术标准；收录了国际标准数据库、美英德等的国家标准，以及国际电工标准；还收录了某些国家的行业标准，如美国保险商实验所数据库、美国专业协会标准数据库、美国材料实验协会数据库、日本工业标准数据库等。

系统提供简单检索、高级检索、经典检索和专业检索。高级检索提供的字段有标准名称、标准编号、发布单位、起草单位、关键词、发布日期、实施日期、确认日期、废止日期、中国标准分类号、国际标准分类号、国别代码等。检索结果免费提供简单题录信息，通过购买阅读卡可获得标准文献的全文。具体检索方法可参见 4.2 节。

三、CNKI 的标准数据库 (http：//www.cnki.net)

该数据库内容包括中国标准数据库和国外标准数据库。中国标准数据库收录了所有的国家标准（GB）、国家建设标准（GBJ）、中国行业标准的题录信息，共计标准约 13 万条，标准的内容来源于中国标准化研究院国家标准馆，相关的文献、成果等信息来源于 CNKI 各大数据库。国外标准数据库收录了国际标准（ISO）、国际电工标准（IEC）、欧洲标准（EN）、德国标准（DIN）、英国标准（BS）、法国标准（NF）、日本工业标准（JIS）、美国标准（ANSI）、美国部分学协会（如美国材料试验协会 ASTM，美国电气和电子工程师协会 IEEE，美国保险商试验所 UL，美国机械工程师协会 ASME）标准等题录信息，共计标准约 31 万条，标准的内容来源于中国标准化研究院标准馆，相关的文献、成果等信息来源于 CNKI 各大数据库。可以通过标准号、中文标题、英文标题、中文关键词、英文关键词、发布单位、摘要、被代替标准、采用关系等检索项进行检索。

与通常的标准库相比，CNKI -国外标准数据库每条标准的知网节集成了与该标准相关的最新文献、科技成果、专利等信息，可以完整地展现该标准产生的背景、最新发展动态、相关领域的发展趋势，可以浏览发布单位更多的论述以及在各种出版物上发表的信息。采用国际标准分类法（ICS 分类）和中国标准分类法（CCS 分类）。用户可以根据各级分类导航浏览。

CNKI 数据库免费检索，免费浏览题录、摘要和知网节。如果需要阅读全文，则需订购或通过单位订购的镜像站点访问。具体检索方法可参见 4.1 节。

四、国家标准化管理委员会（http：//www.sac.gov.cn）

该网站由中国国家标准化管理委员会和 ISO/IEC 中国国家委员会秘书处主办。为社会和企业提供国内外标准化信息服务，设有中国标准化管理、中国标准化机构、国内外标准化法律与法规、国内外标准介绍、标准目录、制修订标准公告、国标修改通知、国际标准采用、标准化工作动态、标准出版信息、标准化论坛、工作建议等 30 多个大栏目。提供中国国家标准、中国国家建筑标准、ISO 标准、IEC 标准的检索，可获得相关的题录信息。

五、中国标准咨询服务网（http：//www.chinastandard.com.cn）

该网站由中国技术监督情报协会主办，提供 ISO 标准、IEC 标准、ANSI 标准、ASTM 标准、ASME 标准、SAE 标准、UL 标准、BS 标准、DIN 标准、JIS 标准、AFNOR 标准、GB 标准、HB 标准和 DB 标准的检索，分别有初级检索和高级检索两种方式。用户可免费浏览到标准名称和发布时间，交费注册用户可浏览到详细题录信息及部分全文。

6.2.2　国外查找标准文献的站点

一、国际标准化组织（ISO）（http：//www.iso.org）

ISO 是由来自世界 100 多个国家的国家标准委员会组成的世界性联盟，任务是促进标准的开发及有关活动，在全球实现交流和合作。

该网站介绍了 ISO 组织、ISO9000/ISO14000 标准系列、各成员国、产品与服务等信息，提供 ISO 标准的检索。可按标准名称关键词、ISO 标准号、国际标准分类号、标准颁布时间、委员会代码等多种途径进行检索。

检索结果包括相关标准的 ICS 分类号、标准名称、标准号、版次、页数、编制机构、订购全文的价格等信息。

二、世界标准服务网（WSSN）（http：//www.wssn.net）

全世界标准化组织的公共服务门户网。现有 182 个成员机构、国际标准化机构、区域标准化组织的网站链接。

三、NSSN（全球标准化资料库）（http：//www.nssn.org）

该网络可提供国际标准、ANSI 标准、美国国防部军事标准及经 ANSI 认证的其他团体及企业的标准，可从标准名称、标准号、颁布机构等多个入口进行检索。

四、国际电工委员会（IEC）（http：//www.iec.ch）

国际电工委员会是世界上成立最早的国际性电工标准化机构，负责有关电气工程和电子工程领域中的国际标准化工作。IEC 每年要在世界各地召开一百多次国际标准会议，世界各国的近 10 万名专家在参与 IEC 的标准制订、修订工作。

IEC 通过其网站提供标准及其他出版物的信息服务，可以进行相关标准信息的浏览、查询订购服务。检索结果以列表形式显示,在结果页面单击 IEC 编号可以看到详细信息,给出文件的题名、语言、格式、价格、摘要、国际标准分类号等。

五、美国国家标准化组织（ANSI）（http://webstore.ansi.org）

这是美国国家标准学会提供的标准信息资源网站,可检索到 ISO、IEC、NCITS、IEEE、AAMI、ASQ 等标准。点击"standards search"进入检索页,检索界面十分简单,只提供一个检索框,可输入关键词、标准名称、标准号进行检索,检索结果显示相关的题录信息（包括标准号及标准名称）及索取原文应付的费用等。

可用于查找标准文献的国内网站还有国际电信联盟（ITU）、美国国家标准与技术研究院（NIST）、美国汽车工程师学会（SAE）技术标准、美国材料试验协会（ASTM）、加拿大标准协会（CSA）等。

6.2.3　标准文献全文的获取

因特网上提供的标准信息,一般只有简单的题录信息,要获得标准文献的全文一般有以下几种方法。

（1）利用获得的相关线索,如标准名称、标准号等通过搜索引擎搜索,有时可以得到免费的全文。

（2）通过标准数据库获取全文。一般提供标准检索的网站同时也提供全文的订购服务,如果确实需要可以与这些网站联系。

（3）通过找到的相关线索,向中国标准信息研究所或其他收藏有标准全文的情报机构索取。

（4）通过情报机构提供的馆际互借和文献传递方式获取。

6.3　学术会议信息资源检索

广义的会议文献是与会议有关的一系列文件的总称,包括会议通知、论文、会议期间的有关文件、讨论稿、报告、征求意见稿及会议纪要等,而狭义的会议文献仅指会议发表的或提交给会议的论文。相对于其他文献资源,会议文献具有自身的特点:具有较高的学术水平,实效性较强;数量庞大,收藏分散;没有统一的标识,检索较为困难。下面介绍因特网上提供学术会议文献查询的网站。

6.3.1　国内查找会议文献信息的站点

一、国家科技图书文献中心（http://www.nstl.gov.cn）

国家科技图书文献中心是由中国科学院图书馆、工程技术图书馆（中国科学技术信息研究所、机械工业信息研究院、冶金工业信息标准研究院、中国化工信息中心）、中国农业科学院图书馆、中国医学科学院图书馆组成。

国家科技图书文献中心的中文会议论文数据库收录 1985 年以来我国国家级学会、协会、研究会以及各省、部委等组织召开的全国性学术会议论文。其收藏重点为自然科学各专业领域。外文会议论文数据库主要收录 1985 年以来世界各主要学会协会、出版机构出版的学术会议论文，部分文献有少量回溯。

检索步骤如下：

(1) 点击主页上"文献检索"栏目下的"会议文献"；

(2) 选择检索字段，输入检索词，各检索词之间可进行 and、or、not 运算，比如：(computer or PC) and design 选择文献数据库；

(3) 设置查询的限制条件，比如：馆藏范围、时间范围等，推荐使用默认条件；

(4) 点击检索按钮进行检索。

检索结果显示题录信息，若需要全文则要付费。

二、万方学术会议论文数据库 (http：//www. wanfangdata. com. cn)

收录了由中国科技信息研究所提供的，1985 年至今世界主要学会和协会主办的会议论文，以一级以上学会和协会主办的高质量会议论文为主。每年涉及近 3000 个重要的学术会议，总计 97 万余篇，每年增加约 18 万篇，每月更新。

数据库提供了导航检索、简单检索、高级检索、专业检索、经典检索等多种检索方式。其中导航检索提供"学术会议分类"和"会议主办单位"两种导航。具体使用方法可参见 4.2 节。

三、CNKI 中国重要会议论文数据库 (http：//www. cnki. net)

收录我国 1999 年以来国家二级以上学会、协会、高等院校、科研院所、学术机构等单位的论文集，至 2009 年 11 月 1 日，累积会议论文全文文献 115 万多篇。文献主要来自中国科协及国家二级以上学会、协会、研究会、科研院所、政府举办的重要学术会议、高校重要学术会议、在国内召开的国际会议上发表的文献。产品分为十大专辑：基础科学、工程科技Ⅰ、工程科技Ⅱ、农业科技、医药卫生科技、哲学与人文科学、社会科学Ⅰ、社会科学Ⅱ、信息科技、经济与管理科学。十个专辑下分为 168 个专题文献数据库和近 3600 个子栏目。具体使用方法看参见 4.1 节。

6.3.2 国外查找会议文献信息的站点

一、ISI Proceedings (美国科技信息所会议文献索引) (http：//portal. isiknowledge. com)

是美国 Thomson Scientific（汤姆森科技）公司的产品。2008 年，它以 ISTP（Index to Science & Technology Proceedings，科技会议论文索引）的网络版为主，再加上 Social Sciences & Humanities（社会科学与人文），即 ISSHP 整合而成，涉及科技与人文学科的各个领域，每年收录 12000 多个会议的内容，年增加 20 多万条记录。索引内容的 65% 来源于专门出版的会议录或丛书，其余来源于以连续出版物形式定期出版的系列会议录。网站数据每周更新，是一个收录最多、覆盖学科最广泛的学术会议文献数据库。

1. 检索方法

提供的检索符号有：布尔逻辑符"与、或、非"，邻近算符"same"，截词符号等。

提供的检索途径有：主题、标题、作者、团体作者、编者、出版物名称、出版年、地址、会议、语种、文献类型、基金资助机构、授权号。

提供的检索方式有快速检索、一般检索、高级检索。

一般检索由用户从列表中选择字段，输入检索词进行检索。

高级检索是利用检索界面右侧给出的字段标识符构造复杂的检索式进行检索。

2. 检索结果的处理

在检索结果的页面上可以看到相关的题录信息，并提供对检索结果重新排序、对所需要的检索结果进行标记、对检索结果进行分类、二次检索等功能。点击会议标题我们可以看到全字段信息。

ISI Proceeding 中独特的检索结果分析可以帮助我们解决如下一些问题：

作者分析：了解该研究的核心作者是谁；

按会议标题：了解该研究主要在哪些会议上发表；

按国家区域分析：了解涉及该研究的主要国家和地区；

按文献类型分析：了解该研究主要通过什么途径发表；

按语种分析：了解该研究主要用什么语言发表；

按文献出版年分析：了解该研究的趋势；

按来源文献分析：了解该研究主要涉及哪些出版物；

按主题分类分析：来接研究涉及的研究领域。

二、IEEE/IEE Electronic Library（IEL，电气电子工程师学会电子图书馆）（http：//ieeexplore. ieee. org）

在网站可以找到由 IEEE 主持的会议消息，包括会议名称、时间、地点、主持人或单位等详细信息。同样由 IEEE 协会主办的 IEEE/IEE Electronic Library（IEL）数据库还提供1988 年以来，美国电气电子工程师学会和英国电气工程师学会出版的 120 多种期刊、600 多种会议录、近 900 种标准的全文信息。用户通过检索可以浏览、下载或打印与原出版物版面完全相同的文字、图表、图像和照片的全文信息。

三、SPIE 数字图书馆（http：//www. spiedl. org）

SPIE（International Society for Optical Engineering，国际光学工程学会）成立于 1955年，是致力于光学、光子学和电子学领域的研究、工程和应用的著名专业学会。它是一个非赢利性组织，在全球大约有 15000 名会员。学会每年举办超过 350 次的国际性技术研讨会以及各种短期课程和教学活动，所形成的会议文献反映了相应专业领域的最新进展和动态，具有极高的学术价值。

SPIE 会议录收录了自从 1963 年以来由 SPIE 主办的或参与主办的会议论文，汇集了大量原始的、新颖的、先进的研究记录，被世界上无数的大学、政府和企业图书馆收藏，其会议论文也被世界上主流的数据库引用。可以说，SPIE 会议录汇集了光学工程、光学物理、光学测试仪器、遥感、激光器、机器人及其工业应用、光电子学、图像处理和计算机应用等领域的最新研究成果，具有信息量大、报导速度快、涉及交叉学科领域广泛等特点，已成为光学及其应用领域科技人员极为重视和欢迎的情报源，是国际著名的会议文献出版物。

目前 SPIE 数字图书馆包含了从 1998 年到现在的会议录全文和期刊全文，同时也收录了 1992 年起的大多数会议论文的引文和摘要（会议录第 1784～3244 卷）。包含超过 200000 篇会议和期刊论文。同时，新的论文出版继续进行，每年都会有大约 15000 篇新的论文增加。用户可以免费查看到相关文献的文摘、题录信息，获取原文需要授权。

四、ACM Digital Library（美国计算机学会数字图书馆）（http：//www.acm.org）

ACM（Association for Computing Machinery，美国计算机学会）创立于 1947 年，目前提供的服务遍及 100 余个国家，会员人数达 80000 多位专业人士。1999 年起该协会开始提供电子数据库服务即 ACM Digital Library 全文数据库。收录了 ACM 学会出版的 170 种，700 卷有关计算机信息科学会议文献，可以从作者、主题或关键字来检索二十万页以上的全文资料；或以文献题名、电脑科技主题来进行浏览。

五、OCLC Firstsearch（联机计算机图书馆中心数据库）（http：//www.oclc.org）

OCLC Firstsearch 中提供了两个有关学术会议的数据库。Proceedings 是国际学术会议录目录。该库可以检索到"大英图书馆资料提供中心"的会议录。PapersFirst 是国际学术会议论文索引。该库收录了世界各地学术的会议论文。它涵盖了英国图书馆文献供应中心的所出版过的会议论文及资料。每两周更新一次。

6.3.3 会议文献全文信息的获取

（1）通过全文数据库获取，如中国学术会议论文库、中国重要会议论文集全文数据库、IEL 等。有的数据库免费提供部分全文信息，可以直接下载。无法免费获取的部分，这些网站也提供了其他方式，如在线定购、通信联系等。也可以通过已订购这些全文数据库的图书情报机构获取。

（2）根据检索到的文献线索，通过搜索引擎有时可以找到免费的全文。

（3）可通过查找到的文献线索由商业网站或情报机构获取。

6.4 学位论文信息资源检索

学位论文是高等院校或科研单位的毕业生为获取学位资格递交的学术性研究论文。其中硕士、博士论文有较高的学术价值，是科研人员借以了解当代最新学术动态，掌握科技信息、研究学科前沿问题的有效途径之一。

在我国学位论文的法定收藏机构是国家图书馆和中国科技信息研究所以及毕业生的毕业学校。国外权威的学位论文检索工具多为美国大学缩微制品公司的产品，收录欧美 1000 多所大学的学位论文。目前，学位论文的网上传播已成趋势，一些信息收藏单位或数据库商开始介入学位论文的收藏与网上传播。

6.4.1 国内学位论文信息的检索

一、国家科技图书文献中心学位论文查询（http：//www.nstl.gov.cn）

国家科技图书文献中心收录有中外文学位论文信息。中文学位论文数据库收藏从 1984年起的我国高等院校、研究生院及研究院所的硕博士论文和博士后报告，学科范围涉及自然科学各专业领域，并兼顾社会科学和人文科学，每年新增 6 万余条记录，每季更新。

外文学位论文数据库收录了美国 ProQuest 公司博硕士论文资料库中 2001 年以来的优秀博士论文。学科范围涉及自然科学各专业领域，并兼顾社会科学和人文科学，此数据库提供单位为中国科技信息研究所。

二、万方数据资源系统之学位论文数据库（http：//www.wanfangdata.com.cn）

万方的学位论文信息由中国科技信息研究所提供，并委托万方数据公司加工建库的。收录了自 1977 年以来我国各学科领域的博士、硕士研究生论文，涵盖数理化、天文、地球、生物、医药、卫生、工业技术、航空、环境、社会科学、人文地理等各学科领域。学位论文库提供学科分类浏览和按照学校分布浏览的功能，同时具有高级检索、专业检索、经典检索等多种检索方式，具体检索方法参见 4.2 节。

三、CNKI 中国博硕士优秀学位论文数据库（http：//www.cnki.net）

该数据库主要收录 1999 年以来的全国 380 家博士培养单位以及 530 多家硕士培养单位的学位论文，分十个专辑出版。可在线免费检索题录、摘要信息，提供论文全文的在线浏览、分章下载、全文下载等服务。具体检索方法参见 4.1 节。

四、国家图书馆学位论文检索（http：//res4.nlc.gov.cn/home）

国家图书馆学位论文收藏中心是国务院学位委员会指定的全国唯一负责全面收藏和整理我国学位论文的专门机构；也是人事部专家司确定的唯一负责全面入藏博士后研究报告的专门机构。20 多年来，国家图书馆收藏博士论文近 17 万种。此外，该中心还收藏部分院校的硕士学位论文、台湾博士学位论文和部分海外华人华侨学位论文。

博士论文全文影像资源库以书目数据、篇名数据、数字对象为内容，提供简单检索、高级检索、二次检索、关联检索和条件限定检索。国家图书馆博士论文资源库 2009 年更新博士论文 19186 种，2010 年更新博士论文 35949 种，现提供 16 万多种博士论文的展示浏览。

五、CALIS 高等学校学位论文数据库（http：//etd.calis.edu.cn）

该数据库的文献来源于"211 工程"的重点学校的硕、博士学位论文，为高校师生提供学位论文的查询、文摘索引的浏览、全文提供等配套服务。目前有约 25 万条学位论文文摘索引，数据库提供简单检索、复杂检索、学科浏览等检索功能。

6.4.2　国内学位论文信息的检索

一、PQDT（http：//proquest. umi. com /pqdweb）

PQDT（ProQuest Dissertaions and Theses Database，原 PQDD）是由 UMI 公司开发，世界最大最具权威性的学位论文数据库。收录欧美 1000 余所大学文、理、工、农、医等领域的博士、硕士学位论文，几乎覆盖了自然科学和社会科学的各个领域，是学术研究十分重要的信息资源。1977 年以后的大部分论文可以免费预览论文前 24 页内容，并提供大部分论文的全文订购服务。数据库提供包括中文在内的 17 种不同语言检索，检索方式有浏览、基本检索和高级检索。

二、NDLTD 学位论文库（http：//www. ndltd. org）

NDLTD 全称是 Networked Digital Library of Theses and Dissertations，是由美国国家自然科学基金支持的一个网上学位论文共建共享项目，为用户提供免费的学位论文文摘，还有部分可获取的免费学位论文全文（根据作者的要求，NDLTD 文摘数据库链接到的部分全文分为无限制下载，有限制下载，不能下载几种方式）。目前全球有 170 多家图书馆、7 个图书馆联盟、20 多个专业研究所加入了 NDLTD，其中 20 多所成员已提供学位论文文摘数据库 7 万条，可以链接到的论文全文大约有 3 万篇。

NDLTD 学位论文库的主要特点就是学校共建共享、可以免费获取。另外由于 NDLTD 的成员馆来自全球各地，所以覆盖的范围比较广，有德国、丹麦等欧洲国家和香港、台湾等地区的学位论文。但是由于 NDLTD 的文摘和可获取的全文都比较少，所以适合作为国外学位论文的补充资源利用。

三、麻省理工学院学位论文库（http：//dspace. mit. edu /handle /1721. 1 /7582）

该数据库收录了 1 万多篇 MIT 的学位论文。提供简单检索、高级检索和浏览功能。高级检索可以对关键词进行逻辑组配，提供题名、作者、关键词、摘要、举办者、院系等字段，也可以按作者、题名、学科、发布日期等方式浏览。检索结果多数能提供全文。

6.4.3　学位论文全文信息的获取

（1）通过全文数据库获取。有的数据库免费提供部分全文信息，可以直接下载。无法免费获取的部分，这些网站也提供了其他方式，如在线定购、通信联系等。现在国内许多图书馆也已经订购了这些全文数据库，可以通过图书馆提供的检索平台直接获取。

（2）根据检索到的文献线索，通过搜索引擎有时可以找到免费的全文。

（3）可通过查找到的文献线索，与原作者所在学校联系获取，或通过其他商业网站获取。

7 信息的利用

人们对于自己的研究课题，往往先选用检索工具进行全面的检索，大体了解所研究课题涉及的文献类型，然后再根据这些文献类型再度进行检索。在整个检索过程中都离不开对文献的利用。利用就是文献价值的实现形式，也是文献工作的目的所在。

7.1 文献的阅读和鉴别

一、文献的阅读

读书要有目的，要有选择，要根据确定的研究方向和研究目标，阅读文献。

如果是搞科学研究，总是把前人的认识终点作为自己认识的起点。检索时，必须认真地阅读文献，只有在全面、系统地掌握历史和现状的基础上，才能制订出合理的研究计划，避免重复劳动。

正式阅读文献之前，一般应当先看看内容简介或提要，了解此出版物的读者对象及主要内容。目录比内容简介或提要更具体地反映了该出版物的内容，参考文献提供了有关章节或专题的其他研究者、其他文献，可以作进一步深入对比、分析、研究。

读书的目的主要是增加知识，积累知识。在阅读时，应注意方法，这可以用14字概括：同类知识求其异，异类知识求其同。第一句话的意思是在精读一本书的基础上，再读同类书时要特别注意其不同之处。所谓不同，一是新意，二是分歧。新意代表着该类知识在某一方面的进展，分歧则提供了研究与探索的另一方面。第二句话的意思是在读各种主题内容的书时，要善于发现其中相同之处，即知识网络的交会点。这样可以把许多本来似乎无关的知识，在某一线束上积聚起来，为研究所用。

文献内容的阅读一般要经过粗读、通读和精读3个阶段。粗读的目的主要是为了进一步取舍文献，选定重点文章。在粗读阶段，一般来说，应先看目录、摘要、引言、小标题、结论，确定是否进一步阅读。经粗读选出的文献，应进一步全篇通读。通读的目的是全面掌握文献的内容，分析和摘录出重点内容。通读的次序，最好先阅读最新出版的国内外有关综述、述评等评论性文章，然后再通读专题性论文和研究报告。精读是对通读阶段摘录出的内容，进行反复阅读，以便掌握其主要论点、论据、结论等。精读时还要善于提出问题，思考问题，分辨真伪。

二、文献内容的鉴别

在阅读文献的同时，也要注意对文献内容进行鉴别。主要是分析鉴别文献内容的可靠性、先进性、适用性。

1. 可靠性

对搜集到的文献要进行"筛选"，选出可靠的文献。文献的可靠与否，是指数据是否可靠，概念是否明确，判断是否恰当，推理是否合乎逻辑，论证是否有充分的说服力。

2. 先进性

文献的先进性是指文献在科学技术上有某种创新或突破，能提出新观点、新理论等。要判断是否具有先进性，应对课题范围的科技发展趋势有全面的了解，对文献所报道的内容作具体的分析。一般来说，新发表的文献先进，技术先进国家发表的文献先进，世界有名望的期刊互相转载的信息较先进，技术信息经济效果好的先进。鉴定先进性时，也不要忽视对文献的历史情况和社会背景进行了解。

3. 适用性

文献的适用性是指文献对用户的适合程度，主要是从文献的内容是否合乎国情，文献的读者面是否大和广等加以判断。

7.2　信息的搜集方法

由于信息的来源极其分散，搜集的内容又极其广泛，所以要采取多种方法去搜集。现将常用的搜集方法介绍如下。

1. 文献资料调查法

通过查找大量国内外文献资料获取所需的信息。这些文献资料的来源，主要是各种公开出版物和内部资料，可通过采购、交换、索取、复制、接受赠送等方式获得。其中，国内外重要的检索工具书刊、经济信息报刊、专利说明书、技术标准、产品样本、各类经济年鉴、统计手册、市场调研报告、技术档案、厂刊等，是搜集企业情报的主要文献资料来源。

2. 市场调查法

派出人员到各地做市场调研，通过对市场及消费者、用户，对商业、旅游业等，进行面调、函调、电话调查，及时搜集市场情报，并掌握市场的变化情况。

3. 实物调查法

通过搜集样品、样机等实物，可获取所需的信息。样品、样机等实物，比文字信息更具有直观性，易测试，易启发思路，易研制创新。各企业应积极搜集工艺先进、投产容易、经济效益显著的实物样品。

4. 赴会搜集法

国内外每年都要召开各种技术鉴定会、新产品展销会、订货会、商品交易会、展览会、信息发布会、科技交流会、物价会，还有开业典礼、联谊会、校友会等等，企业派人参加这些会议，不仅可获取有关技术信息、产品信息、市场信息、法规信息、物资信息等，而且还可促进企业产品的销售。

5. 信息窗口搜集法

通过设立企业产品信息窗口来搜集信息，具体做法可以在大中城市设立产品的代销门市部，及时掌握市场销售的变化情况，迅速做出反应。

6. 聘顾问和业余信息员搜集法

各科研、设计、信息部门和高等院校的科技、管理、信息人员及离退休人员，他们既有理论知识，又有丰富的实践经验，聘请他们为技术顾问或工程师，既可传授技术、知识，又可给企业带来各种信息。另外，为了能及时地搜集到来自全国各地的信息，还可在全国各地聘请有关人员（最好聘请采购人员、公共关系人员、信息人员等）为本部门的业余信息员，定期为本部门搜集和传递有关信息。

7. 征询搜集法

可以通过对用户、消费者或经销本企业产品的商店或公司的调研，征询有关企业产品质量、价格等方面的意见，还可通过产品用户联系卡、售后服务或开座谈会等方式，征集企业所需要的产品信息。

8. 客户来样搜集法

客户的来样，一般是根据彼时、彼地的消费习惯、市场情况和发展趋势等因素来设计制作的，这些就是送上门的开发新产品、开拓市场的信息。

9. 参观访问搜集法

参观访问也是搜集、获取信息的好机会。一般来说，被参观访问者都乐于详细地向来客介绍情况，也乐于解答来客所提出的一些问题，特别是现场参观，这种介绍和解答更为详细和具体，只要有心做，就能获得有关的信息。

10. 国外商情电传、传真搜集法

通过接收国外商情电传、传真，可搜集国外市场或产品的信息。

11. 信息网络搜集法

通过参加信息网或情报中心站组织的活动，可搜集到来自政府和管理部门及国内外同行业的各种信息。经济部门在参与这一活动时，既要重视纵向的信息网，更要重视横向的信息网。

12. 点滴搜集法

在日常工作和生活中，要事事留意、处处用心，做到眼观六路、耳听八方，搜集点滴有关信息。

13. 电子计算机国际联机检索搜集法

利用电子计算机国际联机检索信息，速度很快，检索一个课题平均只需要几分钟，若急需搜集掌握某一方面的信息，可派人到信息机构，通过联机检索、网络与光盘检索，获得急需的信息。

7.3 如何分析文献获取信息

一、从科技期刊中分析信息

期刊具有出版周期短、速度快、内容新颖、稳定性较好等特点，能较快地反映技术发展水平与动向，使读者和信息用户能迅速了解当今技术动态、进展情况。同时，读者通过阅读期刊也可开阔思路以吸收最新的成果。所以说，期刊的信息价值，高于其他类型的科技文献。

　　由于技术的发展，文献内容重复交叉较多，同一种文献的内容往往由一种类型报道转化为另一种类型的形式，加以重复报道，如美国宇航方面的 NASA 报告，它的内容与其他出版物的内容就重复了 79%。对文献自身而言，文献分布极其分散，一种专业刊物所报道的内容，往往包罗有 3～5 个学科或更多的学科，一篇专题论文涉及几种专业的内容。

　　因此，在对期刊进行信息分析的过程中，要注意了解所需专业、专题信息在各个期刊上的分布情况，找出其分布的规律，从而做好期刊的搜集、整理工作，找到那些对自己来说是新颖的、有用的东西。

二、从图书中分析信息

　　图书一般是总结性的、经过重新组织的文献，是对已发表的科研成果、生产技术和经验的总结性的概括论述。科技图书内容较其他出版物全面、系统、可靠，有一定的知识体系和完整性，比较成熟，但图书较其他文献出版速度慢。

　　图书是围绕人类已经取得的成果进行系统的论述，是人们获得系统知识的主要来源。系统知识不都是信息，而系统知识的应用及一些新观点提出，都属于信息。在阅读科技图书时，要注意分析哪些属于信息，哪些不属于信息。通常那些论述新学科、新技术发展动态与最新成果，属于介绍科学技术发展动态与最新成果的图书，其内容属于信息。在图书的系统内容中，以某一方面、某一学科、某一对象、某一课题为中心来论述当今技术发展动向与最新成果，这些内容也属于信息。此外，利用文献后所附的参考文献，进行由一变十，由十变百地追溯查找，这样来扩大追踪信息来源，找到所需有信息价值的图书，也属信息。因此，在阅读科技图书中要注意分析出属于信息的内容。

三、从专利文献中分析信息

　　专利是在一定期限内、一定地域范围内，受法律保护的、技术专有的权利。专利包括专利权和专利权的发明以及专利说明书。

　　专利文献从狭义上指专利说明书，涉及的内容广泛，比较具体可靠，能较快地反映世界各国科学技术的发展水平，是一种重要的科技信息。

　　专利说明书需对其发明的内容作清楚、完整的说明，以所属技术领域的技术人员能够实现为准。在专利说明书中，往往有分段叙述技术背景与发明的内容。因此，在阅读专利说明书时，结合说明专利保护范围的权利要求，分析出与现有技术不同的发明技术，获得所需的科技信息。对于那些保护期限已超过，或者虽属保护期限内，但不属地域保护范围的专利，则可直接将该专利技术用于科技生产。

　　专利文献中的商业信息具有以下几个特点：

　　(1) 科技内容与经济内容相结合。专利文献中商业信息不仅包含大量科技方面的内容，而且包含大量经济方面的内容，诸如产品的销售情况、成本问题等。

　　(2) 系统完整。各企业为了全面保护自己独特的产品和技术，通常会提出一系列的专利申请。如英国皮尔金顿兄弟有限公司，曾以浮法玻璃生产工艺申请了 100 多件专利，从工艺、机器诸方面逐步深化。这样，若集中某一课题的有关专利信息资料加以分析，就可以看出这项技术的发展过程，从而了解技术的实施情况和该产品的市场行情。

（3）新颖及时。专利文献所具有的新颖性，不仅反映在其所提供的技术信息上，也反映在它所提供的商业信息上。所以，专利文献所提供的商业信息比其他刊物要新颖得多，及时得多。

（4）不稳定。由于商品受经济活动的影响，经常随不稳定的环境和不断发展变化的经济活动而改变，这就使得专利提供的商业信息不够稳定，有时一项发明刚刚投入生产，另一项发明接着又取得了专利。

专利文献中的商业信息对企业的推动作用主要有下述几方面：

（1）预测市场，开发新产品。在实行专利制度的国家，新技术新工艺的出现，都会在专利文献中反映出来，无论是一个小小别针的制作方法还是复杂的高技术产品，只要申请了专利，其产品技术都会在专利文献中有所反映。而一项新产品从发明到实际应用，往往要经过一段时间，这段时间正是新产品出现的孕育期，如果我们能在此时抓住商业信息，对企业生产无疑大有裨益。因为据此可以判断潜在的市场需要，制定措施，为开发新产品创造条件。

（2）了解市场行情，及时调整生产方向。专利文献中的商业信息能提供较准确的市场行情。如果一件已实施的专利产品在市场上十分抢手，那就说明这件产品很有潜力，非专利权人员可以在该专利产品有效期满后迅速投入生产。专利权人则可以根据市场行情变化，了解用户对产品提出的新的需求，及时改变生产方向。

（3）了解竞争对手的情况，加强企业竞争力。通过对竞争对手拥有专利的研究，可以掌握许多有关的情况，例如竞争对手正在从事的经营活动以及其技术水平的高低等。企业为了获取对手生产经营情况的信息做到知己知彼，就要对专利文献实行长期跟踪。

（4）为引进决策提供依据。企业要有活力，必须不断吸取别人的经验，引进国外先进技术。日本战后经济之所以得到飞速发展，其原因之一就是善于进行技术引进。近年来，国内不少企业也通过引进技术而增强了竞争能力。在引进时，为了做到心中有数，可以利用专利文献了解引进技术的先进程度。

专利文献中商业信息的搜集大致可以通过以下几个途径：

（1）通过检索专利文献来获得商业信息。专利文献是获取专利产品商业信息的主要途径。凡是申请过专利的产品，包括已经过期的和正在实施的，都可以在专利文献中获取其商业信息。

（2）通过产品来获得商业信息。由于专利产品具有垄断性，未经专利权人同意，他人不得仿制。专利权人为了加强对产品的控制，大多在产品上印有该产品的专利号，我们可以通过专利号来对专利文献进行检索，达到获取商业信息的目的。

（3）通过其他途径获取商业信息。通过产品样本、产品说明书、手册、指南，以及一些商业行情报告等也可获取商业信息。

总之，可以根据专利的分布情况，分析产品销售的规模、潜在的市场，以及经济效益和国际的竞争范围。

7.4 信息素材的积累

在阅读、鉴别信息后，就要对信息素材加以积累。

一、信息素材积累的意义

（1）及时地提供信息。科技人员掌握着自己所需的信息，有利于自己在生产、设计、研究以及管理工作中避免重复，少走弯路。科技人员平时阅读文献，不断获取自己所需信息，经过一段时间，手中就有丰富的素材，在实际工作时，当需要某一方面信息时，就能及时提供。

（2）为信息研究提供新课题。为完成某一课题而收集的大量素材中，除一些与自己有关的课题之外，往往还可探索出新的课题来。

（3）为新课题提供查找线索。有些素材不断积累，到一定时候就能形成完整概念，作为新课题的基础，再经分析研究，得出新的研究成果。

（4）节省查找文献的时间。科技人员为了确定某一课题的研究方向，往往要查找大量的有关文献，花费较多的时间。如果已有平时的积累，则可节省大量时间。

二、积累信息素材的方法

（1）日常积累。在日常生活中不断地积累。

（2）突出积累。在一定的期限内完成的积累。

（3）个人积累。根据个人分工的专业范围，常年进行积累。

（4）公共积累。人们或专职信息人员连续或突击进行的系统积累，积累内容一般是科技人员所通用的有关国家、厂家的基本情况和一些较难得到的数据资料，也可以包括一些重大专题项目。

三、积累信息素材的形式

积累信息素材有卡片式和笔记式两种形式。

1. 卡片式

（1）内容卡。卡片上记录有文献的内容、观点、概念、发展历史、现状、趋势、应用前景、优缺点和经济效果，新技术中的观点、参数、理论、方法，新产品的结构、性能和用途等，以供研究新课题时参考。

（2）专用术语卡。每个术语一张卡片，著录项目包括名词术语、缩写字、缩略语等，并记上其来源，以便查找核对。

（3）科技人员名录卡。把个人所从事专业范围内的国内外著名科技人员（论文作者）积累起来，以便了解某一作者发表文献的专业范围和频率。

（4）机构卡。为国内外有关本专业的厂家、公司、研究机构、学术团体、出版社、高等院校、政府部门各设一卡片。

（5）文献类型卡。将阅读过的文献利用卡片记录下来，每一种文献做一张卡片。

2. 笔记式

（1）提纲式笔记。它是指将文献中所讨论或研究的主要问题，用大纲的方式记录在笔记本上。简单的提纲可以是论文的大小标题的结合，详细的提纲可以在这些大小标题下列出这一部分的内容。

（2）论题式笔记。它是对文献提纲所提出问题的扼要回答，编写论题可帮助掌握文献的中心思想，并记住一些重要公式。

（3）摘要式笔记。它是指领会文献内容以后，按照原文的顺序写出缩简的、连贯的摘要。

（4）引语式笔记。它是把原文的某些重要句子原封不动地抄录下来的笔记。摘录时必须语句完整，逐字逐句准确抄写，标点符号也不可搞错，引用时还要注明出处。

（5）读书心得。它是科技人员阅读文献之后，用自己的语言写下的笔记，内容有体会、收获和启示。

四、信息素材的内容整理

信息素材的内容整理是指对有关文献的论点进行归纳；对内容进行综合，加以提炼整理；对数据加以汇总，对图表进行编制；围绕研究课题编制专题索引等。文献通过内容整理，进行概括、排序、综合、分析、比较，去粗取精、去伪存真，使之系统化、条理化，以便保管、传递、研究和利用。文献内容的整理过程，实际上就是对课题开展研究的过程。在这个过程中，通过创造性的思维活动，通过对文献由此及彼，由表及里的思考，就可能发现一些事物的内部联系和规律，从而可能提出一些有价值的问题。

五、信息素材的分类

将搜集到的大量文献进行外部整理，通常是将搜集到的文献制作成卡片，加以分类；或将记录有情报资料的活页笔记进行分类存放，使之系列化。其具体的方法是：先对卡片进行初步分类，类别可以分几级，在大类下再分出小类。不能准确划分的，也不妨将可能的几种类别写上。类别事先要计划好，从研究课题出发，可以按学科、作者、问题等条目设计类别，重要的是分类标准要统一。

7.5 信息研究成果的主要表现形式

一、综述

"综述"是对某一时期内的某一学科或专题的研究成果或技术成就，进行系统地较全面地分析研究，归纳整理进行综合叙述。

"综述"属三次信息，综述报告通常是"述而不评"，它是将科学研究与信息研究融为一体的一种表现形式。"综述"分综合性和专题性两种。综合性的"综述"是针对某个学科或专业的；专题性的"综述"是指针对某个问题或某项技术的。

"综述"能比较全面系统地反映国内外某一专题或某一学科在某一时期内的发展历史、

当前状况及发展趋势。

二、述评

"述评"是在"综述"的基础上，针对某一学科、技术和技术经济等专题，全面收集国内外的有关文献，经过整理、鉴定及分析综合，根据国家科技政策和学科理论，进行叙述和评论的一种研究报告。

"述评"的特点是一个"评"字。"述评"除具有"综述"的特征外，作者还要根据某一技术成就或研究成果，以及现在的水平和问题进行对比分析，提出作者自己的见解和观点，做出评价，提出有分析、有根据的改进建议，指出今后发展方向。

三、学科或专题总结

"学科或专题总结"是以某一学科或专业在某一时期内所发表的主要文献为基础，把文献中所论述的主要成就、结论、依据加以摘录，或重点地重述，并通过分析、研究、归纳后写出的总结。

"学科或专题总结"有述有论，但侧重于理论概括，具有全面性与系统性，专业性和学科性较强。它从基本原理到实用技术，对某学科或专题的成就和存在的问题以及今后的发展动向，都做全面系统的总结。

四、科技、经济数据的处理

它是一种信息研究的加工和提供研究成果的形式。它类似于科技信息的鉴定，先对试验数据来源及其试验条件做出分析，并将可以利用的数据整理归纳，以便于科研和技术人员查找利用。这对于科学技术经济的研究工作是很有用的。

7.6　获取信息资源的策略

所谓策略，简单地说是指做事的方法。制订策略即确定目标和规划出达到目标的途径，更深层的意义是指在制订过程中先要对外在的环境做出深入的了解和分析，然后设计一套能配合内部环境运作的方案。

据统计，当前知识的增长速度已达到每3年增长一倍，对学生来说，学会如何学习比学会一些具体的知识更为重要，现代教育正在逐渐从强调记忆转变成以解决问题为导向的学习。在由 OECD（经济合作组织）组织的"国际学生评价项目"（Programme for International Student Assessment，PISA）中，阅读素养是测试的主要内容之一，它主要考查学生获取信息、分析信息、评价信息、综合信息和表达信息的能力，其实质就是信息素养。高校开设的信息检索课正是以提高学生的信息素养、培养学生终身学习的能力为目标。

一、"信息问题解决模式"简介

"信息问题解决模式"是美国迈克·艾森堡和鲍勃·伯克维茨两位学者于1988年提出的，它是一种用来培养学生信息获取能力和问题解决能力的主题探究模式。该模式由6个步骤、12 个阶段组成，简称"Big6"，见表 7.6-1。

表 7.6-1　信息问题解决模式

6 个步骤	12 个阶段
1. Be sure you understand the problem. Task Definition 　确切了解探究的问题——任务定义	1.1　定义信息问题的任务 1.2　确认完成这项任务所需的信息
2. Identify sources of information. Information Seeking Strategies 　确认信息资源——信息搜索策略	2.1　讨论研究可能的资源的范围 2.2　列出资源的优先顺序
3. Gather relevant information. Location & Access 　获取相关信息——定位和搜索	3.1　查找资源 3.2　从资源里发现信息
4. Select a solution. Use of Information 　选择一个答案——运用信息	4.1　阅读信息 4.2　摘录信息
5. Integrate the ideas into a product. Synthesis 　把观点整合到作品中——综合	5.1　从多个资源中组织信息 5.2　表达信息
6. Examine the result. Evaluation 　检查结果——评价	6.1　评价问题解决的过程 6.2　评价问题解决的结果

可以看出，Big6 属于"问题解决"式的研究学习，其流程可简要概括为"任务驱动→寻找搜索方法→收集信息→运用信息→表达信息→学习评价"，全方位提高了学生的信息素养。这个过程被编成了一个口诀：定问题、找策略、取资料、详阅读、能综合、会评价。

二、Big6 教学案例

以下介绍一个 Big6 教学案例："获取网络信息资源的有效途径"。

据调查资料显示，许多高校的信息检索课仍然采用单一的"授课→实习→考核"这一传统教学方式，但是教学效果并不理想。而"信息问题解决模式"是一种用来培养学生信息获取能力和问题解决能力的主题探究模式，它将实际问题引入整个学习过程，改变了以往学生为了实习而实习的被动局面，提高了主动学习的热情，并且给学生提供了进行独立科学研究的切身体验，解决了"很多学生学完信息检索课，获得了优异的成绩，可一旦要进行科学研究却无从下手"的问题，从而真正实现了信息检索课的教学目的。

Big6 是传统信息检索课教学的有益补充，课题的选择仍然非常关键。网络信息资源是最主要的信息源，但对网络信息的检索往往只依赖百度、Google 等常用搜索引擎，对信息搜索引擎在搜索深层网络信息时的局限性知之甚少。

"获取网络信息资源的有效途径"的 Big6 教学案例要完成以下步骤：

（1）任务定义。尽量用主题词来表述那些将信息内容存储在检索数据库中而仅仅响应直接查询提问的网站。

（2）搜索策略。每 8 到 10 位同学组成一个学习小组，通过"头脑风暴法"，集思广益，结合信息检索课程中有关信息资源介绍部分的内容，列出所有可能找到资料的方法和途径，排出优先顺序。

（3）获取信息。通过信息搜索，得到了众多的资料，结合信息检索课程中有关信息资源评价部分的内容，从信息内容的可信度、准确度、合理性以及验证性四方面来对获取的资料进行筛选。

（4）运用信息。仔细研读筛选出的资料，分析网络信息之所以难以通过普通的搜索引擎来获取的原因。全面收集当前已有的各种获取网络信息的途径并逐一实践，体验这些方法实施时的难易程度，对比通过这些方法所获得的信息与使用普通的搜索引擎所获取的信息在数量、质量上的区别。此外，小组可通过集体讨论来研究是否能在已有的知识基础之上设计一种更好地获取网络信息的办法，并通过具体的检索实践来验证其可行性。小组成员可通过发现已有知识和自己的创新，对获取网络信息资源的途径达成共识，为最后整合信息做好准备。

（5）整合信息。用适当的方式（诸如适合传阅的报告或论文的形式、适合与口头讲解相配合的 PowerPoint 演示文稿形式、适合网络传播的专题网站或博客形式等等）将了解到的获取网络信息资源的方法表达出来。

（6）综合评价。综合评价包括教师评价、小组互评、小组自评和组员自评，可以表6.6-2 作为综合评价的主要依据。

三、实施注意事项

在对该 Big6 教学案例进行设计、实施、总结的过程中，须注意以下几点。

1. 选题的原则

选定任务是实施一个 Big6 教学案例的第一步，所选定的任务是否得当，直接影响着案例实施全过程。为此，在选题时，应注意以下几个方面：

（1）趣味性。"兴趣是最好的老师。""知之者不如好之者，好知者不如乐之者。"兴趣能激发自主学习的热情，成为其学习的巨大推动力。所以，以"获取网络信息资源的有效途径"就 Big6 教学案例而言，由于网络资源是检索者使用最多的一种信息资源，检索者对自己的网络信息获取能力是非常自信的。

（2）开放性。问题是否具有开放性是 Big6 教学案例能否成功的重要因素。在完成"获取网络信息资源的有效途径"Big6 任务的过程中，检索者不可能根据已有的知识或模仿教师传授的某种方法马上得到答案，而需要在现有知识的基础上进行推理、提出假设，通过讨论、实验或其他方法，最终得出正确结论。此外，由于获取网络信息的途径不是唯一的，检索者通过自己的努力找到一种新的途径，就能获得巨大的成就感，这种成就感又成为更深入研究该任务的驱动力，就这样形成了一个"探索→成功→更深入探索"的良性循环。检索者在解决这类开放性问题的实践中，提高了信息素质，学会了如何学习，培养了终身学习的能力。

表 7.6-2 综合评价

	典 范	优 秀	良 好	合 格
技术应用	1. 非常熟练地利用各类信息资源找到了非常多的有效信息 2. 综合应用多种信息技术出色表达研究成果	1. 能利用各类信息资源找到了足够信息 2. 能够用较高级的信息技术表达研究成果	1. 查找信息的途径比较少，但还是找到了足够的信息 2. 能够用简单的信息技术表达研究成果	1. 查找信息的途径单一，查找到的信息较少 2. 能够表达研究成果
个人表现	1. 小组负责人的职责，使整个小组亲密合作，个人任务完成出色 2. 组织学习小组的讨论会，效果卓著，并且总有独到、出色的见解和观点	1. 在规定时间内高质量地完成个人任务，并能促进小组内他人的工作 2. 积极参加学习论坛的讨论会，并且能够提出独到的见解	1. 能独立完成自己的任务 2. 能有针对性地参加讨论，提出自己的看法	1. 基本完成任务，或是在别人的帮助下较好地完成任务 2. 偶然参加交流和讨论
小组合作	在小组中起领导作用，或者对新方法的设计起决定性作用	帮助小组负责人协调、推动整个小组的工作，鼓励其他成员，对最终成果有较大贡献	参与了讨论、工作，对最终成果有一定贡献	具有一定的合作意识，但表现不够积极
最后成果	发现 3 种以上获取网络信息的途径，并在已有方法的基础上提出自己的创见，且所有的答案都经过多次论证	发现 3 种以上已有的获取网络信息的途径，且所有的答案都经过多次论证	发现两种获取网络信息的途径，且所有的答案都经过多次论证	发现一种已有的获取网络信息的途径，答案经过多次论证

（3）挑战性。任务必须有一定的挑战性，注意激起检索者的征服欲。得到答案不能给检索者带来成功的快感，这样的研究往往无法激发检索者自主学习的热情。但是，研究任务也要考虑到检索者的知识储备。

2. 任务的形式

那些质量比较高的信息往往隐藏在网络深处，仅仅用搜索引擎是无法找到的。只有让检索者对网络信息的重要性有了切实体会，认识到深网信息对自己学习的重要性，才可能在探究性学习过程中去竭力寻找各种途径。

3. 注意教学评价体系的完善

在最后环节，一般都会组织学生进行学习成果的交流，对检索目标的完成情况、检索效果等进行总结性的评价。信息检索课的目的是"餐人以鱼，其食一饷；授人以渔，其食一生"，因此，与传统的教学方法不同，在采用"信息问题解决模式"进行教学时，更要注重对整个研究过程的评价，总结这次研究过程中的得与失，为今后的自主学习提供经验。

7.7 如何撰写英文文献

在世界范围内，用英文撰写和发布的各类信息资源占绝大多数。各学科领域的各类文献资料，特别是关于前沿发展领域的文献资料更是如此。随着国际学术交流的日益频繁，用英语撰写的文献的数量也呈急剧上升趋势。

英文文献在学术、科研领域的重要性不言而喻。本节将围绕如何有效利用英文文献这一问题进行相关介绍。

一、英文科技论文撰写和利用

英文科技论文是英文文献的一个重要组成部分，是同国外学者进行学术交流的重要途径之一。充分利用英文科技论文可以让我们及时了解国外的最新动态，同时也能够把我们的研究成果在国际水准的平台上展示出来。

（一）英文科技论文的基本架构

无论是阅读还是撰写英文科技论文，都应该对英文科技论文的基本架构有所了解。这里将列举英文科技论文的八大组成部分并对论文正文部分的组成作重点介绍。

一篇完整的英文科技论文通常可包括以下八部分：论文题目（Title）、作者姓名（Author's name / Authors' names）、摘要（Abstract）、关键词（Key words）、正文（Body）、致谢（Acknowledgements，可缺省）、参考文献（References）、附录（Appendix，可缺省）。

1. 论文题目（Title）

论文题目写在第一行的正中，如果较长，可写成两行或3行，一般都居中排列。题末不加句号。如果题目为直接问句，要加问号，间接问句则不用加问号。

论文题目一般为名词词组或名词短语，较少使用完整的句子。在必须使用动词的情况下，一般用动名词或具有动词性质的名词。

2. 作者姓名（Author's name / Authors' names）

论文作者的姓名一般写在论文标题的下面。按照欧美国家的习惯，名字（first name）在前，姓（surname / family name / last name）在后。中国人名拼写均改用汉语拼音字母拼写，姓在前名在后。

如果作者具有某种学术组织的会员资格（affiliation），则可以在姓名后面标出。如果论文由几个人撰写，则应逐一写出各自的姓名和资格。作者与作者之间用空格或逗号隔开。

3. 摘要（Abstract）

关于英文摘要的相关问题，将在后面进行详细的介绍。

4. 关键词（Key words）

随着计算机检索和二次文献检索刊物的发展，越来越多的刊物在摘要后开始标引关键词。国际标准和我国标准均要求论文摘要后标引3~8个关键词。

关键词既是论文主题的浓缩，又可以作为文献检索或分类的标识。读者从中可以判断出论文的主题、研究方向、方法等。关键词以名词或名词短语居多，如果使用缩略词，则应使用公认或普遍使用的缩略语，如 IP、CAD、CPU 等；否则应写出全称，并在后面用括号标出其缩略语形式。

5. 正文（Body）

正文为论文的主体部分，分为若干章节。一篇完整的科技论文的正文部分由以下六部分内容构成，下面作重点分析。

（1）引言（Introduction / Overview）。引言位于正文的起始部分，主要叙述自己写作的目的或研究的宗旨。

如果介绍取得的新成果，则应当简要叙述相关研究的历史、现状、进展，说明自己对已有成果的看法，以往工作的不足之处，以及自己所做研究的概述和研究成果的创新或重要价值。

如果介绍一种新方法或新设备、仪器等，则要说明现有方法或设备的使用情况，其存在的问题或局限性，然后再介绍自己的新方法、新设备的优越之处。

（2）理论背景（Theoretical background）。在很多科技论文中，作者为了阐明研究的必要性，或研究的新颖性、独创性，让读者对研究题目有一个横向、纵向的了解，会对题目做一个理论背景介绍。这部分包括以下几个方面的内容：

①前人或作者研究对象关键术语的定义和解释；

②国内外相关研究课题的研究成果和现状；

③相关研究的不足之处；

④本研究的理论基础、实验背景等。

（3）材料和实验（Materials and experiments）。在论文中，这一部分用于说明实验的对象、条件、使用的材料、实验步骤或计算的过程、公式的推导、模型的建立等。

对过程的描述要具体，符合其逻辑步骤，以便读者重复实验。

（4）结果（Results）。本部分描述研究结果，它可自成体系，读者不必参考论文其他部分，也能了解作者的研究成果。

为了科学和详尽地描述大量数据，可以使用图表。需要注意的是，如果图表已清楚列出实验和观察数据，则不必在正文中以文字形式重复描述，文字部分只需对结果所表明的意义进行说明即可。本部分还可以包括对实验结果的分类整理和对比分析等。

（5）讨论（Discussion）。在讨论部分，作者要说明结果所反映的意义以及产生该结果的原因。把实验得出的结论与现有的理论知识结合起来，说明其重要意义、实验成功或失败的原因、与假设相符或相悖的原因、方法的局限性和误差、与相关研究或理论的对比和推测等。如果在引言中提出了问题，将在本部分中做出解答。

（6）结论（Results）。作者在文章的最后要单独用一章节对全文进行总结，其主要内容是对研究的主要发现和成果进行概括总结，让读者对全文的重点有一个深刻的印象。

有的文章也在本部分提出当前研究的不足之处，对研究的前景和后续工作进行展望。

6. 致谢（Acknowledgements）

论文作者可以在论文末尾对他人给予自己的指导和帮助表示感谢即致谢，一般置于结论之后，参考文献之前。

7. 参考文献（References）

ISO5966－1982 中规定参考文献应包含以下 3 项内容：作者/ 题目/ 有关出版事项。

学术性的英文论文往往篇幅较长，加之非母语等因素，阅读和利用有一定的障碍。但如果掌握了它的基本结构并对各部分阐述的主要内容有一个正确的预期，就会对整篇论文的内在逻辑关系有一个较为清晰的把握，能够有目的、有重点地进行阅读，从而提高对这类文献的信息利用率。同时，对英文论文结构的把握也有利于我们写出优秀的英文论文，更好地参与国际学术交流。

8. 附录（Appendix）

如果确需附录，一般放在参考文献之前，其内容通常包括一些繁复的推导或补充说明的图表等。

（二）撰写英文科技论文应注意的几个问题

下面将从中英文差异和科技英语写作特点的角度，补充几个撰写英文科技论文的技巧和需要注意的问题。

1. IMRaD 逻辑形式的应用

撰写英文科技论文的第一步就是推敲结构，使之成为西方人易于理解的形式。最简单有效的方法即采用 IMRaD 形式（Introduction，Materials and Methods，Results，and Discussion），这是西方科技论文最通用的一种结构方式。IMRaD 结构的逻辑体现在它能依次回答以下问题：

（1）研究的是什么问题？答案就是 Introduction。

（2）这个问题是怎么研究的？答案就是 Materials and Methods。

（3）发现了什么？答案就是 Results。

（4）这些发现意味着什么？答案就是 Discussion。

2. 选好、写好论文的英文标题（Title）

只有少数人研读整篇论文，多数人只是浏览原始杂志或者文摘、索引的标题。通常读者总是在对论文标题发生兴趣后才去阅读摘要和正文。一个空泛、平庸的标题可能导致有价值的正文内容被忽略。好的英文标题重点突出，概括性强，长短适中，不仅能起到画龙点睛的作用，还可以提高论文的索引利用价值。下面列举撰写英文标题时应特别注意的几个问题：

（1）英文标题的结构。一篇论文的英文标题应与中文标题在内容上保持一致而不是简单地对中文标题中的词语进行逐一地翻译。英文标题一般不用完整的句子，而是根据英文的文法特点，突出一个或几个中心词。因此，撰写英文标题时应首先确定好中心词，再用形容词、介词短语或其他名词对中心词进行前后修饰。修饰词的顺序也很重要，词序不当会导致表达不准确甚至产生歧义。

（2）英文标题的用词。英文标题中用得最多的是名词（包括动名词），平均占总单词数的 $50\% \sim 60\%$。除名词外，用得较多的是介词（如 of、in、on 等），其次是连词 and 和形容词，偶尔也需使用副词、冠词等。由于近年来英文标题趋向简洁，一般性名词前不用冠词"a"、"the"，可用可不用时均不用。英文标题要力求用最简洁明了的单词或短语表述出文章的中心内容，应当尽量省去不必要的单词和无关紧要的修饰语。同时，为了便于检索，英文标题应尽量使用表达文章内容的关键词。

（3）英文标题的格式规范。英文标题的单词字母大小写有 3 种方式：

①全部大写。

②开头字母及每个实词首字母大写，虚词小写（目前国内科技期刊普遍采用这种形式）。

③第一个词的首字母大写，其余全部小写。

值得注意的是英文标题中冒号、破折号以及连字符后的实词首字母也应该大写。

（4）英文标题的长度。英文标题力求言简意赅，一般不宜超过 10 个实词。太长的标题容易使读者抓不住重点。对于较长的标题，可通过增加副标题的形式进行补充、解释以缩短主标题长度，同时也使整个标题的形式显得生动活泼。英国和美国出版的科技期刊要求论文标题一般不超过 12 个词或 100 个字符（包括间隔在内）。需要特别注意的是在英文标题中，主标题与副标题之间一般用冒号（:）分隔而不是中文中常用的破折号（——）。

3. 撰写英文论文"参考文献"部分应注意的问题

由于中英文差异，在撰写英文论文的"参考文献"部分时应特别注意以下两个问题：

（1）两种英文论文参考文献的具体编排顺序

①按作者姓氏字母顺序排列（alphabetical list of references）。

②按序号编排（numbered list of references），即各参考文献按引用的顺序编排序号，正文中引用时只要写明序号即可，无需列出作者姓名和出版年代。

（2）3 种英文论文常用的参考文献的标注格式

①MLA 参考文献格式。该格式由美国现代语言协会（Modern Language Association）制定，适合人文科学类论文。基本格式为：在正文标注参考文献作者的姓和页码，文末间列参考文献项，以 Works Cited 为标题。

②APA 参考文献格式。该格式由美国心理学会（American Psychological Association）制定，多适用于社会科学和自然科学类论文。基本格式为：正文引用部分注明参考文献作者姓氏和出版时间，文末单列参考文献项，以 References 为标题。

③Chicago 参考文献格式。该格式由芝加哥大学出版社（University of Chicago Press）制定，可用于人文科学类和自然科学类论文。基本格式为：正文中按引用先后顺序连续编排序号，在该页底以脚注（Footnotes）或在文末以尾注（Endnotes）形式注明出处，或在文末单列参考文献项，以 Bibliography 为标题。

（三）英文摘要撰写和利用

1. 英文摘要的重要性（Importance of Abstracts in English）

摘要是论文的缩影，以精炼的词句集中表达出文章的精髓。在知识爆炸的今天，读者不可能通过直接浏览刊物的方式去获取全面的信息。摘要作为一种重要的二次文献，能够为读者提供足够的信息，帮助读者判断是否进一步去提取、阅读原文。

英语已经成为事实上的国际交流语言，世界各国学者若想追踪、了解某一学科的发展情况，多会用英文工具书、数据库进行检索。国家标准（GB 7713-1987）中规定：为了国际交流，科学技术报告、学位论文和学术论文应附有英文题名和英文摘要。好的英文摘要是国内学者向世界展示学术成果以及和国际同行进行学术交流的重要工具。

①不谈或尽量少谈背景信息；

②避免在摘要的第一句话重复使用标题或标题的一部分。

4.英文摘要的文体风格（Styles of Abstracts）

（1）英文摘要文体风格的基本要求

①叙述要简明，逻辑性要强；

②句子结构应严谨完整，尽量用短句子；

③技术术语尽量用专业领域的常用术语；

④动词时态、语态以及人称用法要准确。

（2）英文摘要的动词时态、语态及称谓用法

对于英文摘要的动词时态用法，有人认为由于摘要涉及的多是科学事实和规律，只要用一般现在时就行了。这种做法虽然简单、易操作，但不符合实际，因为摘要所简述的是一项科学研究的时空过程，涉及现在、过去和未来，不能简单地将过去和未来的事情简单地统一处理成现在时。理解了这一点，就容易把握住英文摘要的时态变化。

在介绍论文的研究背景、研究目的和意义时，在阐述研究内容、研究结果的价值和意义、结论以及提出讨论或建议时，应该用现在时。

在阐述研究方法或研究过程时，如表述实验过程，以及在这些过程中所观察到的现象或得到的数据时，应用过去时。

英文摘要大多以强调的事物作主语，使用被动语态。但是，由于主动语态简洁、表达有力且有助于语义清晰，可能的情况下应尽量采用主动语态。

由于摘要强调的是论文的实质性内容和观点，而非作者本人，因此避免用"I"，"We"作摘要的陈述主语，必要时用第三人称代词如 the author，this paper 等替代，也常用 it 引出句子或采用更简洁的被动语态、动词的非限定性结构或原形动词开头。

二、如何阅读英文文献进行综述写作

在开始写综述之前，为了全面收集专题信息，许多人会下载大批的英语文献。需要每篇都读吗？如果时间不允许，该先读哪些呢？再者，如果短时间内无法完全读懂文章的内容又该怎么办？这是大多数人在面对大量内容抽象的英文学术文献时面临的问题。

要解决这些问题，一个行之有效的办法是对收集到的文献采取有的放矢的策略，即有选择性地分批阅读。这样才能更好地消化文献，写出精彩的综述文章。

首先，应该找出几篇有代表性的英文文章作为首批阅读的对象。有代表性的英文文章通常包括：

（1）该专题领域的经典英文文章；

（2）被其他 SCI 论文引用频率比较高的研究论文或英文综述。

具体确定及获取有代表性的英文文献的方法包括：

（1）通过中文文献确定本领域有重要地位的英文文献；

（2）请导师或学术同行推荐优秀的英文文献；

（3）借助美国科学信息所的《科学引文索引》进行检索，从中选择应用率较高的研究论文或英文综述；

（1）对国外读者来说，英文摘要就是一篇独立的、信息密度很高的短文，他们主要通过英文摘要来获得中文论文的科技信息。

（2）对于投向国外刊物的中文学术论文来讲，英文摘要往往是国外编辑或审稿人接触到的第一部分内容。因此英文摘要写得好不好对该论文能否被录用起到至关重要的作用。

（3）英文摘要也是国际权威检索系统收录期刊论文的第一信息源。这些国际权威检索系统对非英文版中国期刊的英文摘要都有严格的要求。一篇科技论文能否被它们收录和摘引，除了要具有较高的学术价值外，英文摘要写得好不好至关重要。这些检索系统是：

①美国《工程索引》（EI）。

②美国《科学引文索引》（SCI）。

③美国《科学与技术会议录索引》（ISTP）。

④美国《化学文摘》（CA）。

⑤英国《科学文摘》（SA）。

2. 英文摘要的类型（Type of Abstracts）

英文摘要可分为报道性摘要（Informative Abstracts）、指示性摘要（Indicative Abstracts）、报道—指示性摘要（Informative-Indicative Abstracts）三大类型。

（1）报道性摘要（Informative Abstracts）。报道性摘要反映出论文中的全部创新内容和尽可能多的定量或定性的信息，主要包括论文的目的、过程及方法和结果。它适用于实验性和学术性较强的论文，如科技期刊的文章、会议论文及各种专题技术报告。其长度以不超过150个词为宜。目前大多数的学术期刊要求作者采用报道性摘要。

（2）指示性摘要（Indicative Abstracts）。指示性摘要仅介绍论文的论题或研究目的，使读者对该研究的主要内容有一个轮廓性的了解。它适用于理论性较强或创新内容较少的论文，如综述性、评论性或资料性的论文。指示性摘要内容较为宏观，篇幅较短，通常不超过100词。

（3）报道—指示性摘要（Informative-Indicative Abstracts）。该类型的摘要以报道性摘要的形式表述论文中价值最高的那部分内容，其余部分则以指示性摘要的形式表达。其篇幅介于报道性摘要和指示性摘要之间。

3. 英文摘要的结构（Structure of Abstracts）

英文摘要必须提纲挈领、重点突出、结构紧凑、内容完整，通常由开头（主题句）、展开（展开句）和结尾（结果和结论）三部分组成。一般包括背景（Background）、目的（Purpose）、方法（Method）、结果（Results）和结论（Conclusion）这五要素。

（1）背景。主要说明作者开展研究工作的背景情况。

（2）目的。主要说明作者写此文章的目的，或说明本文主要要解决的问题。

（3）方法。主要说明作者主要工作过程及所用的方法，也包括众多的边界条件，使用的主要设备和仪器。

（4）结果和结论。作者在此工作过程最后得到的结果和结论，如有必要，还可阐述作者所得到结果和结论的应用范围和应用情况。

但通常摘要主要集中在2～3个要素上，这时常省略背景句和目的句，重点放在研究的方法、结果和结论上。如美国《工程索引》在这方面就具体规定：

主要参考文献

1. 张文德主编．网络信息检索．福州：福建科学技术出版社，2002.
2. 张文德主编．网络资源与信息检索．福州：福建科学技术出版社，1999.
3. 张文德主编．科技文献检索与利用．昆明：云南科学技术出版社，1990.
4. 李莹等．计算机信息检索．北京：机械工业出版社，1997.
5. 张惠惠．情报联机检索．上海：上海交通大学出版社，1993.
6. 焦玉英，符绍宏，何绍华．信息检索．武汉：武汉大学出版社，2001.
7. 董源．信息检索学．北京：中国林业出版社，2000.
8. 陆建平．信息检索——从手工到联机、光盘、因特网．上海：华东师范大学出版社，2001.
9. 林丹红．中医药信息检索新编．上海：文汇出版社，2000.
10. 许家梁主编．信息检索．北京：国防工业出版社，2004.
11. 赵岩碧主编．信息检索原理与方法教程．北京：化学工业出版社，2005.
12. 郗少青主编．信息检索．成都：西南交通大学出版社，2004.
13. 喻萍等编著．实用信息资源检索与利用．北京：化学工业出版社，2005.
14. 徐庆宁主编．信息检索与利用．上海：华东理工大学出版社，2004.
15. 张白影主编．文献信息检索能用教程．广州：广东高等教育出版社，2003.
16. 陆宏弟．Elsevier SDOS 全文数据库的检索．现代图书情报技术，2002（1）.
17. 毛琴芳．Elsevier SDOS 全文数据库的检索技巧．现代图书情报技术，2004（4）.
18. 王涛涛．浅析 Big6 模式在中学化学教学中的应用．信息技术教育，2004（4）.
19. 张厚生．信息检索．南京：东南大学出版社，2002.
20. 田达，王新英编译．Engineering Village 2 检索指南．天津：天津大学出版社，2003.
21. 赵静．现代信息查询与利用．北京：科学出版社，2004.
22. 武利红．网上免费电子图书的收集与利用．四川图书馆学报，2006（1）.
23. 毛娟．论网上免费电子期刊的获取．新世纪图书馆，2004（3）.
24. 张为江．论网上中文免费全文电子期刊的收集与整理．图书馆工作与研究，2005（2）.
25. 张文德主编．信息检索．福州：福建科学技术出版社，2007.
26. 江南大学图书馆．构筑创新型文献信息保障平台．北京：兵器工业出版社，2006.

（4）利用如 http://www.findarticles.com/等网站搜索已知篇名的文献。

其次，要找到近两年比较好的英文研究论文和综述文献进行重点阅读、分析。这主要是因为较新的文章一定会重点介绍近年的研究进展，所陈述的观点也更为准确、全面。

在最后的综述撰写阶段，注意参考优秀英文综述文章的写作思路，也可以参考其中一些常用的表达方式或是应用一些国外具代表性的观点。

三、国际期刊投稿

（一）JCR 简介

期刊评价工具，国内以大家都比较熟悉的《中文核心期刊要目总览》、《中国科技期刊引证报告》和《中国学术期刊综合引证报告》为代表，而国外则主要以 JCR（Journal Citation Reports）为代表。我们可以把 JCR 中获得评价较高的外文期刊大致理解成国外的核心期刊。

（二）Ulrich's Periodicals Director 简介

Ulrich's Periodicals Director，即乌利希国际期刊指南，是著名的报刊目录，在全世界享有广泛声誉。其网络版收录的连续出版物不仅数量多而且每周更新，主要英文期刊的相关信息都可以在其中方便地查找到。

（三）如何向国际核心期刊投稿

1. 步骤一

投国际刊物，应先参考 JCR（包括科技版和社科版），从中选择自己想要找的学科类目，然后按照各期刊影响因子的排序，挑选出适合的刊物。

2. 步骤二

可通过《Ulrich's Periodicals Director》网站查找所选中刊物的地址或网站信息。

3. 步骤三

最后登陆刊物的网站，查找在线投稿信息并按刊物的具体要求进行投稿。